亚洲开发银行（ADB）贷款/全球环境基金会（GEF）项目
宁夏生态与农业综合开发项目/土地与水资源管理试验示范项目

沙湖水质改善试验示范研究

梁文裕　邱小琮　赵红雪　郭宏玲　韦　宏　等编著

海洋出版社

2018年·北京

图书在版编目（CIP）数据

沙湖水质改善试验示范研究/梁文裕等编著. —北京：海洋出版社，2018. 5
ISBN 978-7-5210-0099-3

Ⅰ. ①沙…　Ⅱ. ①梁…　Ⅲ. ①湖泊-水质管理-研究　Ⅳ. ①X32

中国版本图书馆 CIP 数据核字（2018）第 080886 号

责任编辑：杨海萍　张　荣
责任印制：赵麟苏

海洋出版社　出版发行

http：//www. oceanpress. com. cn
北京市海淀区大慧寺路 8 号　邮编：100081
北京朝阳印刷厂有限责任公司印刷　新华书店发行所经销
2018 年 5 月第 1 版　2018 年 5 月北京第 1 次印刷
开本：787mm×1092mm　1/16　印张：17.75
字数：400 千字　定价：88.00 元
发行部：62132549　邮购部：68038093　总编室：62114335
海洋版图书印、装错误可随时退换

《沙湖水质改善试验示范研究》
编委会

2014 年 3 月，亚洲开发银行批准实施"沙湖水质改善试验示范项目"。图为实施工作方案论证完善及项目启动会现场。

2015 年 1 月，"沙湖水质改善试验示范项目"进行项目初稿评审。图为初稿评审会现场。

2015 年 4 月，"沙湖水质改善试验示范项目"进行终审评定。图为终审评定会现场。

2014 年 10 月，亚洲开发银行项目官员牛志明博士一行对项目执行情况进行检查。

2014 年 10 月，亚洲开发银行宁夏项目顾问孙胜民先生和北京林业大学雷春光院长进行项目检查指导。

2014 年 1 月，项目组进行"沙湖水质改善试验示范项目"的前期调研。图为项目组成员在沙湖查看沙湖水系。

为了使项目规范、科学、有序开展，2014年4月，项目组开展了调查研究技术和方法的培训工作。图为项目技术培训会。

沙湖自然景观秀丽独特，风光绮丽宜人，湖水、沙山、芦苇、飞鸟、游鱼有机组合，融江南水乡与大漠风光为一体，已成为我国西部地区著名的风景名胜区。2015年"沙湖苇舟"入选宁夏新十景。

沙湖自然保护区是荒漠化区域内典型湿地类型的生态系统和半荒漠化区域内荒漠化生态系统的自然综合体。图为自然保护区核心区的鸟、水、芦苇。

沙湖水生植物主要为芦苇，面积达 422.93 hm²，呈现簇状、点状、块状分布，是我国西北地区芦苇景观一绝。图为沙湖及其分布的芦苇。

沙湖湿地由大湖（元宝湖）、沙丘南侧湖沼、湖东湿地、沙地、农田和草地组成。其中大湖为沙湖湿地水域主体，面积为 1 348.52 hm²。图为夕阳下的大湖水、鸟美景。

沙湖的大湖东部和东南部是湖东湿地，为公路、乡间道路、排水沟、堤岸分隔的 2 片小型湖沼，面积为 1 991.16 hm²。图为湖东湿地。

在沙湖的沙地南侧，由地下水溢出形成1个小型湖沼，面积为159.21 hm²。图为沙湖沙地南侧湖沼一角。

沙湖沙地的东、南、西三面，人工开挖形成10 km长的人工运河，将沙湖沙地南部水系连通。图为沙湖运河。

沙地主要分布于沙湖的南侧，总面积1 067.52 hm²，分为流动沙丘和固定、半固定沙丘、新月形沙丘、蜂窝状沙丘、垅岗状沙丘和平坦沙地等。图为初冬季节沙湖的沙、水、芦苇。

农田主要分布于沙湖的东南部，总面积 106.9 hm²。图为农田中种植的玉米。

草地主要分布在湖东湿地和沙地南部，总面积 299.1 hm²，主要为一些湿生植物或沙旱生植物群落。图为沙地南部草地。

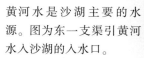

黄河水是沙湖主要的水源。图为东一支渠引黄河水入沙湖的入水口。

沙湖生态旅游区规划总面积为 19 800 hm²，用于旅游开发的面积为 8 010 hm²。图为沙湖旅游区东大门。

沙湖是荒漠化区域内典型湿地类型的生态系统和半荒漠化区域内荒漠化生态系统的自然综合体，生物多样性丰富。2014 年 6 月，项目组成员在湖东湿地进行生物多样性调查。

2014 年 7 月，项目组成员在沙湖湿地开展植物生物多样性和生态环境调查。

沙湖分布有种子植物 47 科
123 属 161 种。图为 2014
年 8 月，项目组成员在沙
湖第三排水沟调查植物资
源，并开展沙湖湿地水生
植物标本采集工作。

水质监测是本项目的重
要工作。图为项目组成
员正在进行沙湖水样的
采集工作。

沙湖分布有浮游植物 8 门
84 属 117 种，浮游动物 15
科 27 属 35 种，底栖动物 3
门 5 纲 10 科 18 属 25 种。
图为项目组成员正在进行
沙湖浮游生物的采集工作。

前　言

　　沙湖位于宁夏回族自治区石嘴山市平罗县境内，属于内陆干旱地区的典型荒漠和湿地结合类型自然保护区。沙湖是荒漠化区域内典型湿地类型的生态系统和半荒漠化区域内荒漠化生态系统的自然综合体，是荒漠化区域内典型湿地生态系统的生物种质资源库，濒危、珍贵、稀有水禽类的迁徙"中转站"之一，代表荒漠化区域内典型湿地类型的生态系统和半荒漠化区域内荒漠化生态系统的自然特征。

　　1990 年以前，沙湖是宁夏农垦国营前进农场下属的一个渔湖。1989 年 8 月，渔湖开发建设成为旅游风景区，1990 年定名为"沙湖"。本着边开发建设边接待游客的宗旨，1990 年 5 月 1 日，沙湖旅游区正式开始接待游客。1990 年 6 月 7 日，宁夏国营前进农场成立沙湖旅游区管理所，隶属于前进农场管理，同时撤销原渔场建制。1992 年 7 月 8 日，成立宁夏国营前进农场沙湖旅游公司，隶属于前进农场管理。1995 年宁夏回族自治区人民政府将沙湖列为自治区级风景名胜区，同年被国家旅游局列为全国 35 个王牌旅游景点。1997 年 1 月 27 日正式成立宁夏回族自治区级沙湖自然保护区。2001 年沙湖被国家旅游局评为全国 4A 级生态旅游区，2007 年被评为全国首批 5A 级景区，2015 年"沙湖苇舟"成功入选宁夏新十景。

　　由于沙湖地处银川平原的中-北部河湖平原上，地势低洼，坡度平缓，沟渠纵横，土壤沼泽化、浅育化和盐渍化现象普遍。沙湖湖体外形受洼地形状的控制，地势低洼，地下水位埋藏浅，而且沙湖及其周边地带属于地下水停滞带，径流不畅，地下水几乎无法排泄。同时，沙湖水源补给主要来自引黄渠道补水和少量农业灌溉退水，由于农业生产大量施肥且结构不合理，农田退水中富含大量的氮、磷等营养物质，对沙湖及其流域水体水质、水域生态系统造成威胁。此外，随着沙湖旅游人数逐年增加，各种生活污染物大量排放造成水体污染。由于外源营养物质及污染物的长期积累，导致沙湖水环境容量减小、环境压力增大、富营养程度逐渐加重，生物多样性和生态系统均受到一定程度的干扰。尤其是沙湖 2014 年 7 月、8 月连续出现 V 类水质，引起了社会各界人士的广泛关注。针对沙湖生态环境和水质恶化的现实，自治区相关部门和沙湖旅游股份公司逐步实施了生态环境保护建设工程，重点围绕水质改善和生态修复开展了项目建设和部分研究工作。2014年，由宁夏农垦事业管理局申请的亚洲开发银行（ADB）贷款/全球环境基金会（GEF）项目——"宁夏生态与农业综合开发项目"下的"土地与水资源管理试验示范项目——农垦沙湖水质改善试验示范研究"获得立项资助。该项目由4个部分组成，包括"沙湖主要污染因子识别""沙湖水环境容量分析""沙湖水环境污染防治与保护措施研究"和"沙湖水环境污染防治与保护的技术措施和管理措施"。同时，国家环保部也批准实施国家良好湿地计划——"沙湖流域水环境项目"，主要内容为改善沙湖水质。鉴于沙湖生态系统和水质改善的综合性和复杂性，该课题组织了湿地管理、环境工程、环境生物学、环境监测等多学科联合攻关，科研、教学、管理、监测等多部门联合协作，采用了实地考察、资料分析、调查论证、现场监测、试验示范等方式开展课题研究。通过通力合作，研究取得了预期成果，形成了《农业灌溉和旅游活动对沙湖水质影响研究报告》《沙湖水质改善方案和实施计划》《沙湖水环境综合管理指南》和《沙湖保护与可持续利用可行性研究报告》4个研究报告。本书是4个项目分报告的部分凝练。

本书第1、第2、第3章由梁文裕执笔，荀光生协助；第4、第5、第6、第7章由邱小琮执笔，赵红雪和韦宏协助；第8、第9、第10、第11、第12、第13、第14章由赵红雪执笔，梁文裕和邱小琮协助；第15章由梁文裕执笔，荀光生和韦宏协助。全书由梁文裕和荀光生统稿，孙胜民指导。孙立平、杨涓、郭爱华、沈文祥、杨宁、杨海林、王治啸、史红宁、普秀红、姚军、周学义、黄锐、马国东、李亚丽、冯启东、余学辉、杨佳、吴诗杰、王淑萍等参与研究和编著。

由于水平所限，不足之处在所难免，敬请专家和同仁批评指正，以期在今后的工作中臻于完善。

编　者

2015 年 7 月

目 录

第1章 绪 论

1.1 课题的背景、来源和必要性

1.1.1 课题背景

湿地与人类的生存、繁衍和发展息息相关，是自然界最富生物多样性的生态景观和人类最重要的生存环境之一，它不仅为人类的生产、生活提供多种资源，而且具有巨大的环境功能和效益。湿地具有维持生物多样性、提供水资源、补充地下水、清除转化毒物和杂质、降解污染物、保持小气候等功能，在抵御洪水、调节径流、蓄洪防旱、控制污染、调节气候、控制土壤侵蚀、促淤造陆、美化环境等方面有其他生态系统不可替代的作用，被誉为"地球之肾"，受到全世界范围的广泛关注。在世界自然资源保护联盟（IUCN）、联合国环境规划署（UNEP）和世界自然基金会（WWF）的世界自然保护大纲中，湿地与森林、海洋一起并称为全球三大生态系统。

沙湖位于宁夏回族自治区石嘴山市平罗县西南部，地理坐标为：38°45′17″—38°49′42″N，106°19′6″—106°24′10″E，海拔在 1 093～1 102 m 之间，是宁夏最大的天然微咸水湖泊。沙湖水域总面积为 3 498.39 hm²，其中沙湖大湖（元宝湖）面积为 1 348.52 hm²，沙湖沙地南侧地下水溢出形成 1 个小型湖沼，面积为 159.21 hm²，大湖东部被公路、乡间道路、排水沟、堤岸分隔形成 2 片小型湖沼，统称为湖东湿地，面积为 1 990.66 hm²。沙湖湿地总容水量 5 800×10⁴ m³，湖泊容水量 3 933.68×10⁴ m³，含盐量 4.3 g/L。

沙湖是荒漠化区域内典型湿地类型的生态系统和半荒漠化区域内荒漠化生态系统的自然综合体，是荒漠化区域内典型湿地生态系统的生物种质资源库，濒危、珍贵、稀有水禽类的迁徙"中转站"之一，代表荒漠化区域内典型湿地类型的生态系统和半荒漠化区域内荒漠化生态系统的自然特征。沙湖自然景观秀丽独特，风光绮丽宜人，湖水、沙山、芦苇、飞鸟、游鱼有机结合，融江南水乡与大漠风光为一体，已成为我国西部地区著名的风景名胜区，1997 年沙湖被列为自治区级自然保护区，并被列为全国 35 个王牌景点之一，1998 年被列为国家级自然风景保护区，2014 年入选中国十大魅力湿地，2015 年"沙湖苇舟"成功入选宁夏新十景。在沙湖旅游资源的构成要素中，水域风光是最重要的资源要素，旅游项目主要围绕水域风光而进行。

沙湖所在地曾经是黄河故道，担负着生物多样性保护、水源地保护、调节气候、降解污染、调蓄防洪、提供旅游等诸多功能。沙湖不仅在维护银川平原绿洲生态系统稳定性和可持续发展中发挥着重要作用，也是宁夏社会经济发展和西部大开发战略实施的生态保障之一，而且对于我国北方地区生态安全格局的维护具有重要意义。

沙湖地处银川平原的中-北部河湖平原上，地势低洼，坡度平缓，沟渠纵横，土壤沼泽化、浅育化和盐渍化现象普遍。沙湖湖体外形受洼地形状的控制，地势低洼，地下水位埋藏浅，而且沙湖及其周边地带属于地下水停滞带，径流不畅，地下水几乎无法排泄。同时，沙湖水源补给主要来自引黄渠道补水、地下水渗透、大气降水和少量农业灌溉退水。由于沙湖水源有限，而且只有进水而无有效排水，外源营养物质及污染物的长期积累，导致沙湖水质变差，水环境容量减小，环境压力增大，富营养程度逐渐加重，生物多样性和生态系统稳定性均受到一定程度的干扰，尤其是沙湖 2014 年 7 月、8 月连续出现 V 类水质，引起了社会各界人士的广泛关注。目前，沙湖水质已经进入中度污染阶段，并且呈现出轻度富营养化向中度富营养化过渡阶段。

1.1.2　课题来源

亚洲开发银行（ADB）贷款/全球环境基金会（GEF）项目——"宁夏生态与农业综合开发项目"下的"土地与水资源管理试验示范项目——沙湖水质改善试验示范研究"（贷款号：2436-PRC；项目编号：NKS-T-S-2013001）。

1.1.3　课题的必要性

1.1.3.1　遏制沙湖湿地水环境恶化的需要

湿地是地球上具有重要功能的独特生态系统，是自然界最富生物多样性的生态景观和人类重要的生存环境之一。沙湖是宁夏重要的湿地资源，然而由于沙湖地势低洼，地下水位埋藏浅，土壤盐渍化和浅育化较重，再加上沙湖水源短缺，水体交换和循环不畅，外源营养物质及污染物的长期积累，导致沙湖水环境容量减小、水环境压力增大、富营养程度加大、水质呈恶化的趋势。因此，开展沙湖水质改善试验示范研究是一项迫在眉睫的重要工作。

1.1.3.2　保护沙湖湿地资源和生物多样性的需要

沙湖现有水域面积约 3 498.39 hm²，生物物资源十分丰富，具有极其重要的保护价值。沙湖湿地内分布有浮游植物 37 科 84 属 117 种；野生维管植物 48 科 124 属 162 种（含亚种及变种）；高等脊椎动物 5 纲 30 目 62 科 155 属 241 种，其中鸟类 17 目 48 科 114 属 210 种，占脊椎动物总种数的 87.13%；昆虫共有 14 目 118 科 450 种；后生浮游动物 36 种；底栖动物 25 种，其中国家重点保护鸟类 33 种，国家一级保护鸟类 5 种，二级保护鸟类 28 种，如国家一级和二级重点保护鸟类中华秋沙鸭、白尾海雕、大天鹅、小天鹅等。因此，该课题研究是保护和恢复湿地资源，维护生物多样性的需要。

1.1.3.3　开展沙湖生态旅游的需要

沙湖不仅是宁夏回族自治区级自然保护区，而且也是我国著名的生态旅游风景区。

沙湖生态旅游区以其独具特色的湖水、沙山、芦苇、飞鸟、游鱼的有机结合，成为中国绝无仅有的旅游胜地。沙湖以自然景观为主体，沙、水、苇、鸟、山五大景源有机结合，构成了独具特色的秀丽景观，是一处融江南秀色与塞外壮景于一体的"塞上明珠"。经过 20 年的发展，已成为首批国家 5A 级景区、中国十大魅力湿地、中国十大生态旅游景区和中国 35 个王牌景点之一。沙湖旅游区 2010 年、2011 年、2012 年连续 3 年游客接待量、销售收入大幅增长，年均增长 30% 以上，自开发建设以来，共接待超过游客 1 000 余万人次，实现旅游收入 10 多亿元。因此，开展沙湖水质改善试验示范研究，保护好沙湖生态环境，对于促进沙湖旅游业的持续、健康发展至关重要。

1.1.3.4　开展沙湖生态环境保护的需要

西部大开发战略，生态环境保护是关键。沙湖是荒漠化区域内典型湿地类型的生态系统和半荒漠化区域内荒漠化生态系统的自然综合体，代表荒漠化区域内典型湿地类型的生态系统和半荒漠化区域内荒漠化生态系统的自然特征。同时荒漠湿地由于受自然条件的限制还表现在其生态系统的脆弱性，破坏后难以恢复或发生逆行演替。保护湿地资源，就是保护生态环境和生态系统，尤其是沙湖这样脆弱的荒漠湿地。因此，开展沙湖水质改善试验示范研究是开展生态环境保护的需要。

1.1.3.5　开展沙湖湿地研究和环境教育的需要

湿地保护事业是一项群众性的事业，需要社会各界的广泛参与才能完成，广泛宣传湿地的功能、作用和开展湿地保护的重大意义，让广大群众认识和理解实施保护的积极意义，从而提高全民保护湿地的自觉性。沙湖为开展湿地生态系统保护、利用、研究提供了良好的条件，同时又为中、小学生和城、乡群众普及湿地科学知识提供了理想的场所。而且沙湖具有独特的自然景观，加强湿地保护可为开展环境教育提供理想的基地。因此，开展沙湖水质改善试验示范研究对湿地科学研究和生态环境教育意义重大。

1.1.3.6　建设和保持"国家良好湖泊"和争取入选"国际重要湿地"的需要

作为荒漠化区域内典型湿地类型的生态系统和半荒漠化区域内荒漠化生态系统的自然综合体，沙湖具有十分重要的生态地位和独特的生态价值，具备良好的建设"国家良好湖泊"和争取入选"国际重要湿地"的条件，但还需进行科学的研究和实施合理和切实可行的保护工程，进一步保护和改善沙湖的生态环境和水质。因此，开展沙湖水质改善试验示范研究是建设"国家良好湖泊"和争取入选"国际重要湿地"的需要。

1.2　课题主要内容

本课题将通过开展沙湖气象、地质、水文、生物多样性、旅游资源和区域经济社会调查，分析沙湖生态环境现状及面临的生态问题；开展沙湖水质、污染源调查，分析沙湖水质现状，识别主要污染因子，对沙湖水环境质量进行综合评价，并对沙湖水质发展趋势作出预测；调查分析沙湖流域主要农作物的栽培现状、灌溉方式，灌溉定额，统计不同年度灌水量和退水量，重点分析农业灌溉退水等非点源污染对沙湖水质的影响；调查分析沙湖旅游活动的方式、强度及对沙湖水质的影响；根据沙湖水质现状与水环境容量，提出沙湖水质改善和保护的目标，从污染源控制、水生生态系统维护、多水源水量水质联合调度方面探讨沙湖水环境污染防治与保护的技术与管理措施。

课题的预期目标包括：①识别沙湖的主要污染因子，辨别污染物的来源及其响应范围；②探明农业灌溉等非点源污染对沙湖水质的影响，探明旅游活动对沙湖水质的影响；③探明沙湖的水环境容量；④研究制定沙湖水环境污染防治与保护的技术措施和管理措施。项目的预期成果编制完成《农业灌溉和旅游活动对沙湖水质影响研究报告》《沙湖水质改善方案和实施计划》《沙湖水环境综合管理指南》和《沙湖保护与可持续利用可行性研究报告》四项专题报告。

1.3　课题研究的目的和意义

该课题通过对沙湖水文、水质、污染源及区域经济的社会调查，识别主要污染因子来源及其响应范围，分析沙湖的水质现状、水污染情况及发展趋势，揭示沙湖水质污染及富营养化机制，系统研究沙湖的水环境容量，提出沙湖水质改善和保护的目标及其技术干预措施和管理干预措施。

1）为沙湖湿地生态环境和生物多样性保护提供科学依据

沙湖湿地分为天然湿地和人工湿地两大类型，天然湿地由湖泊和沼泽组成，人工湿地主要是鱼塘和水渠等，这些湿地在生态系统和维持生物多样性等方面具有举足轻重的作用。

2）为沙湖湿地水质改善与保护工程建设提供技术支撑

目前，沙湖已经和正在实施多项湖泊恢复与保护及旅游工程建设。工程建设必须建立在对沙湖生态环境深入认识的基础上，依靠科学技术和科学管理才能很好地完成。因此，开展沙湖生态保护与水质改善试验示范研究，对研究和编制科学合理的沙湖水生态系统恢复方案，使工程建设发挥更好的生态功能起到保障作用。

3）为沙湖建设"国家良好湖泊"生态保护工程和入选"国际重要湿地"奠定基础

为扎实推进湖泊生态环境保护工作，财政部、环保部按照"择优保护、重点支持"的原则，对全国良好湖泊生态环境保护专项进行竞争立项。国际重要湿地是指在生态学、动物学、植物学、湖沼学、水文学方面具有独特国际意义的湿地。沙湖作为荒漠化区域内典型湿地类型的生态系统和半荒漠化区域内荒漠化生态系统的自然综合体，具有十分重要的生态地位和独特的生态价值，因此，开展沙湖生态保护与水质改善试验示范研究，为沙湖建设"国家良好湖泊"生态保护工程和入选"国际重要湿地"奠定基础。

4）为西北干旱地区保护和修复湖泊湿地水生态提供示范

沙湖湿地处于中国西北干旱地区，属于荒漠湿地，是内陆干旱地区的典型湿地类型，也是温带草原向荒漠过渡的典型湿地生态系统，在西北地区具有一定的示范意义。沙湖生态保护与水质改善试验示范研究总结出一系列适合西北地区的湖泊湿地保护与水质改善经验及水质改善的技术，对宁夏乃至西北地区保护和恢复湖泊湿地生态系统具有典型示范意义。

第 2 章　沙湖生态现状概述

2.1　沙湖流域概况

沙湖流域辖青铜峡市、永宁县、银川市兴庆区、金凤区、西夏区、贺兰县及平罗县，属于青铜峡灌区（图 2-1），流域水系包括唐徕渠水系及湖泊、艾依河水系及湖泊、贺兰山东麓拦洪库区水系等，总面积 9 627.41 km²（政区），其中水域面积（包括河湖）890.1 km²，占流域总面积的 9.20%；耕地 3 240.6 km²，占总面积的 33.49%；林地（包括园地）1 078.2 km²，占 11.14%；牧草地 2 258.9 km²，占 26.58%；养殖等其他农业用地 756.04 km²，占 0.78%；建设用地（城镇工矿用地）1 120.1 km²，占 11.58%。流域内有阅海、鸣翠湖、镇朔湖、星海湖等湖泊湿地。

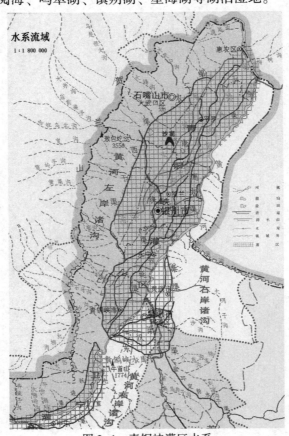

图 2-1　青铜峡灌区水系

6

流域总人口 230.16 万人，占全宁夏人口总数的 41.95%，人口密度为 239 人/km²，其中银川市三区（兴庆区、金凤区和西夏区）是宁夏人口密度最高的区域。流域总人口中非农人口为 143.31 万人，占区域总人口的 62.27%；农业人口为 86.85 万人，占 37.73%，处于城市化的中级阶段。

沙湖湿地位于宁夏回族自治区石嘴山市平罗县西南部，东北距平罗县县城 19 km 处，南距银川市区 56 km，北距石嘴山市 26 km。地理坐标为：38°45′17″—38°49′42″N，106°19′6″—106°24′10″E，海拔在 1 093~1 102 m 之间，是宁夏最大的天然微咸水湖泊。2014 年 4 月沙湖水域总面积为 3 498.39 hm²，其中沙湖大湖（元宝湖）面积为 1 348.52 hm²，沙湖沙地南侧地下水溢出形成 1 个小型湖沼，面积为 159.21 hm²，保护区东部被公路、乡间道路、排水沟、堤岸分隔形成湖东湿地，面积为 1 990.66 hm²。另外，沙湖湿地有沙地 1 067.52 hm²，草地 299.1 hm²，农田等 106.9 hm²。沙湖大湖容水量为 3 933.68×10⁴ m³，沙湖湿地总容水量 5 800×10⁴ m³，含盐量 4.3 g/L。

2.2　沙湖自然保护区

2.2.1　沙湖自然保护区范围

1997 年 1 月 27 日，宁夏回族自治区人民政府同意建立宁夏沙湖自然保护区。2012 年沙湖总体规划调整后沙湖自然保护区是沙湖湿地的主体和精华，沙湖自然保护区总面积 4 247.7 hm²，其中核心区面积 1 134.3 hm²，占保护区总面积的 26.70%；缓冲区面积 692.7 hm²，占保护区总面积的 16.31%；实验区面积 2 420.7 hm²，占保护区总面积的 56.99%（表 2-1，图 2-2）。

表 2-1　沙湖自然保护区范围坐标

功能区	面积		范围坐标			
	合计（hm²）	比例（%）	东	西	南	北
总计	4 247.7	100.00	38°45′39.395″N 106°24′16.346″E	38°48′11.242″N 106°19′35.009″E	38°45′17.945″N 106°23′21.613″E	38°49′45.846″N 106°22′14.934″E
核心区	1 134.3	26.70	38°45′38.820″N 106°24′12.366″E	38°46′28.850″N 106°20′11.867″E	38°45′42.005″N 106°21′9.192″E	38°47′50.111″N 106°22′33.910″E
缓冲区	692.7	16.31	38°45′39.395″N 106°24′16.346″E	38°47′38.864″N 106°19′36.409″E	38°45′17.945″N 106°23′21.613″E	38°47′52.165″N 106°22′41.374″E
实验区	2 420.7	56.99	38°48′19.494″N 106°24′10.499″E	38°48′11.242″N 106°19′35.009″E	38°46′20.864″N 106°21′7.077″E	38°46′5.126″N 106°24′4.086″E

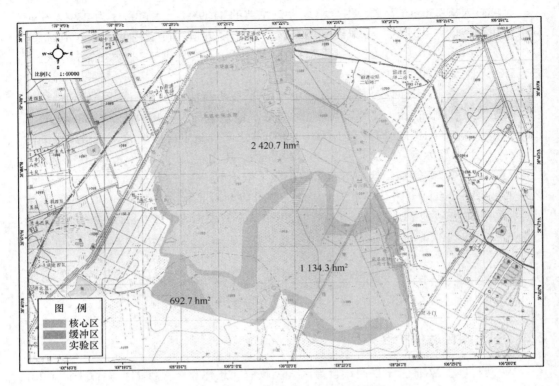

图 2-2　沙湖自然保护区功能分区规划

2.2.2　沙湖自然保护区保护对象

2.2.2.1　湿地生态系统

沙湖湿地生态系统主要包括湖泊湿地、沼泽湿地及其湿地生物多样性。沙湖为典型的干旱区微咸水湖，湖泊生态功能重要，水资源的生态价值和景观价值大，但生态系统较脆弱；沼泽位于湖泊与沙地的过渡地带和湖东部分地区，有丰富的生物多样性，分布有多种国家和宁夏重点保护野生动、植物，具有较强的典型性和示范性。

2.2.2.2　珍稀动物及其栖息地

沙湖自然保护区处于国际上东亚—澳大利亚和中亚两条鸟类迁徙路线，鸟类有 210 种，是候鸟的重要栖息繁衍地。在保护区野生动物中，国家一级保护鸟类有黑鹳、中华秋沙鸭、白尾海雕、大鸨、金雕 5 种，国家二级保护动物有大天鹅、小天鹅、鸳鸯、白琵鹭、灰鹤、红隼、猎隼、苍鹰、大鵟、长耳鸮、纵纹腹小鸮等 28 种。鸟类等动物栖息地和珍稀动物是自然保护区的主要保护对象。

2.2.2.3　以湿地和沙地为主的自然景观

保护区内湖泊和沙地相连，形成了奇特少有的自然景观，在国内实属罕见。湖泊中生长的芦苇呈现簇状、点状、块状分布，是我国西北地区的芦苇景观一绝。沙丘傍水，形状多异，景观独特。

2.3　沙湖地质概况

2.3.1　地层

沙湖处于鄂尔多斯西缘坳陷带（二级构造单元），属地质构造上被称为"银川地堑"的银川盆地。沙湖及其周边地层自老而新有太古界、元古界、古生界的寒武系、奥陶系、泥盆系、石炭系、二叠系，中生界的三叠系、侏罗系、白垩系及新生界的古近系、新近系、第四系。盆地基底地层由古生界和前古生界组成。地表第四系分布广泛。

2.3.2　地质构造特征

沙湖属银川盆地。银川盆地为一夹持在贺兰山与鄂尔多斯盆地西缘断褶带之间的断陷盆地，是在贺兰山构造带的基础上演化形成的地堑式盆地，盆地基底地层由古生界和前古生界组成，盆地内新生界沉积厚度巨大。受青藏高原隆升朝北东方向挤压影响，银川盆地发生北西—南东向的张裂，边界断裂与盆内纵向断裂持续断陷，形成了现今的地质构造格局。

2.4　地貌概况

沙湖地处贺兰山和鄂尔多斯高原之间的陷落地堑中部，坐落在贺兰山东麓中部的洪积平原下，西部为阻隔腾格里沙漠东移的贺兰山，西高东低，地面坡度为 $1/26 \sim 1/118$，属于银川平原湖滩地"西大滩碟形洼地"地貌（从第二农场渠至平罗县城西 3 km，南起姚伏镇高家沙窝，北到简泉，总面积约为 $3 \times 10^4 \ hm^2$），在构造上处于银川断陷盆地的边缘地带，海拔 $1\ 093 \sim 1\ 102 \ m$。由于特殊的地形及土壤条件，形成了集荒漠草原、荒漠湿地、沙漠于一体的特殊生境组合。洼地长年积水，形成了独特的荒漠湿地。沙湖生境可分为荒漠湿地、沙丘沙地、荒漠草原等几种类型，主要植被类型按生境可分为 3 类：沙地植物群落、白僵土茇芨草群落和荒漠湿地生物群落。

沙湖的地貌主要由两种类型组成，即沙地和湿地。

2.5 气候

沙湖属于典型的大陆性气候，按温度划分属于中温带，按降水和干湿情况划分则属半干旱荒漠地区。由于贺兰山屏障作用，西北来的冷空气难以长驱直入，致使这里的气候"热量丰富，日照充足，干旱少雨，蒸发强烈，春暖快，夏热短，秋凉早，冬寒长"。

2.5.1 气温

1989—2009 年，沙湖年平均温度 9.5℃，各月差异明显（表 2-2）。极端高温 60℃（2005 年 7 月 12 日），最冷月（1 月）均温-13.5℃，极端低温-27.6℃（2008 年 1 月 24 日）。根据 2007—2010 年沙湖湿地生态气象观测站实测资料，沙湖年平均气温 9.0~10.3℃。年平均月最高气温 25.7℃（2010 年 7 月），年平均月最低气温-11.0℃（2008 年 1 月）。

表2-2　1989 年 1 月—2009 年 12 月沙湖平均最高气温、最低气温　　　单位:℃

月份	1	2	3	4	5	6	7	8	9	10	11	12
最低温度	-13.5	-9.1	-2.5	4.3	10.4	15.1	18.1	16.5	10.8	3.2	-4.2	-10.6
最高温度	-0.7	4.5	11.2	19.2	24.8	28.9	30.8	28.9	24.0	17.1	7.9	1.0

2.5.2 积温

根据沙湖生态气象观测站实测资料，沙湖气温不小于 0℃ 的有效积温为 4 024.46，不小于 10℃ 的有效积温为 3 465.66，不小于 15℃ 的有效积温为 2 826.63。

2.5.3 光照

沙湖光热资源丰富，日照时间长，年平均实际日照数 2 927 h。沙湖不仅日照时间长，而且光强度大，是我国日照时间较长的地区之一。

2.5.4 降水

2.5.4.1 降水量

沙湖由于地处内陆，干旱少雨，降水年际变化大，季节分配不均匀。在一般年份里，年均降水量约 174.7 mm，以 6 月、7 月、8 月、9 月的降水量最多，占全年降水量的 75%左右，冬季只占全年降水量的 5.78%左右（见表 2-3）。

表 2-3　沙湖平均降水量

月份	1	2	3	4	5	6	7	8	9	10	11	12	年均降水量（mm）
平均降水量（mm）	0.9	2.1	5.5	6.6	14.1	27.3	49.7	31.4	23.0	7.0	8.8	0.4	174.7
占全年降水量的百分比（%）	0.5	1.2	3.1	3.8	8.0	15.6	28.4	18.0	13.2	4.0	5.0	0.2	

2.5.4.2　相对湿度

沙湖年均相对湿度为 55.2%，9 月的湿度相对较大，为 68.3%，4 月的湿度相对较小，为 39.0%。

2.5.4.3　蒸发量

沙湖属于蒸发强烈地区，年平均蒸发量为 2 041.7 mm，为年降水量的 10 倍（表 2-4）。

表 2-4　沙湖月平均相对蒸发量

月份	1	2	3	4	5	6	7	8	9	10	11	12	全年
月平均蒸发量（mm）	40.5	61.7	141.3	258.0	329.0	308.9	300.1	247.3	194.8	141.2	74.0	47.1	2 041.7

2.5.5　风

沙湖毗邻贺兰山，由于西来冷空气受贺兰山地形条件影响，每年春季常出现偏北或西北大风。根据沙湖湿地生态气象观测站实测资料，大风多出现在 3—5 月，以 4 月最多，起风连续数天。每年 1 月、9 月、10 月、11 月、12 月沙湖风速较低，而 3 月、4 月、5 月风速最大。

2.5.6　气压

沙湖位于我国西北内陆海拔 1 000 m 以上的高原地区，地面年平均气压值为 891.5 hPa。在热力因素影响下，气压年内呈规律性的变化，一般冬季高于夏季。1 月最高，7 月最低。

2.6　水文水系

沙湖位于银川平原北部灌区尾部，是银川平原地势最低之处，湖泊水面海拔高程为 1 098~1 099 m。沙湖是一封闭型湖泊，对外联系的水道包括第二农场渠的东一支渠

（东干渠、暖泉渠）、艾依河和八一支渠，而无输出水道。同时，沙湖地区年降水量为174.7 mm，而水面蒸发量达到了1 400~1 600 mm，在无人工补水的情况下，沙湖水量为负平衡。

沙湖水资源主要是渠道引黄河水、农田排水、大气降水及部分贺兰山洪水等地表水和地下水。

2.6.1 地表水

沙湖地表水补充水源主要由东一支渠引黄河水，八一支渠、第三排水沟和艾依河引农田退水、大气降水及部分偶发性的贺兰山洪水构成（图2-3）。

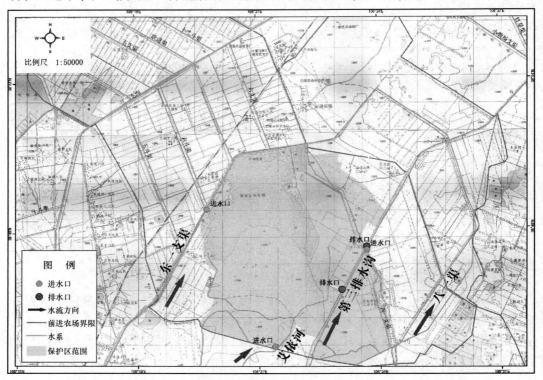

图2-3 沙湖水域入湖水系

2.6.1.1 沙湖主要地表水来源

从东一支渠引黄河水是沙湖最主要的地表水来源，在入湖处由一条长约100 m的引水渠引入湖泊，年引水量1 000×10⁴~1 700×10⁴ m³，如2013年引黄河水约1 140×10⁴ m³，2014年引黄河水约1 697×10⁴ m³。

2.6.1.2 沙湖的次要地表水补水来源

（1）沙湖东部的八一支渠，年形成地表水约70×10⁴ m³。

（2）沙湖东部的第三排水沟和艾依河，年形成地表水为 $150 \times 10^4 \sim 200 \times 10^4 \ m^3$。

（3）当地地表水径流、地下水、农田渗漏等因素汇水，年汇水量为 $400 \times 10^4 \sim 700 \times 10^4 \ m^3$。

（4）大气降水及部分贺兰山洪水，水量较少，偶发性明显。

2.6.2　地下水

沙湖位于西大滩封闭碟形洼地中，地下水位较高，沙湖浅层地下水位埋深变化范围在 0.61～2.47 m 之间，两个年度的月变动分别在 0.61～2.47 m、0.80～2.14 m，年度变幅在 1.34～1.86 m，不同年份同月份的水位变幅在 −0.52～0.75 m。浅层地下水矿化度变化范围为 1.5～2.0 g/L。

2.6.2.1　含水组水文地质特征

沙湖地下水主要为松散岩类孔隙水。

沙湖所处的银川盆地为新生代形成的断陷盆地，新生界厚度达 7 000 m，第四系最厚达 2 000 m，下伏第三系厚度大于 1 700 m。银川盆地在基底构造的控制下，第四纪以来一直处于沉降状态，沉降幅度由大于 1 000 m 至小于 500 m 不等，在贺兰山山前地带为 300～500 m，在黄河附近约数十米至百余米。

沙湖的水文地质条件明显受岩性结构控制。贺兰山东麓洪积倾斜平原以东，由于岩性由单一的砂砾卵石层结构递变为砂性土与黏性土层的多层结构，使得地下水由单一潜水逐渐变为"多层结构"的潜水—承压水。据现有勘探资料，在 250 m 深度内一般有 3 个主要含水层，即潜水、第一承压水、第二承压水。

2.6.2.2　地下水补给、径流、排泄条件及水位动态特征

沙湖地下水的补给、径流和排泄除了受到地质、地貌、构造、岩性条件及气象、水文等因素的影响外，还受到人为因素的极大影响。地下水的补给来源主要包括：引黄渠系渗漏及灌溉入渗补给、大气降水入渗补给、侧向径流补给、洪水散失补给等。其中引黄渠系渗漏及灌溉入渗补给是地下水最主要的补给源，其补给量约占地下水总补给量的 80%。地下水的排泄方式主要有 4 种，即蒸发、人工开采、侧向径流及向排水沟和黄河的排泄，其中蒸发排泄是主要的排泄方式，其排泄量占总排泄量的 50%以上。

2.6.3　水域面积及分布

沙湖为一蝶形浅水湖泊，水域空间上分布并不连续，被公路、乡间道路、堤岸、排水沟等分隔为 1 个大湖和 3 片独立的湖沼（见图 2-4）。大湖即常称谓的沙湖，也称元宝湖（见图 2-4，"1"）；大湖东部和东南部是沙湖湖东湿地，为公路、乡间道路、排水沟、堤岸分隔的 2 片小型湖沼（见图 2-4，"2"和"3"）；大湖其南岸沙丘南侧湖泊系艾依河连通沙湖后，地下水溢出形成的湖沼（见图 2-4，"4"）。虽然这些湖泊

在地表上相对独立、相互分隔，但由于该地区湖底地层主要为古河道砂质沉积物，使这些湖泊保持地下水连通，故而其水位高程基本保持一致，随元宝湖（大湖）水位涨落发生面积大小变化。

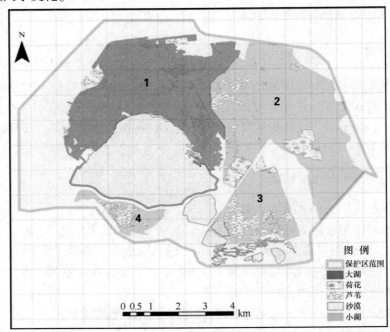

图 2-4　沙湖水域分布
（据《宁夏沙湖水质演化和水质调控》）

根据宁夏沙湖自然保护区管理处和宁夏大学西部生态研究中心《宁夏沙湖水质演化和水质调控》的研究结果，2014 年 4 月沙湖水域总面积为 3 498.39 hm²。其中，大湖面积为 1 348.52 hm²，湖东湿地面积为 1 991.16 hm²，沙丘南侧湖泊面积为 159.21 hm²。

2.6.4　湖泊水位与水资源量

沙湖水域水下地形测量表明，湖底最低处海拔 1 095.13 m，最高处海拔 1 098.78 m。湖底地势低洼处位于沙湖湖中央西侧部位，呈长圆状，沿东北—西南向延伸；湖泊北岸和南岸地势较陡，东、西岸地势变化较缓。沙湖的大湖湖面海拔高程为 1 099.19 m 时，面积为 1 348.52 hm²，湖泊水量为 2 840.68×10⁴ m³。2014 年 2 月，沙湖水域湖泊面积为 3 498.39 hm²，湖泊总水量为 3 933.68×10⁴ m³。

2.7　土壤

沙湖土壤是在干旱气候条件下形成的地带性土壤，成土母质由第四纪洪积冲积物组成，部分地表覆盖着厚厚的流动沙丘，可分为风沙土、白僵土、盐土和湖

土 4 大类。风沙土分布在沙湖南部，白僵土分布在沙湖的东部和北部，湖土主要
分布于湖体四周，生长草甸植被，如芦苇、香蒲、赖草、慈姑等，也生长一些柽
柳、榆、槐、沙枣树等。盐土主要分布在草甸植被周围和渗漏严重的渠道两侧，
主要生长柽柳、小芦草等耐盐植物。整个沙湖土壤呈碱性，含盐量较高。从上层
到下层，土壤盐渍化的程度逐渐减轻，盐分含量大于 10 g/kg 的土壤主要分布在
0～20 cm 土层，含量为 4～10 g/kg 的土壤主要分布在 120 cm 以上土层，而 120 cm
以下土层的盐分含量基本小于 2 g/kg。

2.8　生物多样性

2.8.1　植物多样性

沙湖地处黄土高原，属典型的大陆性气候，其周边连接贺兰山森林保护区以及我
国半荒漠区。因其集沙漠与碧水为一体的独特的自然条件，各种地理成分在这里相互
渗透、相互过渡，孕育了沙湖独特的植被类型和植物多样性。

2.8.1.1　浮游植物多样性

沙湖分布有浮游植物 8 门 84 属 117 种（仅鉴定到属的按 1 种计算）。其中，以绿
藻门种类最多，37 属 54 种，占总种类数的 46.2%；硅藻门次之，18 属 28 种，占
23.9%；蓝藻门 14 属 18 种，占 15.4%；裸藻门 5 属 7 种，占 5.9%；金藻门 5 属 5 种，
占 4.3%；甲藻门 2 属 2 种，占 1.7%；隐藻门 2 属 2 种，占 1.7%；黄藻门 1 属 1 种，
占 0.8%。

浮游植物四季变化很大，秋季种类数最多，冬季最少；在同一季节中绿藻门的种
类数最多，其次是硅藻门和蓝藻门；各采样点多以绿藻门种类最多，其次是硅藻和蓝
藻，黄藻最少。浮游植物的优势种主要以蓝藻门的色球藻（Chroococcus sp.）、针状蓝
纤维藻（Daetylococcopsis acicularis）、针晶蓝纤维藻（D. Rhaphidioides）和绿藻门的小球
藻（Chlorella pyrenoidosa）、衣藻（Chlamydomonas sp.）以及硅藻门的尖针杆藻
（Synedra acus）为主，不同采样点或同一采样点不同季节，其优势种和优势类群有所
不同。

沙湖浮游植物的密度，春季以蓝藻最高，其次为硅藻和绿藻；夏季蓝藻占绝对
优势，绿藻和硅藻密度也较高；秋季蓝藻依然占绝对优势，绿藻和硅藻次之；冬季
绿藻密度最高，其次为硅藻、隐藻和蓝藻。浮游植物密度变幅为 140.10×10⁴ ～
2 100.90×10⁴ ind./L；最低密度出现在冬季，最高密度出现在夏季。浮游植物生物
量变化幅度为 1.494～7.792 mg/L，年度平均生物量为 3.164～5.484 mg/L。鸟岛附
近水域最高，进水口（东一支渠进水口）水域最低。浮游植物生物量最低出现在冬
季，为 1.494 mg/L；最高点出现在夏季，为 7.792 mg/L。春季硅藻生物量最高，其
次为绿藻、裸藻和蓝藻；夏季蓝藻生物量最高，其次为硅藻、甲藻和绿藻；秋季浮

游植物生物量依次为蓝藻、硅藻、绿藻和甲藻；冬季绿藻生物量最高，其次为硅藻和隐藻。

沙湖浮游植物的 Margalef 指数变动范围为 2.872～4.652，平均为 3.548，秋季最高，夏季最低。Shannon 指数变动范围为 2.058～3.057，平均值 2.548，春季最高，夏季最低。均匀度指数为 0.521～0.759，平均值 0.635，春季最高，夏季最低。

2.8.1.2 高等植物多样性

1）植物区系

沙湖湿地分布有野生维管植物 48 科 124 属 162 种，其中种子植物 47 科 123 属 161 种。种子植物区系科的地理分布类型划分为 5 个分布区类型和两个变型。其中，世界分布型有 26 科，泛热带分布型有 12 科，占总科数的 57.1%（除世界分布外）。温带分布型的有 9 科，占总科数的 42.9%。沙湖湿地种子植物中泛热带成分占的比例较大，但是并不表明该区属于热带分布区，该地区可能是热带分布到温带分布的过渡类型。

2）植被类型

根据《中国植被》和《宁夏植被》划分，沙湖植被分为荒漠植被、沼泽和水生植被、阔叶林植被 3 个植被型组，盐生植被、沙生植被、水生植被和落叶阔叶林 4 个植被型，以及 13 个群系，35 个群丛（表 2-5）。组成沙湖植被的植物种，大多具有旱生及盐生植物的生理结构及形态。优势种或建群种主要有沙枣、柽柳、紫穗槐、黑沙蒿、沙芦草及芦苇等。沙湖植物地理成分比较复杂，在野生植物中，草本植物有 120 种，乔灌木有 48 种，水生植物有 15 种，旱生以及中生植物有 153 种。此外，沙湖还分布有药用植物、蜜源植物、饲用植物、食用植物及工业用植物资源等，具有较高的经济价值及生态价值。

表 2-5　沙湖植被类型

序号	植被型组	植被型	群系	群丛
1	荒漠植被	盐生植被	碱茅群系	碱茅群丛
2	荒漠植被	盐生植被	碱茅群系	碱茅+沙芦草+花花柴群丛
3	荒漠植被	盐生植被	茄叶碱蓬群系	茄叶碱蓬+沙蓬+白茎盐生草群丛
4	荒漠植被	盐生植被	茄叶碱蓬群系	雾滨藜+沙蓬群丛
5	荒漠植被	盐生植被	柽柳群系	柽柳+花花柴+盐爪爪群丛
6	荒漠植被	盐生植被	柽柳群系	柽柳+沙芦草群丛
7	荒漠植被	盐生植被	柽柳群系	獐毛群丛
8	荒漠植被	盐生植被	柽柳群系	柽柳+獐毛群丛
9	荒漠植被	盐生植被	柽柳群系	柽柳+花花柴+芦苇群丛
10	荒漠植被	盐生植被	柽柳群系	柽柳+芦苇+沙蓬群丛

16

续表

序号	植被型组	植被型	群系	群丛
11	荒漠植被	盐生植被	紫穗槐群系	紫穗槐+灰绿藜群丛
12	荒漠植被	盐生植被	紫穗槐群系	紫穗槐+盐爪爪群丛
13	荒漠植被	盐生植被	花花柴群系	花花柴+苦豆子群丛
14	荒漠植被	盐生植被	花花柴群系	芦苇+花花柴群丛
15	荒漠植被	盐生植被	花花柴群系	茄叶碱蓬+芦苇群丛
16	荒漠植被	盐生植被	花花柴群系	花花柴+雾冰藜+沙蓬群丛
17	荒漠植被	盐生植被	花花柴群系	芨芨草群丛
18	荒漠植被	沙生植被	黑沙蒿群系	黑沙蒿+蓼子朴群丛
19	荒漠植被	沙生植被	黑沙蒿群系	黑沙蒿+沙蓬群丛
20	荒漠植被	沙生植被	沙芦草群系	沙芦草群丛
21	荒漠植被	沙生植被	沙芦草群系	沙芦草+芦苇+盐爪爪群丛
22	荒漠植被	沙生植被	沙芦草群系	沙芦草+苦马豆群丛
23	荒漠植被	沙生植被	沙芦草群系	蓼子朴群丛
24	荒漠植被	沙生植被	沙芦草群系	苦豆子+蓼子朴群丛
25	荒漠植被	沙生植被	白刺群系	白刺群丛
26	荒漠植被	沙生植被	白刺群系	白刺+盐爪爪群丛
27	沼泽和水生植被	水生植被	睡莲群系	睡莲群丛
28	沼泽和水生植被	水生植被	莲群系	莲+蒿草群丛
29	沼泽和水生植被	水生植被	莲群系	水葱群丛
30	沼泽和水生植被	水生植被	芦苇群系	芦苇+蒿草群丛
31	沼泽和水生植被	水生植被	芦苇群系	芦苇群丛
32	沼泽和水生植被	水生植被	芦苇群系	香蒲群丛
33	沼泽和水生植被	水生植被	芦苇群系	香蒲+水葱+蒿草群丛
34	阔叶林	落叶阔叶林	沙枣群系	沙枣+细枝岩黄芪+柽柳群丛
35	阔叶林	落叶阔叶林	旱柳群系	旱柳+刺槐+杨树群丛

注：植被类型依据《中国植被》（吴征镒，1980），划分为植被型组、植被型、植被亚型、群系组、群系、亚群、群丛组、群丛。

3）植物物种及其分布

沙湖共有野生维管植物 48 科 124 属 162 种（含亚种及变种）。包括蕨类植物 1 科 1 属 1 种，种子植物 47 科 123 属 161 种，其中裸子植物 2 科 5 属 6 种，被子植物 45 科 118 属 155 种（包括双子叶植物 37 科 96 属 126 种，单子叶植物 8 科 22 属 29 种）（见表 2-6）。除此以外，在沙湖还分布有一些引进的外来植物，供观赏用，共 10 科 11 属 13 种。

表2-6　沙湖维管植物统计

植物类群		科	属	种
维管植物 （48科124属162种）	蕨类植物（1科1属1种）	1	1	1
	种子植物 （47科123属161种） 裸子植物	2	5	6
	被子植物	45	118	155
总计		48	124	162

4）珍稀濒危植物

沙湖拥有国家林业局公布（1999年）的《国家重点保护野生植物名录》第一批名录中的国家一级保护植物1种（苏铁 *Cycas revoluta* Thunb），国家二级保护植物2种，分别是沙芦草（*Agropyron mongolicum* Keng）和野大豆（*Glycine soja* Sieb et Zucc）；国务院环境保护委员会修订颁布（1987年）的《中国珍稀濒危保护植物名录》中保护植物共5种，分别是樟子松（*Pinus sylveatris* L.）、白梭梭（*Haloxylon persicum* Bunge ex Boiss et Buhse）、野大豆（*Glycine soja* Sieb et Zucc.）、黄芪（*Astragalus hoantchy* Franch.）以及沙冬青〔*Ammopiptanthus mongolicus*（Maxim）Cheng f.〕（表2-7和表2-8）；宁夏优先保护植物名录中沙湖只有油松（*Pinus tabulaeformis* Carr.）（松属、松科）分布。沙湖内无特有植物分布。

表2-7　沙湖国家重点野生保护植物

序号	保护物种	保护级别	属	科
1	苏铁 *Cycas revoluta* Thunb.	I	苏铁属	苏铁科
2	沙芦草 *Agropyron mongolicum* Keng	II	冰草属	禾本科
3	野大豆 *Glycine soja* Sieb et Zucc.	II	大豆属	豆科

表2-8　沙湖中国珍稀濒危保护植物

序号	保护物种	保护级别	属	科
1	樟子松 *Pinus sylveatris* L.	III	松属	松科
2	白梭梭 *Haloxylon persicum* Bunge ex Boiss et Buhse	III	梭梭属	藜科
3	野大豆 *Glycine soja* Sieb et Zucc.	III	大豆属	豆科
4	黄芪 *Astragalus hoantchy* Franch.	III	黄芪属	豆科
5	沙冬青 *Ammopiptanthus mongolicus*（Maxim）Cheng f.	III	沙冬青属	豆科

2.8.2　动物多样性

2.8.2.1　动物物种多样性及其分布

1）水生浮游动物

沙湖共有后生浮游动物36种，其中轮虫8科17属24种，占67.7%；枝角类6科

7 属 8 种，占 23.5%；桡足类 1 科 3 属 3 种，占 8.8%。春、夏、秋、冬四季种类数分别是 28 种、15 种、17 种、12 种，春季出现的种类最多，冬季最少。常见的种类有角突臂尾轮虫（*Brachionus angularis*）、萼花臂尾轮虫（*B. calyciflorus*）、矩形龟甲轮虫（*Keratella quadiata*）、曲腿龟甲轮虫（*K. vaigavalga*）、月形腔轮虫（*Lecane luna*）、前节晶囊轮虫（*A. priodonta*）、异尾轮虫（*Trichocera* sp.）、长肢多肢轮虫（*Polyarthra trigla*）、长三肢轮虫（*FiIinia longiseta*）、近邻剑水蚤（*Cyclops vicinus*）、桡足类无节幼体（Nauplius）。前额犀轮虫（*Rhinoglenaltalis*）是冬季的优势种。枝角类出现在春季、秋季，常见种为直额裸腹溞（*Moina rectirostris*）。总体来说，沙湖浮游动物种类不多，以轮虫为主，枝角类和桡足类种类较少，浮游动物个体趋向小型化。

沙湖浮游动物数量结构主要由轮虫和桡足类组成，生物量结构则主要由桡足类和枝角类组成。轮虫密度变化为秋季大于夏季、春季大于冬季，生物量变化为夏季、秋季大于春季大于冬季；枝角类主要在春季和秋季出现；桡足类的密度与生物量呈现夏季大于春季大于秋季大于冬季。各采样站点浮游动物年平均密度与生物量有一定差异，轮虫与桡足类的密度、生物量呈现为鸟岛附近最高，老渔场、十一队附近次之，而湖心区、进水口附近较低。

2）底栖动物

沙湖有底栖动物 25 种别（仅鉴定到科、属者按一个种计算），隶属于 3 门 5 纲 10 科 18 属。其中以节肢动物门昆虫纲种类最多，共 12 种，昆虫纲的摇蚊科种类达 10 种；环节动物门次之，为 7 种，均为寡毛纲种类，其中颤蚓科为 7 种；软体动物门 3 种，瓣鳃纲 1 种，腹足纲 2 种；节肢动物门甲壳纲 3 种。

3）昆虫

沙湖已知昆虫共 14 目 118 科 450 种。从昆虫目的组成来看，根据各目所含的种数统计，寡种目（含 1~10 种）有 5 目，占所有目总数的 35.7%；含有 10~20 种的多种目有两目，占所有目数的 14.3%，含有 20 种以上的目占所有目数的 50.0%；种类最多的为鞘翅目（30 科 127 种），其次为鳞翅目（21 科 86 种），再次为半翅目（12 科 53 种）、直翅目（11 科 40 种）、膜翅目（9 科 34 种）、同翅目（10 科 33 种）、双翅目（9 科 37 种）等。

4）鱼类

沙湖分布有鱼类 23 种，隶属于 4 目 8 科 22 属，沙湖鱼类占宁夏鱼类种类（44 种）的 52%。种类组成上以鲤科鱼类占优势，共 15 种，占总种数的 65%。

5）两栖类

沙湖两栖类资源匮乏，仅有两种，分别是无尾目蟾蜍科的花背蟾蜍（*Bufo melano stictus*）和蛙科的黑斑蛙（*Rana nigromaculata*）。

6）爬行类

沙湖湿地共有爬行类两目 5 科 7 属 10 种。以白条锦蛇（*Elaphe dione*）、虎斑游蛇（*Natris tigrina*）为常见。

7）鸟类

沙湖鸟类资源丰富，共有 17 目 48 科 114 属 210 种，占全区鸟类种数的 65.62%。

沙湖鸟类群落组成上，春季共发现有 169 种，其中属于国家重点保护的鸟类有 18 种（国家一级 5 种）；夏季鸟类群落有 159 种，国家重点保护种类有 15 种；秋季鸟类 160 种，其中国家级保护鸟类 33 种。春秋季节鸟类组成相对丰富，而夏季则相对较少，但总体上差异不大。

在沙湖发现的鸟类中，雀形目鸟类 83 种，占鸟类种数的 39.52%；非雀形目鸟类 127 种，占鸟类总种数的 60.48%，其中水禽 87 种，占非雀形目鸟类的 68.50%，优势种有苍鹭（*Ardea cinerea*）、小鸊鷉（*Tachybaptus ruficollis*）、赤麻鸭（*Tadorna ferruginea*）、绿翅鸭（*Anas crecca*）、凤头潜鸭（*Podiceps cristatus*）等。

8）哺乳类

沙湖共有哺乳动物 5 目 11 科 28 种，以啮齿目为主。常见的啮齿目有 4 科 7 种。兔形目常见的 1 科 1 种，即兔科的蒙古兔（*Lepus capensis*）。黄鼬（*Mustela sibirica*）、狗獾（*Meles meles*）、猪獾（*Arctonys collaris*）为沙湖重点保护野生动物。

2.8.2.2　沙湖珍稀濒危动物

沙湖分布有国家一级保护鸟类 5 种，即白尾海雕（*Haliaeetus albicilla*）、大鸨（*Otis tetrax*）、中华秋沙鸭（*Mergus squamatus*）、金雕（*Aquila chrysaetos*）、黑鹳（*Ciconia nigra*）；国家二级保护鸟类 28 种，分别是鸊鷉目的角鸊鷉（*Podiceps auritus*），鹤形目的灰鹤（*Grus grus*），鹳形目的白琵鹭（*Platalea leucorodia*），雁形目的大天鹅（*Cygnus cygnus*）、小天鹅（*Cygnus columbianus*）、鸳鸯（*Aix galericula*），隼形目的鹗（*Pandion haliaetus*）、苍鹰（*Accipiter gentilis*）、雀鹰（*Accipiter nisus*）、松雀鹰（*Accipiter virgatus*）、大鵟（*Buteo hemilasius*）、白尾鹞（*Circus cyaneus*）、鸢（*Milvus migrans*）、毛脚鵟（*Buteo lagopus*）、黄爪隼（*Falco naumanni*）、阿穆尔隼（*Falco amurensis*）、游隼（*Falco peregrinus*）、燕隼（*Falco subbuteo*）、红脚隼（*Falco vespertinus*）、红隼（*Falco tinnunculus*），鸻形目的蒙古沙鸻（*Charadrius mongolus*）、剑鸻（*Charadrius mongolus*），鸮形目的雕鸮（*Bubo bubo*）、纵纹腹小鸮（*Athene noctua*）、领角鸮（*Otus bakkamoena*）、红角鸮（*Otus scops*）、长耳鸮（*Asio otus*）、短耳鸮（*Asio flammeus*）。

沙湖鸟类属于自治区级重点保护的种类有 33 种，即凤头鸊鷉（*Podiceps cristatus*）、黑水鸡（*Gallinula chloropus*）、白骨顶（*Fulica atra*）、苍鹭（*Ardea cinerea*）、大白鹭（*Egretta alba*）、白鹭（*Egretta garaetta*）、鸿雁（*Anser gygnoides*）、豆雁（*Anser fabalis*）、灰雁（*ErAnser ans*）、翘鼻麻鸭（*Tadorna tadorna*）、赤麻鸭（*Tadorna ferruginea*）、花脸鸭（*Anas Formosa*）、罗纹鸭（*Anas falcate*）、绿头鸭（*Anas platyrhynchos*）、斑嘴鸭（*Anas Poecilorhyncha*）、琵嘴鸭（*Anas clypeata*）、青头潜鸭（*Aythya baeri*）、凤头潜鸭（*Aythya fuligula*）、鹊鸭（*Bucephala clangula*）、斑头秋沙鸭（*Mergus albellus*）、环颈雉（*Phasianus colchicus*）、大杜鹃（*Cuculus canorus*）、中杜鹃（*Cuculus saturatus*）、楼燕（*Apus apus*）、大斑啄木鸟（*Picoides major*）、星头啄木鸟（*Picoides canicapillus*）、灰头绿啄木鸟（*Picus canus*）、家燕（*Hirundo rustica*）、金腰燕（*Hirundo daurica*）、贺兰山岩鹨（*Prunella koslowi*）、灰背伯劳（*Lanius tephronotus*）、长尾灰伯劳（*Lanius sphenocercus*）、红角鸮（*Otus suops*）。

2.8.3　沙湖生物资源评价

由于沙湖地处内陆,四季分明,湿地各处水位不同,为各种生态类型湿生植物群落生长创造了有利条件,进而形成了银北地区典型的湿地生态系统。沙湖具有各种不同生活型的湿地植物生长,给湿地带来了无限生机和活力,给各种水禽创造了天然的栖息、觅食、繁衍环境,给鱼类创造了一个理想的避敌和索饵场所,形成了一个以水环境为主体的良好生物圈。

2.8.3.1　重要物种停栖地

沙湖湿地处于多种候鸟南北迁徙不同路线的密集交会区,是许多珍稀濒危鸟种迁徙路过时的停留栖息地。每年春季 3 月至 4 月下旬以及秋季 9 月初到 11 月下旬期间,迁徙路过的候鸟每隔 5~10 天就要更替一批不同的种类和群体。

2.8.3.2　多种植被生境鸟类的繁殖地

沙湖生境类型多样,有大面积的深水芦苇、浅滩水塘、岸边草丛、沙滩荒漠等,为许多种鸟类提供了适宜的繁殖地。夏季有大量鸟类在这里栖息、筑巢和生育,如苇莺中的大苇莺,秧鸡科中的普通秧鸡、黑水鸡,翠鸟科中的普通翠鸟以及主要依靠苇莺类寄生繁殖的多种杜鹃,还有鹃鹟类、鸥类、鸭类、鹭类等与湿地生境密切相关的鸟类。

2.8.3.3　鱼类的天堂

在沙湖共有鱼类 23 种:草鱼、瓦氏雅罗鱼、赤眼鳟、鳊、团头鲂、红鳍原鲌、高体鳑鲏、黄河鮈、麦穗鱼、棒花鱼、鲤、鲫、鲢、鳙、泥鳅、鲇、兰州鲇、青鳉、圆尾斗鱼、黄黝鱼、波氏栉虾虎鱼、乌鳢等隶属于 4 目 8 科 22 属,其中鲤科鱼类占优势,共 15 种,占总种数的 65%,特别是沙湖分布的鱼类占宁夏鱼类种类的 52%,是名副其实的鱼类天堂。

2.8.3.4　植物类型和种类多样性较丰富

由于独特的地理环境,孕育了沙湖独特的植被类型和植物多样性。有野生维管植物 48 科 124 属 162 种,引进的栽培植物 10 科 11 属 13 种。沙湖种子植物区系成分相对复杂,植被类型较为多样,主要有水生植被、盐生植被、沙生植被和落叶阔叶林等多种植被类型,所分布植物包括药用植物、蜜源植物、食用植物、饲用植物,以及保护和改造环境植物资源等,具有较高的经济价值和生态价值。植物类型和种类多样性造就了沙湖荒漠湿地丰富多彩的植物类群。

2.8.3.5　资源植物丰富

沙湖生长着许多经济植物,可为人类提供轻工业、建筑业及手艺编织业原材料,也有的可做饲料或肥料。植物纤维原材料是本区的主要植物产品,造纸纤维原料最丰富，如沙湖分布有芦苇 422.93 hm²，可造印刷纸、有光纸、新闻纸等多种类型纸张。

2.9　沙湖旅游资源

2.9.1　生态旅游区面积

沙湖生态旅游区规划总面积为 19 800 hm²，规划旅游开发面积 8 010 hm²。

2.9.2　自然旅游资源

2.9.2.1　鸟类资源

沙湖是鸟的天堂，这里有鸟类 17 目 48 科 114 属 210 种，占全区鸟类种数的 65.62%。沙湖鸟类中国家重点保护鸟类 33 种，其中国家一级保护鸟类 5 种，国家二级保护鸟类 28 种。受《濒危野生动、植物种国际贸易公约》保护鸟类 49 种，宁夏回族自治区级重点保护鸟类 33 种，属于中日保护候鸟协定规定的保护鸟类 84 种，属于中澳保护候鸟协定规定的保护鸟类 27 种。

沙湖夏候鸟和旅鸟占有绝对优势，表明沙湖既是候鸟迁徙时的驿站又是大量候鸟的繁殖场所。沙湖鸟类中，数量最多的是夏候鸟。而且时间主要集中在每年的 3—4 月和 9—11 月两个时期。春、秋两季是最佳观鸟时节，轻微的响动也会惊起上万只飞鸟，黑压压一片在空中盘旋，遮天蔽日，飞鸣不已。沙湖鸟岛是我国最好的观鸟地之一。春夏之交，候鸟南来，鹳鸣鹤舞，天鹅翔集，百鸟争鸣，声闻数里。众鸟飞翔时，声如轻雷，盘旋回折，遮天蔽日；群鸟落处，形似云布，枝头水面，不计其数。

2.9.2.2　沙漠资源

沙漠（沙地）主要分布于沙湖的南侧，总面积 1 067.52 hm²，按形态特征和沙丘的活动程度的不同，划分为流动沙丘和固定、半固定沙丘、新月形沙丘、蜂窝状沙丘、垅岗状沙丘和平坦沙地等。固定和半固定沙丘主要为草丛沙丘，高 1～2 m，沙丘间有平地沙分布，地形较为平缓。流动沙丘主要是新月形沙丘、垅岗状沙丘等，地形呈波状起伏，沙丘高 3～5 m，部分高达 10～20 m，植物属荒漠类型，种类少、分布稀疏，一般覆盖度为 5%～20%。由于湖的周围沙地分布广泛，沙湖因此而得名。

沙湖不同于其他湖泊的特殊之处在于沙、水融为一体，形成了独特的荒漠化湿地景观。在沙漠的部分地区，人工种植的柽柳生长良好，形成了独特的人工群落生境。另外，在沙漠南端的沙漠沼泽中分布有雁、鸭等野生动物。目前开发了 25 hm² 沙地面积作为旅游区。

2.9.2.3　水资源

沙湖是宁夏最大的微咸水湖泊，2014 年 4 月沙湖水域总面积为 3 498.39 hm²，总

水量为 3 933.68×10⁴ m³；大湖（元宝湖）面积为 1 348.52 hm²，湖面海拔高程为
1 099.19 m 时，大湖水量为 2 840.68×10⁴ m³，平均水深 2.2 m，丰水期可达 3 m。

2.9.3　自然景观

根据植被及鸟类分布，沙湖可分为湿地生态景观、荒漠生态景观和农田生态景观 3
个自然生态景观类型。

2.9.3.1　湿地生态景观

湿地生态景观包括沙湖湖泊水体和沼泽，面积达 3 498.39 hm²，植被主要为沼泽和
水生植物，湖泊中生长有芦苇，浅水洼地有香蒲、芦苇等，该区域为鸟类主要的栖息
地及觅食场所。沙湖鸟类容量可达 20 万只左右，涉禽类占 80%以上。

2.9.3.2　荒漠生态景观

荒漠生态景观位于沙湖南侧，由流动、半固定或固定沙丘组成，植被覆盖度低，
以旱生植物为主，有沙蓬、白刺、苦豆子等。目前部分地区人工种植的柽柳生长良好。

2.9.3.3　农田生态景观

农田生态景观中有零星的农田分布其中，面积不大，粮食作物以小麦、玉米、水
稻为主，道路、渠道及农田防护林网健全。

2.9.4　历史人文景观

2.9.4.1　沙湖国际沙雕园

沙湖国际沙雕园位于沙地北部（38°47′880″N，106°20′786″E），矗立有 20 座沙雕
艺术作品，是驰名中外的国际沙雕赛场和观光胜地。

2.9.4.2　荷花苑

沙湖荷花面积 37.01 hm²（38°49′493″N，106°21′847″E），是西北最大的荷花苑。

2.9.4.3　农垦博物馆

宁夏农垦博物馆（38°49′803″N，106°23′173″E），是宁夏第一座自治区级行业博物
馆。农垦博物馆展厅面积 1 800 m²，馆藏实物 2 000 余件，收纳了宁夏农垦初始阶段至
当前改革发展中的各类实物和资料，时间跨度长达半个世纪。

2.9.4.4　鸟岛

鸟岛（38°48′022″N，106°22′673″E），又叫百鸟乐园，是全国各个观鸟景点中距离
鸟类最近，鸟类种类和数量最多的景点之一，也是中国最佳观鸟地点，共有数十万只

鸟在此繁衍生息，其中绝大部分在鸟岛都可见到。每年4月和10月，鸟类最多。在沙湖水面上空，鸟儿高飞低旋，叫声如潮，把您带入"落霞与孤鹜齐飞，秋水共长天一色"的情景中。

2.9.4.5 沙湖湿地博物馆

沙湖湿地博物馆位于沙湖南岸（38°47′995″N，106°21′649″E）。以"苇、鸟、水、沙"为设计元素，大厅以鸟巢为视觉元素，周围以沙丘为主造型和主色调，建筑面积4 520 m²，是宁夏回族自治区内规模最大、内容最丰富、科技手段最先进、科普教育最生动的专业湿地博物馆。

2.9.5 沙湖景观资源及其价值评价

沙湖旅游资源独具特色，以自然景观资源类型为主，涵盖湖泊景观、沙漠景观、生物景观、天象景观等景观类型，沙湖景观以湖泊和沙漠两种自然景观为主要自然特征。"水、沙、苇、鸟、山、荷、鱼"七大景源有机结合，构成独具特色的秀丽景观。"沙湖苇舟"成功入选宁夏新十景。沙湖自然景观格局构成独特，景观层次丰富，组合优势突出。

2.9.5.1 湖泊景观

沙湖的旅游价值主要在于湖泊水域宽阔，湖面分布有簇状、片状等景观独特的芦苇，湖泊中有丰富的水草鱼虾资源，哺育着数百万只的鸟类，形成一处具有极高观赏游览价值和科普价值的湖泊。

2.9.5.2 沙漠景观

沙漠景观坐落在湖畔，构成了保护区特有的景观资源。茫茫沙海起伏不平，荒凉而无生机；沙海晨曦、沙海落日成为壮丽的景象；沙丘是游客滑沙、沙浴、沙疗、沙上运动的场所。沙与湖的结合形成我国风景资源上独有的沙、湖、山景观。

2.9.5.3 生物景观

沙湖的生物景观最具有特色的是芦苇和鸟类。湖面辽阔，芦苇景观以其空间分布和生长特点独具一格。在形态上有片状、块状、点状，片、块、点芦苇的自然组合，把湖面分割成大大小小的空间，景观层次十分丰富，游船在曲折幽深的苇荡中穿行，激起游客无限的兴趣。

生物景观另一特点是鸟类景观，水禽数量多，成千上万分布于湖面、苇荡之间。到了春初秋末鸟类迁徙期，百万只鸟停留此处，是一处难得的人与鸟类和谐相处的旅游胜地。

2.9.5.4 天象景观

沙湖的天象景观是与其环境密不可分的，由于宁夏降水量小，蒸发量大，相对湿度低，清晨湖面上笼罩着一层薄薄的雾纱，湖区静谧而朦胧，水鸟开始在水面活动。太阳初升，霞光万道，透过苇丛，染红了万亩平湖、鸥鹭在湖面飞翔，此情此景给人以回归自然的乐趣。

2.10　沙湖社会经济发展现状

2.10.1　行政区划

沙湖行政区划为宁夏回族自治区石嘴山市平罗县国有前进农场，包括前进十队、十一队的部分区域。沙湖北侧为前进农场，沙湖南侧为贺兰县洪广镇。

2.10.2　社区人口、民族

社区人口来源于沙湖旅游股份有限公司、沙湖假日酒店及 200 多家餐饮、住宿、商贸店铺以及前进农场部分人口。其中：沙湖旅游公司职工 1 256 人；沙湖假日酒店职工 350 人，保护区常年流动人口 16 000 人，2014 年旅游人数达 115 万人次。沙湖外围为前进农场场部、前进农场十队、十一队，在册人口 1 925 人，民族成分主要为汉族和回族。

2.10.3　交通与通信

沙湖主体部分是沙湖自然保护区。沙湖自然保护区西界距包兰铁路 0.7 km，东部距 109 国道 8 km，京藏高速公路 1 km。有 7 km 迎宾大道直通沙湖旅游区大门。保护区有 23 km 的环湖路，其东、北、西路段均已硬化。沙湖区域内修建 7 km 的景观/防火道路，均与主干道相通，并设立了监控设施，能满足工作的需要，交通较为便利。

沙湖区域内分布有移动、联通、电信基站各 1 座。整个移动、联通、电信通信全覆盖，通信快捷方便。沙湖区域内电力线路主要沿道路和建筑物分布，10 kV 高压输电线横穿保护区南部。

2.10.4　土地与土地所属

沙湖土地归宁夏农垦国有前进农场所属（国家所有）。沙湖自然保护区的核心区为原始地貌，无土地利用情况。缓冲区有部分旅游设施。试验区内主要有沙湖旅游股份公司建筑总面积 42 389.27 m²，其中老门区有 22 748 m²、新门区 5 644.87 m²、沙湖南岸 13 996.4 m²（包括木栈道 6 284 m²）。个体经商户包括超市餐饮等建筑总面积 12 947 m²，其中老门区建筑面积 2 677 m²、新门区 10 270 m²。沙湖假日酒店占地面积 114 342 m²，其中建筑面积 43 448 m²。

2.10.5　沙湖经济状况

沙湖生产性经营的类型主要以旅游业，养殖业和餐饮业为主。其中旅游业主要为沙湖旅游股份有限公司和沙湖东方娱乐公司。沙湖旅游股份公司 2010 年 12 月总资产 26 327 万元。2010 年净收入 12 000 万元，净利润 2 100 万元。历年来旅游接待人次呈逐年增加趋势，2013 年旅游接待人次突破 115 万人次。沙湖东方娱乐公司主要经营索道运输和游泳场业务，索道运输包括滑沙、滑草、大漠滑索等，2010 年总收入为 308 万元。沙湖餐饮业主要为沙湖假日酒店和个体经营餐馆。

2.10.6　沙湖地区产业结构

沙湖产业结构以旅游业、养殖业和种植业为主。

2.10.6.1　旅游业

旅游业是沙湖最主要的产业。2009—2012 年，沙湖旅游人数呈现递增态势，每年平均以 15.7% 的速度增长，2013 年旅游人数与 2012 年基本持平，达到 115 万人次。餐饮、住宿等旅游接待活动接待人数从 2011 年开始以平均每年 14.6% 的速度增长，餐饮住宿总用水量也以平均每年 10.6% 的速度增长。2009—2012 年，船舶接待总人数每年平均以 14.0% 的速度增长，2013 年船舶接待总人数与 2012 年基本持平。其中：电瓶船接待总人数 2009—2012 年平均每年以 28.9% 的速度增长，但 2013 年又下降了 17.1%；汽柴油船接待总人数 2009—2011 年平均以每年 40.7% 的速度下降，2011—2013 年又以平均每年 44.5% 的速度增长。

2.10.6.2　养殖业

沙湖及周边地区养殖业主要以渔业为主。在渔业产业结构上，从单一的淡水养殖向以立体淡水养殖为主，水生种植、水禽养殖和水上休闲相结合的综合型湿地经济结构转变。在发展战略上，突出"沙湖"品牌优势，依托沙湖旅游产业带动，以质量为根本，突出打造"沙湖大鱼头""沙湖大草鱼""沙湖河蟹""沙湖禽蛋"等特色水产品牌，已成为独具特色的沙湖生态渔业基地。

沙湖地区 2009—2013 年平均生猪养殖 2 234 头/a，羊 5 611 只/a，肉牛 712 头/a，蛋鸡 12 300 只/a、肉鸡 4 420 只/a。生猪、羊、肉牛、蛋鸡养殖呈现平稳态势，肉鸡养殖出现萎缩趋势。

2.10.6.3　种植业

沙湖周边种植业主要由前进农业分公司承担。前进农业分公司总面积 186.6 km²，现有人口 7 683 人，耕地 4 028 hm²（60 420 亩），水田面积 2 716 hm²（40 740 亩），旱地面积 1 312 hm²（19 680 亩），主要种植作物为水稻、玉米和小麦。辖 13 个农业生产队，1 个工贸综合服务公司，辖区有建材、酿酒、煤炭、旅游服务等 10 余家企业。2013 年实现工农业总产值 23 923 万元，其中农业总产值 11 964 万元。

2.10.7　沙湖地区社会经济发展现状与功能评价

沙湖是在原农垦系统国营前进农场的体制和基础上建设的，前进农场原来主要从事简单的种植业和鱼类养殖。沙湖的开发和保护，有效改善了区域生态环境，为沙湖周边发展农牧业形成了一道生态绿色屏障，农场发展"水产养殖、水生植物种植、水生特产养殖和水上旅游"等湿地经济，转变了原来单一、粗放的经济结构，通过对资源合理、有序地开发利用，为沙湖及周边社区的建设和发展提供了"造血"功能。

沙湖具有独特的旅游资源，千顷湖泊、天然沼泽、起伏沙丘等形成的综合生态系统在国内少有，既有西北地区的广袤，又有江南水乡的秀丽，自然景观特色鲜明，以鸟类、鱼类等动物和芦苇等植物为特点的生物多样性丰富和扩展了生态旅游的内涵。沙湖开展生态旅游已经具有成熟和成功的经验，并成为 5A 级旅游景区，全国 35 个王牌景点之一，获得"中国十大魅力休闲旅游湖泊"和"中国十大魅力湿地"等称号。湿地生态旅游可以创造直接的经济效益，还具有重要的社会价值和文化价值，在美化环境，为居民提供休憩空间等方面发挥重要的社会效益。

2.11　沙湖生态环境保护工作现状

2.11.1　总体布局

沙湖湿地的主体是沙湖自然保护区。根据沙湖自然保护区的实际情况、保护区性质、保护对象的特点，为了使湿地生态系统得到保护与恢复，生物多样性得到维护，自然资源和自然景观得到保护和可持续利用，按照国家有关自然保护区的规定，结合保护区功能区划的原则，将沙湖自然保护区按照不同功能划分为保护区域和经营区域两个管理区域。

2.11.1.1　保护区域

保护区域以保护湿地生态系统、拯救珍稀野生动、植物资源及维护生物多样性为目的。保护区域包括沙湖自然保护区核心区和缓冲区，不进行任何影响生态环境或有可能破坏生态环境的建设内容。其中核心区是自然保护区的重点，是保护生态系统、保护物种的核心，实行绝对保护，使其始终保持自然状态。核心区的主要作用是保护湿地生态、自然资源和自然环境，保持其生态系统和物种不受人为干扰，在自然保护状态下演替和繁衍，保证核心区的自然性和完整性。核心区采取封闭式的严格保护，只能经保护管理机构批准允许进行科研监测活动，只设置必要的监测点、观测点。

缓冲区是核心区外围，为防止和减缓外界对核心区的影响和干扰的区域。缓冲区对核心区的保护具有不可或缺的作用。缓冲区采取半封闭式管理，经保护管理机构批准许可，可以在缓冲区进行有组织的科研、教学、考察等活动。缓冲区不能开展各种经营活动。

2.11.1.2　经营区域

经营区域范围严格控制在实验区内，其目的是保护生态、改善自然环境和合理利用自然资源及人文资源。实验区是自然保护区进行科学实验的区域，在实验区发展特有动、植物资源；建立水生植物园、野生动物饲养场；建立湿地生态和鸟类观测站、水文、气象监测站；进行教学实习，设立科学普及及宣传教育展览馆；开展湿地生物资源的研究；开展生态旅游活动等。保护区的管理等基础设施也建在此处。

2.11.2 保护区管理水平评价

2.11.2.1 管理条件评价

机构设置与人员配置：根据宁夏回族自治区政府批准建立沙湖自然保护区的批复，在宁夏农垦局设立沙湖自然保护区管理处（2014 年划归宁夏林业厅管理），为正处级事业单位，单位编制 9 人，有专业技术人员 7 人，其中高级技术职务 2 人，中级技术职务 2 人，初级技术职务 3 人。管理处设综合办公室、保护管理科和科研宣教科 3 个科室。沙湖自然保护区管理处没有自己的管护执法队伍，湿地保护管理的日常管护和执法工作由沙湖旅游公司代为行使职能，沙湖自然保护区管理处进行监督指导管理。保护区现场管护和执法人员 156 人，对口专业技术人员较少。

沙湖自然保护区管理处在银川市兴庆区南熏路林业厅办公楼内设立办公室，而在保护区现场尚无固定管理用房。保护区管理处购置了少量的设备、交通工具，办公、科研监测等设施设备非常薄弱。保护管理与科研经费不足，影响保护管理和科研、监测、宣教等各项工作的正常开展，经费只能满足一般正常工作。

2.11.2.2 管理措施评价

保护区自建立以来，积极进行了观测点、观察点的基本建设和供电、道路交通、通信、给排水等基础设施建设。目前建立了一整套完整的保护管理制度，切实开展了自然保护区的各项工作。沙湖自然保护区作为宁夏回族自治区级湿地保护区，组织编制了《宁夏沙湖自然保护区总体规划》和《宁夏沙湖自然保护区综合考察报告》。针对保护区地形比较平缓、道路交通比较发达、缺乏自然阻隔屏障、人员活动较频繁的实际情况，保护区管理部门采取的主要保护措施有设立保护标志、印发宣传材料，通过广播、电视等媒体对保护区内和周边社区的公众进行自然生态环境保护教育等。由于各种原因，保护区执法力度不够，尚不具备湿地执法处罚和公安执法权。

2.11.2.3 科研基础评价

保护区目前没有设立专门的科研机构，科研工作主要以横向联合，"产、学、研"结合为主。现聘请中国科学院、宁夏大学等作为保护区科学研究的技术依托，与国内湿地资源保护研究工作较为有名的河海大学、同济大学、中国环境科学研究院等科研院所、高校建立技术合作，请他们定期为沙湖培训资源和环境保护技术人员。

保护区内建立了湿地生态监测站、建立了多处鸟类观测点。湿地水文、气象监测，特别是沙湖湖泊水质的监测列入宁夏水利厅和宁夏环保厅重要监测对象，每年按监测规范进行监测，并在《宁夏水资源公报》和《宁夏环境质量公报》中公布沙湖水质监测数据。

2.11.2.4　管理成效评价

沙湖自然保护区基础设施建设得到了国家、宁夏回族自治区等有关部门的大力支持和帮助，沙湖自然保护区能力建设、鸟类保护中心、黄河濒危动物救助站等项目的实施，使沙湖自然保护区基础配套设施逐渐完善，管护能力得到加强，湿地资源和生物多样性得到了有效保护。

按照国家、宁夏回族自治区有关条例规定，自治区环保厅于 2010 年 9 月对沙湖自然保护区管理能力进行考核检查。保护区管理处在环境保护和生态建设等方面得到了与会专家的肯定，得分为"优"，居全区 6 个自治区级自然保护区前列。在 2010 年自治区环保厅对全区自然保护区管理评估时，沙湖自然保护区被评为管理"优秀"。

2.12　本章小结

沙湖是宁夏最大的天然微咸水湖泊。沙湖水域总面积为 3 498.39 hm^2，其中沙湖大湖（元宝湖）面积为 1 348.52 hm^2，其他小型湖沼面积总计为 2 149.87 hm^2。另外，沙湖湿地有沙地 1 067.52 hm^2，草地 299.1 hm^2，农田等 106.9 hm^2。沙湖湖泊容水量为 3 933.68×10^4 m^3，沙湖湿地总容水量 5 800×10^4 m^3，含盐量 4.3 g/L。

沙湖湿地的主体为宁夏回族自治区沙湖自然保护区，保护主体为：①荒漠化区域内典型湿地类型的生态系统区域；②半荒漠化区域内荒漠化生态系统及自然综合体；③濒危、珍贵、稀有动、植物物种（特别是鸟类）；④干旱半荒漠地区湖泊（水）、沙漠、野生动、植物。

沙湖生物资源丰富，有浮游植物 8 门 84 属 117 种，种子植物 47 科 123 属 161 种，浮游动物 15 科 27 属 35 种，底栖动物 3 门 5 纲 10 科 18 属 25 种，昆虫 14 目 118 科 450 种，鱼类 4 目 8 科 22 属 23 种，鸟类 17 目 48 科 114 属 210 种。

沙湖旅游资源丰富，生态旅游区规划总面积为 19 800 hm^2。沙湖景观以湖泊和沙漠两种自然景观为主要自然特征。"水、沙、苇、鸟、山、荷、鱼"七大景源有机结合，构成独具特色的秀丽景观。沙湖自然景观格局构成独特，景观层次丰富，组合优势突出。

沙湖产业结构以旅游业、养殖业和种植业为主。

第3章　沙湖主要生态环境问题

3.1　影响沙湖生态和环境安全的主要问题

3.1.1　沙湖水资源安全问题

3.1.1.1　沙湖可利用水资源有限

沙湖属于银川平原湖滩地"西大滩碟形洼地"地貌，湖盆呈元宝形，湖底平坦，坡降 1%~2%，是宁夏最大的微咸水湖泊，历来被作为黄河水灌溉的储水处，历史上曾有过干旱而湖底朝天的年份。由于沙湖年蒸发量巨大，降水仅为蒸发量的 1/10，要保持目前的湖水深度，年需补水 1.59 m 深，即 1 300×10⁴ m³ 水量，若遇干旱而无其他水源补充，湖水变浅，水的含盐量增加，则直接危及沙湖水环境安全和水生生物的生存，甚至湖泊干涸的历史将重演。

沙湖补水来源主要为东一支渠引黄河水补水，艾依河通过南运河补水入湖泊，八一支渠引水补水。据监测，2009—2013 年，东一支渠每年引黄河水向沙湖补水在 400×10⁴~2 000×10⁴ m³ 之间，八一支渠补水 70×10⁴ m³ 左右，艾依河补水 150×10⁴~180×10⁴ m³（表3-1）。然而由于黄河可用水量逐年减少，作为沙湖主要水源的引黄补水面临众多困难，再加上水利部门与农垦部门协调机制不健全，导致沙湖补水年度差异较大，无法保证长期足量补水。

表 3-1　2009—2013 年沙湖补水明细

年份	月份	补水量（×10⁴ m³）		
		东一支渠引黄河水	八一支渠引黄河水	艾依河
2009	5	250.00	—	—
	6	—	69.12	—
	7	334.02	—	150.00
	11	300.00	—	—
	合计	884.02	69.12	150.00
总计		1 103.14		

续表

年份	月份	补水量（×10⁴ m³）		
		东一支渠引黄河水	八一支渠引黄河水	艾依河
2010	3	184.33	—	—
	5	215.67	—	—
	7	138.25	—	—
	8	121.75	—	—
	10	138.25	—	—
	11	7.35	—	—
	合计	805.6	—	—
总计		805.60		
2011	6	—	—	178.57
总计		178.57		
2012	7	230.41	—	—
	10	230.41	—	—
	合计	460.82	—	—
总计		460.82		
2013	5	576.00	—	—
	7	346.00	—	—
	8	105.00	—	—
	11	113.00	—	—
	合计	1 140.00	—	—
总计		1 140.00		
2014	4	506	—	—
	5	468	—	—
	7	393	—	—
	8	330	—	—
	11	320.28	—	—
	合计	2 017.28	—	—
总计		2 017.28		

3.1.1.2 沙湖换水周期过长

换水周期是指全部湖水交换更新一次所需时间长短的一个理论概念，是判断湖泊水资源能否持续利用和保持良好条件的一项重要指标，通常以多年平均水位的湖泊容积除以多年平均出湖流量求得。

凡出湖流量越大，换水周期也越短，说明湖水一经利用，其补充恢复得也越快，从而对水资源的持续利用也会越有利。出湖流量越小，则换水周期也越长，如果湖水大量排出而水量又难以得到补充时，湖面就会明显缩小，湖泊的生态环境也会发生一系列变化，尤其是无出湖流量的湖泊，其换水周期为无穷大。湖泊不换水，湖水在蒸发作用下浓缩，大多以盐湖为发育方向，此类湖泊水量一般不能引用，若湖水被引用后，将必然导致湖泊萎缩，甚至消亡。

换水周期长的湖泊有利于入湖污染物质的滞留，湖水一经污染难以被稀释和排泄，极易向富营养型湖泊发展，造成湖水水质恶化，同时也增加治理的难度。而且此类湖泊的生态系统脆弱，一旦遭到破坏很难恢复。沙湖近几年的入湖水量、出湖地表径流量统计表明结果，基本无出湖径流量，造成换水周期相对比较长。此外，由于沙湖大湖水位与湖东湿地水位高差不一致，大湖水体和湖东湿地水体无法自然循环交流，致使大湖湖水成为"死水"，阻碍了湖水的自然净化，进而引发水环境问题，必须引起重视。

3.1.2 沙湖湿地汇水水域（地表水）污染问题

对沙湖水质产生影响的内源污染源主要有以下几个方面。

3.1.2.1 内源性污染

据相关资料记载，沙湖湖底原为沙质，底泥很少，由于沙湖长期只进水而很少退水，导致湖底底泥逐渐沉积增加。沙湖湖底淤泥成分复杂，当水温升高时，底泥中的微生物等大量繁殖，产生的大量有害物质进入水体，加剧水质恶化。因此，由于底泥而引起的水质变化应该引起沙湖管理部门的高度重视。

生物质的不平衡沉积与分解反应也是沙湖内源性污染的原因之一。沙湖中的生物随着季节气候变化而复苏、生长、死亡，特别是水生植物根、茎、叶会进入湖泊底层淤泥，这些根、茎、叶等经过一系列反应，降解为可被生物易于吸收的碳、氮、磷等物质，而补的黄河水中夹带的有机物及物种会进一步丰富湖泊水体中物质的成分，使湖泊水生生物的生物量进一步增加，同时随着汇入水源中夹带表层土壤，会进一步增加湖泊中生物质和湖底淤泥的总量，进而增加湖泊的碳、氮、磷等物质，提高沙湖水体的营养水平。

3.1.2.2 化肥、农药污染

沙湖汇水范围内有少量水源为农田或经过农田的雨水或洪水。由于农田大量施用化肥、农药和化肥、农药不能及时充分地得到降解，对土壤造成污染，灌溉、降水形成的水土流失、渗透,使土壤中的化肥、农药残留物通过地表径流和渗透,汇入水域,对沙湖水质造成污染,其中较明显的是氨氮污染。

3.1.2.3　动物排泄物污染

沙湖每年聚集大量的鸟类,鸟类粪便排入湖水后会对水质产生一定程度的污染。此外,湖中野生和养殖的鱼类排泄物也会对水质产生一定程度的影响。

3.1.2.4　生活污水和垃圾污染

生活污水和垃圾污染主要来自因旅游产生的污水和各类生活垃圾。少量生活污水、生活垃圾、建筑垃圾,尚有随意倾倒的现象。经雨水冲刷、下渗、径流等形式排入沙湖地下及地表水体。

3.1.3　沙湖大气环境安全问题

沙湖周围 10 km 范围内有 2 个高耗能、高污染工业园区和 8 家砖厂(沙湖北侧 10 km 范围内为平罗县太沙工业园区,有 22 家大型企业,主要以高污染的洗煤厂和化工厂为主;沙湖南侧 5 km 范围内为贺兰县暖泉工业园区,有 15 家大型企业,主要以水泥厂、化工厂和建材厂为主;紧邻沙湖区域内北侧 2 km 范围内有 8 家砖厂)。这些工厂一般间歇性生产,只要工厂生产,煤、土粉尘四处飘扬,严重影响湖区的大气质量,是沙湖湿地最主要的间歇性大气污染源。另外,洗煤厂洗煤大量抽取地下水,增加了用水的紧张度,而排出的废水或污水又使地表、地下水体污染状况呈日益严重的趋势,对沙湖生态环境产生严重影响。

3.1.4　沙漠环境安全问题

沙漠(地)上建有一些游乐设施,特别是靠近大湖的南岸,游人密集,旅游垃圾及骆驼等的排泄物,未能得到有效的收集,对沙漠(地)环境和沙漠(地)湖滨带造成一定的影响。

3.1.5　固体废弃物安全问题

沙湖的固体废弃物主要是生活垃圾、建筑垃圾和旅游垃圾,主要成分是有机质、建筑废弃物和废塑料制品。沙湖现有常驻人口 1.2 万人,2014 年沙湖的旅游者达 115 万人次,按人均日产垃圾 1.2 kg 计,一年产垃圾近 13 800 t。沙湖的固体废弃物主要运往距沙湖北环湖路约 1 km 的垃圾填埋场,但仍有少量旅游垃圾和建筑垃圾未能及时收集和处理,不仅影响湖区环境质量,而且通过地下水渗漏污染沙湖水体。

3.1.6　周边村镇对沙湖的影响问题

沙湖周边村镇主要为前进农场的 13 个生产队,其中对沙湖环境具有影响的主要为沙湖区域外围的前进农场场部、前进农场十队和十一队,在册人口 1 925 人,其污染物主要为生活垃圾，但由于垃圾采取集中处理方式，因此对沙湖水环境影响有限。

3.1.7 旅游业对沙湖环境的影响问题

沙湖不仅是宁夏的区级自然保护区，而且也是我国著名的生态风景旅游区。沙湖生态旅游区以其独具特色的湖水、沙山、芦苇、飞鸟、游鱼的有机结合，成为中国极为独特的旅游胜地。

环境容量是指单位游览面积能够容纳的合理游人数量，是衡量游览区旅游功能的重要指标之一。参照《风景名胜区条例》《自然保护区生态旅游规划技术规程》等规范，结合沙湖的具体情况，采用面积法和游路法估算，得到沙湖日环境容量为 39 130人次，年环境容量为 336 万人次。

近年来沙湖生态旅游发展较快，2014 年接待旅游人数已突破 115 万人次，虽然年旅游人次尚未达到沙湖年环境容量的限值，但由于旅游集中在每年的 5—10 月，且以节假日为主，因而旅游活动在一定程度上还是对沙湖的生态环境造成了较大的环境压力。

影响沙湖水质的最主要旅游活动是游船，燃油驱动的机动船和涉水项目的游艇，直接或间接向湖中排放油污和其他废弃物，造成水体有机污染加重。其次影响沙湖水质变化的主要旅游活动是餐饮住宿造成的污水和固体废弃物的排放，包括景区宾馆、餐厅和厕所排出的大量污水，影响湖水水质。此外，游客和当地居民生活垃圾、旅游垃圾等固体废弃物堆放于景区内低洼的浅水坑中，影响湖区地下水水质，进而影响沙湖水质。

3.1.8 生物多样性下降问题

20 世纪 80 年代初期，沙湖作为国营前进农场的鱼湖时，记录到的鱼类有 5 科 22种，即鲤科的黄河鲤、肥鲤、红鲤、三杂交鲤、丰鲤、鲫鱼、白鲫、草鲫、鲢鱼、青鱼、鳙鱼、团头鲂、麦穗鱼、棒花鱼、餐条、翘咀鲌、鳑鲏鱼、镜鲤；鳅科的泥鳅；鲶科的鲶鱼；胡子鲶科的胡子鲶；虾虎鱼科的吻虾虎鱼等。2012 年调查记录到的鱼类主要有鲤鱼、鲫鱼、草鱼、鲶鱼、武昌鱼、娃娃鱼、花鲢、草鱼、白鲢、窜条等，家养鱼类种群扩大而野生鱼类种群缩小乃至消亡。此外，由于沙湖人工干扰程度逐渐加大，沉水植物基本消失，浮叶植物种群缩小，芦苇作为优势种更加突出，再加上植被人工化现象明显、使得沙湖植物多样性有所下降，虽然过境鸟类种群和数量虽然有所增加，但因受鸟类迁徙路线变化等多种因素影响，不足以作为生态环境优化的指标。

3.1.9 土壤盐渍化问题

干旱地区的湖泊湿地，由于潜水埋深浅，蒸发强烈，存在着比较严重的土壤表层积盐——土壤盐渍化问题。发生这类问题的土壤通气性和透水性差，养分有效性大大降低，植物生长受到限制。由自然因素导致的土地盐渍化为原生盐渍化，土壤为原生盐碱土；由于人为的不合理利用而导致的盐渍化则为次生盐渍化，是在气候比较干旱的地区，由于引水量过大而排水不畅，土壤下层的盐分随潜水蒸发带到耕作层积累下来而造成的盐渍化，这类土壤为次生盐渍土。沙湖及其北部的西大滩一带是宁夏盐渍化最强烈的地段，盐渍化土地既有原生的，也有次生的。土壤盐渍化必然使所在地水体离子浓度加大，通过地表水径流和地下水渗透进入沙湖，使沙湖的盐分积累，这也是沙湖成为微咸水湖的原因之一。

3.2　沙湖主要生态环境问题识别与评价

沙湖已有和潜在的生态环境问题主要有三大类：一是资源问题，包括水资源紧张、土地资源紧缺、植物资源受损、景观破碎化等；二是生态问题，包括土地盐渍化、气象灾害、生物灾害；三是环境问题，包括地表水污染、大气污染、固废污染等。

沙湖环境问题模糊评价结果显示（表3-2），水资源紧张是沙湖湿地重要的生态环境问题，其次为地表水污染，再次为土地盐渍化，大气污染与景观破碎化对沙湖流域的生态安全也有较大影响。其他资源、生态和环境问题对于沙湖的生态环境不构成太大的威胁。

表 3-2　沙湖生态环境问题重要度评价

生态环境问题	资源问题				生态问题			环境问题		
	水资源紧张	土地资源紧缺	植物资源受损	景观破碎化	土地盐渍化	气象灾害	生物灾害	地表水污染	大气污染	固废污染
评价值	0.138 4	0.043 3	0.042 9	0.061 2	0.091 1	0.060 1	0.038 2	0.112 2	0.082 8	0.044 5
排序	1	8	9	6	3	5	10	2	4	7

3.3　沙湖水生态系统安全评估

干旱地区的大型湖泊由于气候变化和补给水源减少，会破裂成若干湖泊组成的湖群，并逐渐干涸和走向消亡。沙湖就是这样一个湖泊，在20世纪中期即进入快速消亡阶段。近年来，沙湖大力开展生态建设，不但扭转了湖泊湿地不断消亡萎缩的局面，而且湖泊恢复成效显著。

由于沙湖属于湿地类生态系统，水生态是沙湖最重要的生态系统。基于综合指标法（见表3-3）和层次分析法开展的沙湖水生态健康评估，将综合评价值分为5级（见表3-4），结果显示，2011—2014年沙湖水生态健康综合评价值分别为0.51、0.49、0.54、0.41，处于亚健康状态。

表 3-3　沙湖生态系统健康评价综合指标体系

目标层	一级指标	二级指标
湖泊水生态健康	生态指标	物种多样性
		水质
		水体富营养化程度
		与附近生态斑块的连通性
		补水保证率
		岸边植被覆盖率
	功能指标	科考娱乐
		水质净化
		物质生产
		水文调节
	社会环境指标	人口密度周边工业污染强度
		区域化肥施用强度
		区域农药使用强度
		环保投资指数
		相关环保政策法规的贯彻力度
		河流（或湖泊）生态系统管理水平

表 3-4　水生态健康级别特征描述

评价级别	综合评价分值	特性描述
很健康	0.8~1.0	水体适合于人类直接接触，不会对人类有任何伤害；水体颜色无任何异常变化，呈清澈的蓝色；透明度很高；无任何异嗅；无任何漂浮的浮膜、油膜和聚集的其他物质；水体适合于游泳，完全满足渔业、景观用水要求
健康	0.6~0.8	水体不适宜与人类长期直接接触，短期接触后不会有伤害；水体颜色无异常变化，呈蓝色或微绿色；透明度高；无异嗅；无明显漂浮的浮膜、油膜和影响人类视觉的聚集物；景观、娱乐功能良好
亚健康	0.4~0.6	水体不适宜与人类直接接触，短期接触后无伤害；水体颜色略微变化，呈微绿色，出现影响视觉的浮游藻类；透明度降低；略微有异味；出现明显的浮膜、油膜和聚集物，但不会令人有不良反应；景观、娱乐功能受一定影响；稍加处理就会恢复到健康状态
不健康	0.2~0.4	水体不适宜人类直接接触，接触后对人体有伤害；水体颜色明显变化，呈绿色，有大面积的藻类；透明度差；有异味；出现大面积的浮膜、油膜和聚集物；景观、娱乐用水受严重影响；治理难度大
病态	≤0.2	水体禁止与人类直接接触，接触后会有明显的不良反应；水体藻类异常繁殖，呈绿色或黄色；透明度极差；有刺鼻的异味；有大面积的浮膜、油膜和聚集物，严重影响视觉功能；景观、娱乐功能丧失；湖泊处理难度极大

3.4　本章小结

影响沙湖生态和环境安全的主要问题主要包括水资源安全问题、汇水水域（地表水）污染问题、大气环境安全问题、沙漠环境安全问题、固体废弃物安全问题、周边村镇对沙湖的影响问题、旅游业对沙湖环境的影响问题、生物多样性下降问题、土壤盐渍化问题等。沙湖环境问题评价结果表明，水资源紧张是沙湖最重要的生态环境问题，其次为地表水污染，再次为土地盐渍化，大气污染与景观破碎化对沙湖的生态安全也有较大影响。其他资源、生态和环境问题对于沙湖的生态环境不构成太大的威胁。2011—2014 年沙湖水生态处于亚健康状态。

第 4 章 2009—2014 年沙湖水环境因子时空分布特征

4.1 水质现状分析方法

4.1.1 水样采集与监测项目

2009—2014 年，每年 3—12 月采集沙湖不同水域位置的水样。水样采集按照《水质采样方案设计技术规定（GB 12997—91）》《水质采样技术指导（GB 12998—91）》《水质采样样品的保存和管理技术规定（GB 12999—91）》中的要求进行。现场测定水体水温（WT）、pH、透明度（SD）和电导率（EC）。用 5.0 L 采水器采集水样保存，带回实验室测定悬浮物（SS）、高锰酸盐指数（COD_{Mn}）、化学耗氧量（COD_{Cr}）、五日生化需氧量（BOD_5）、叶绿素 a（Chla）、总氮（TN）、氨氮（NH_3-N）、总磷（TP）、氟化物、硒、砷、汞、镉、铬（六价）、铅、挥发酚、石油类、阴离子表面活性剂、粪大肠菌群等的含量。

4.1.2 水环境因子分析方法（主成分法）

主成分分析法是一种将多因子纳入同一系统进行分析，从而找出关键影响因子的一种统计分析方法。水环境系统是一个由多项水质指标组成的复杂系统，水质受诸多因子的影响。主成分分析法应用于水环境因子分析主要有两方面：一是建立综合评价指标，评价各采样点间的相对污染程度，并对各采样点的污染程度进行分级；二是评价各单项指标在综合指标中所起的作用，指导删除那些次要的指标，从而确定影响水质的主要因子。

主成分分析的计算过程：

设原始变量矩阵 X，由 n 个样本的 p 个因子构成。

$$X = \begin{bmatrix} x_{11} & x_{12} & \cdots & x_{1p} \\ x_{21} & x_{22} & \cdots & x_{2p} \\ \vdots & \vdots & \vdots & \vdots \\ x_{n1} & x_{n2} & \cdots & x_{np} \end{bmatrix}$$

（1）对原始变量矩阵 X 进行标准化处理，其标准化公式为：

$$x_{ij} = \frac{x_{ij} - \bar{x}_j}{S_j} \quad (i = 1, 2, \cdots, n; j = 1, 2, \cdots, p)$$

其中，$\bar{x}_{ij} = \dfrac{1}{n}\sum\limits_{i=1}^{n} x_{ij}$ $S_j^2 = \dfrac{1}{n-1}\sum\limits_{i=1}^{n}(x_{ij}-\bar{x}_j)^2$

（2）计算样本矩阵的相关系数矩阵 R：

$$R = \begin{bmatrix} r_{11} & r_{12} & \cdots & r_{1p} \\ r_{21} & r_{22} & \cdots & r_{2p} \\ \vdots & \vdots & \vdots & \vdots \\ r_{p1} & r_{p2} & \cdots & r_{np} \end{bmatrix}$$

（3）对应于相关系数矩阵 R，用雅可比方法求特征方程 $|R-\lambda_i|=0$ 的 p 个非负的特征值 $\lambda_1 > \lambda_2 > \cdots > \lambda_p \geq 0$ 对应于特征值的相应特征向量 λ_i 为：

$$C^{(i)} = (C_1^{(i)},\ C_2^{(i)},\ \cdots,\ C_p^{(i)})\quad (i=1,\ 2,\ \cdots,\ p)$$

并且满足 $C^{(i)}C^{(j)} = \sum\limits_{k=1}^{p} C_k^{(i)}C_k^{(j)} = \begin{cases} 1 & i=j \\ 0 & i \neq j \end{cases}$

（4）选取 m（$m<p$）个主成分。当前面 m 个主成分 Z_1，Z_2，$\cdots$，Z_m（$m<p$）的方差和占全部总方差的比例 $\alpha = (\sum\limits_{i=1}^{m}\lambda_i)/(\sum\limits_{i=1}^{p}\lambda_i)$ 大于或等于 85% 时，选取前 m 个因子 Z_1，Z_2，$\cdots$，Z_m 为第 1，2，$\cdots$，m 个主成分。这 m 个主成分的方差和占全部总方差的 85% 以上，基本上保留了原来因子 x_1，x_2，$\cdots$，x_p 的信息，由此因子数目将由 p 个减少为 m 个，从而直到筛选因子的作用。

应用 DPS 数据处理系统对沙湖质指标进行主成分分析，运用方差最大正交旋转法对因子载荷矩阵进行旋转，按照 85% 的累积方差贡献率提取主成分，然后选择旋转后载荷值大于 0.6 的指标作为主要因子进行分析。各水质因子主成分得分值与对应的方差贡献率乘积的总和即为各水质因子的综合得分，计算各水质因子的综合得分，按照分值大小排序，确定沙湖的主要水质因子及其影响程度。

4.2 沙湖水环境因子时空分布特征

4.2.1 水温

沙湖地处西北温带干旱区，四季分明，水温（WT）主要受气候的影响，水温变化呈单峰型且变化幅度较大，最大值出现在 7—8 月，但 2014 年沙湖水温以 7 月最高，9 月次之（见图 4-1~图 4-6）。

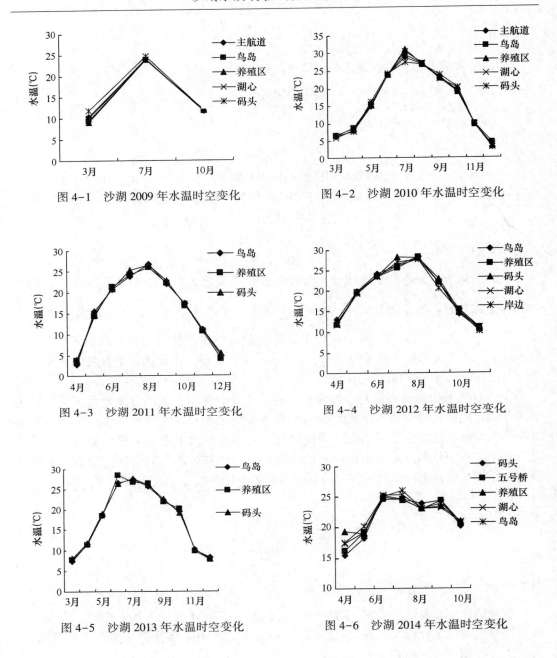

图 4-1　沙湖 2009 年水温时空变化　　　图 4-2　沙湖 2010 年水温时空变化

图 4-3　沙湖 2011 年水温时空变化　　　图 4-4　沙湖 2012 年水温时空变化

图 4-5　沙湖 2013 年水温时空变化　　　图 4-6　沙湖 2014 年水温时空变化

4.2.2　pH

沙湖属于微咸水湖，水质偏碱性。2009 年 pH 变化范围在 7.85～9.17 之间，各样点之间的 pH 差异较小，没有明显的空间分布趋势，季节变化幅度较大，春、夏季较低，秋季较高。2010 年 pH 变化范围在 7.43～8.99 之间，各样点之间的 pH 差异较小，没有明显的空间分布趋势，季节变化幅度较大，夏季较低。2011 年 pH 变化范围在

7.50~8.99 之间，养殖区的 pH 较高，季节变化幅度不大，秋季较高。2012 年 pH 变化范围在 8.55~8.97 之间，季节变化幅度不大。2013 年 pH 变化范围在 8.54~9.77 之间，各样点之间的 pH 差异较小，季节变化幅度不大，但 10 月码头区 pH 达到 9.77，出现异常。2014 年 pH 变化范围在 8.36~9.07 之间，但 10 月码头区 pH 为 8.36，比其他样点低（图 4-7~图 4-12）。

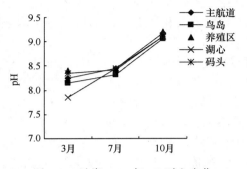

图 4-7　沙湖 2009 年 pH 时空变化

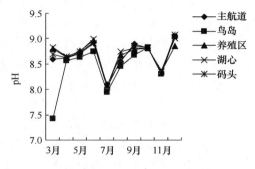

图 4-8　沙湖 2010 年 pH 时空变化

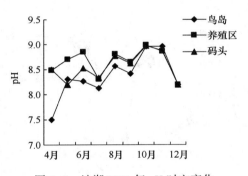

图 4-9　沙湖 2011 年 pH 时空变化

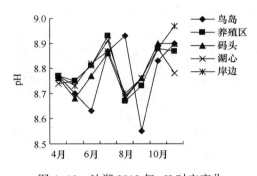

图 4-10　沙湖 2012 年 pH 时空变化

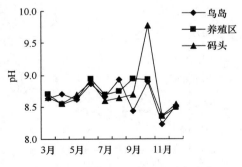

图 4-11　沙湖 2013 年 pH 时空变化

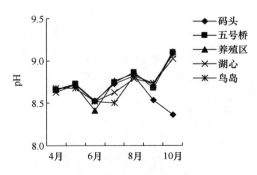

图 4-12　沙湖 2014 年 pH 时空变化

pH 对于浮游植物的种类组成以及分布有着重要的影响，高 pH（8.0 以上）有利于蓝藻生长，蓝藻生物量与 pH 有着显著的相关关系。沙湖水体 pH 长期大于 8.0，蓝藻会成为优势种，导致富营养化程度加重。

4.2.3 电导率

电导率是反映液体传导电流的能力，液体中可溶性离子越多，电导率就越高。水体电导率的大小可以直接反映水体中溶解盐类含量的变化，是表征水体营养盐水平的重要指标，也是估算水体被无机盐污染的指标之一。

2009 年，沙湖水体电导率季节变化幅度较大，3 月较高，7 月、10 月较低，样点间变化幅度不大，最低值出现在 7 月的鸟岛；2010 年季节变化幅度很大，空间分布也不均匀，6 月、7 月较高，12 月达到最大值，除养殖区外，其他各样点间的电导率差异不大；2011 年养殖区与码头区的时空分布差异不大，季节变化幅度也不大，但鸟岛附近水体的电导率与其他样点出现很大差异；2012 年沙湖水体电导率时空分布差异不大，4 月较低，11 月较高，鸟岛附近水体 6 月出现最高值，与其他样点间差异明显；2013年沙湖水体电导率 5—10 月均较低，12 月达到最大值，各样点间变化幅度不大；2014年沙湖水体电导率 5 月养殖区水体较低，五号桥水体各月均较低，其他各样点间变化幅度不大（图 4-13～图 4-18）。

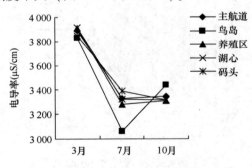

图 4-13　沙湖 2009 年电导率时空变化

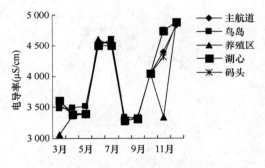

图 4-14　沙湖 2010 年电导率时空变化

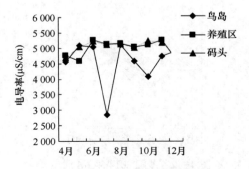

图 4-15　沙湖 2011 年电导率时空变化

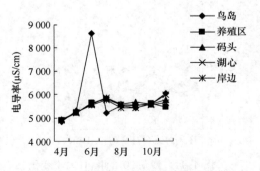

图 4-16　沙湖 2012 年电导率时空变化

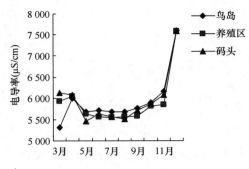

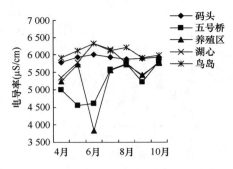

图 4-17　沙湖 2013 年电导率时空变化　　图 4-18　沙湖 2014 年电导率时空变化

4.2.4　透明度

　　水体的透明度是指水体的透明程度，反映了水中泥沙、浮游生物、有机碎屑及其他悬浮物的数量，是评价水质的重要指标。沙湖水体透明度的季节变化明显，2009 年最大值出现在 3 月，7 月和 10 月较低，变化幅度不大；2010 年最大值出现在 3 月，7 月较低；2011 年最大值出现在 12 月，6 月、7 月相对较低；2012 年最大值出现在 3 月，7 月较低；2013 年最大值出现在 12 月，6 月、7 月较低；2014 年春季较高，夏、秋季较低。沙湖各样点间透明度差异较大，湖中心区人类活动干扰少，透明度较高，码头区由于人类活动干扰多，透明度相对较低（图 4-19~图 4-24）。

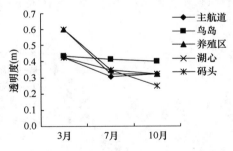

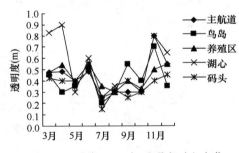

图 4-19　沙湖 2009 年透明度时空变化　　图 4-20　沙湖 2010 年透明度时空变化

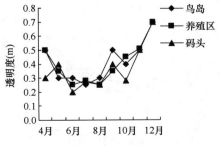

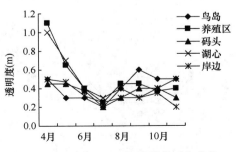

图 4-21　沙湖 2011 年透明度时空变化　　图 4-22　沙湖 2012 年透明度时空变化

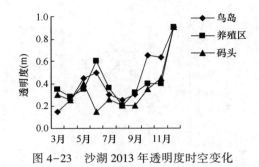

图 4-23 沙湖 2013 年透明度时空变化

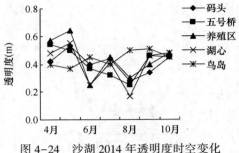

图 4-24 沙湖 2014 年透明度时空变化

4.2.5 溶解氧（DO）

溶解氧是水体与大气交换平衡及经化学和生物化学反应后，溶解在水中的氧。溶解氧是反映水质状况的重要指标之一，如果水体受到有机物和还原性物质污染时，将影响大气氧和水中氧的正常平衡，会使底层水的溶解氧大幅度降低，这时厌氧微生物繁殖，使水质恶化。溶解氧越高，表明厌氧微生物越少，水质越好。2009 年沙湖水体 DO 时空分布差异不大，7 月较低；2010 年 DO 季节变化幅度较大，3 月、8 月和 9 月较低，12 月较高，样点间差异不大；2011 年 DO 季节变化幅度较大，6—9 月较低，11 月最高，样点间差异较小；2012 年 11 月最高，5 月、7 月较低，主航道 DO 与其他样点差异较大；2013 年 DO 时空分布变化幅度较大，5 月最低，11 月最高，各样点间差异也较大。2014 年 DO 时空分布变化幅度较大，8 月最低，7 月最高，这可能与 7 月浮游植物密度最高，光合作用强烈有关。总体而言，沙湖水体各样点间 DO 差异不大（图 4-25～图 4-30）。

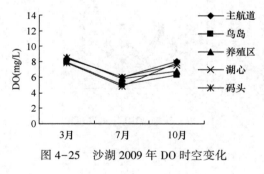

图 4-25 沙湖 2009 年 DO 时空变化

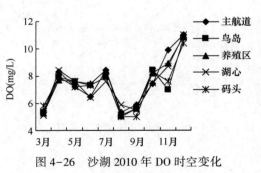

图 4-26 沙湖 2010 年 DO 时空变化

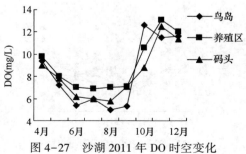

图 4-27 沙湖 2011 年 DO 时空变化

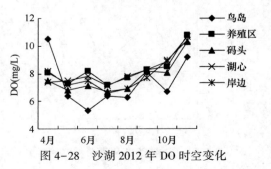

图 4-28 沙湖 2012 年 DO 时空变化

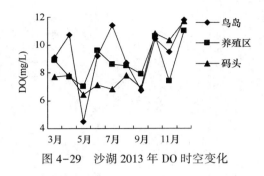

图 4-29　沙湖 2013 年 DO 时空变化

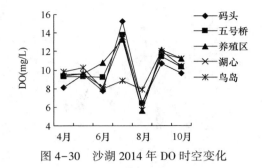

图 4-30　沙湖 2014 年 DO 时空变化

4.2.6　叶绿素 a 含量

叶绿素 a（Chla）是浮游植物的光合色素之一，叶绿素 a 含量的变化受水体理化性质及营养盐含量等因素的影响，因此可以作为表征水体理化性质动态变化的综合指标，能够在一定程度上反映水体的水质状况。沙湖叶绿素 a 含量夏、秋季节较高，冬、春季节较低，原因是浮游植物的生长与水温关系密切，夏、秋季节水温较高，浮游植物繁殖旺盛，生物量达到最大，因而叶绿素 a 含量也达到最高。2009 年沙湖水体叶绿素 a 含量 7 月最高，3 月较低，鸟岛高于其他样点；2010 年叶绿素 a 含量 7 月最高，3 月较低，样点间差异较大；2011 年夏季含量较高，码头区含量高于其他样点；2012 年叶绿素 a 含量 9 月最高，码头、主航道和养殖区高于其他样点；2013 年叶绿素 a 含量 7 月最高，3 月较低，鸟岛高于其他样点。2014 年叶绿素 a 含量各样点差异较大，鸟岛、湖心高于其他样点（图 4-31~图 4-36）。

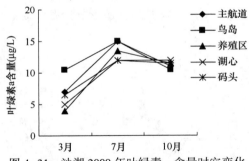

图 4-31　沙湖 2009 年叶绿素 a 含量时空变化

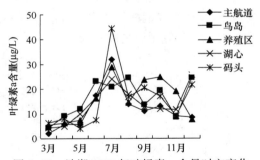

图 4-32　沙湖 2010 年叶绿素 a 含量时空变化

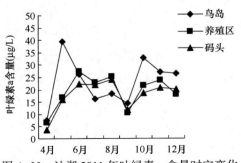

图 4-33　沙湖 2011 年叶绿素 a 含量时空变化

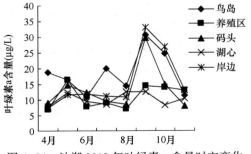

图 4-34　沙湖 2012 年叶绿素 a 含量时空变化

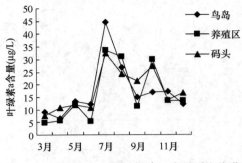
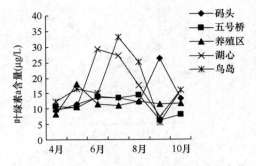

图 4-35 沙湖 2013 年叶绿素 a 含量时空变化   图 4-36 沙湖 2014 年叶绿素 a 含量时空变化

4.2.7 化学耗氧量（COD）

耗氧量是水环境质量评价的主要指标，水体耗氧量的高低受水体浮游植物的生长以及水体污染状况的影响。2009 年沙湖高锰酸盐指数时空分布差异很小；2010 年沙湖水体高锰酸盐指数 5 月较低，其他时间以及样点间变化幅度差异较小，COD 冬、春季较小，夏季尤其是 7 月突然升高，与气温高，水体缺氧有关；2011 年高锰酸盐指数变化幅度差异较小，5 月、6 月较小，样点间差异不大，COD 冬、春季较小，夏季较高，7 月最高；2012 年高锰酸盐指数冬、春季较高，秋季较小，COD 冬、春季较小，夏季较高，7 月最高；2013 年高锰酸盐指数夏、秋季较高，春季较低，COD 时空变化差异不大；2014 年高锰酸盐指数 7 月最高，8 月最低（图 4-37~图 4-47）。总体而言，沙湖水体 COD 和高锰酸盐指数各样点差异不大，但 COD 指数偏高，是影响沙湖水质的主要因素之一，应予以高度重视。

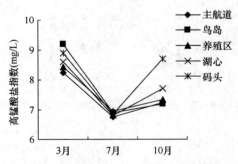
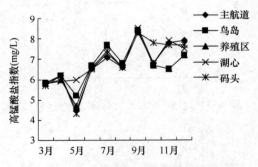

图 4-37 沙湖 2009 年高锰酸盐指数时空变化   图 4-38 沙湖 2010 年高锰酸盐指数时空变化

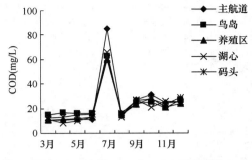

图 4-39　沙湖 2010 年 COD 时空变化

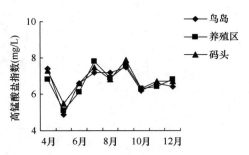

图 4-40　沙湖 2011 年高锰酸盐指数时空变化

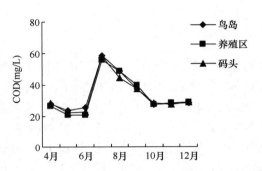

图 4-41　沙湖 2011 年 COD 时空变化

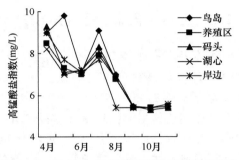

图 4-42　沙湖 2012 年高锰酸盐指数时空变化

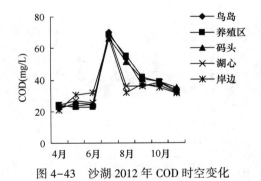

图 4-43　沙湖 2012 年 COD 时空变化

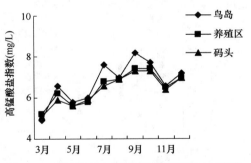

图 4-44　沙湖 2013 年高锰酸盐指数时空变化

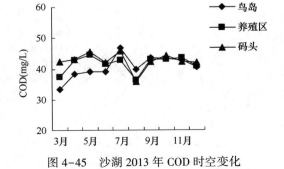

图 4-45　沙湖 2013 年 COD 时空变化

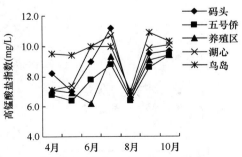

图 4-46　沙湖 2014 年高锰酸盐指数时空变化

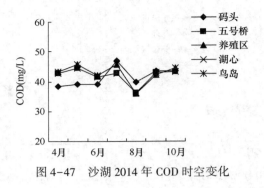

图 4-47　沙湖 2014 年 COD 时空变化

4.2.8　五日生化需氧量（BOD₅）

2009 年沙湖水体 BOD₅ 在 3 月较高，10 月较低，样点差异不大；2010 年沙湖水体 BOD₅ 6 月、9 月较高，3 月较低，样点间差异不大；2011 年沙湖水体 BOD₅ 4 月较高，12 月较低，鸟岛 BOD₅ 要明显高于其他样点；2012 年沙湖 BOD₅ 8 月较高，4 月、5 月最低，样点间差异不大；2013 年沙湖 BOD₅ 夏季较高，冬季较低；2013 年沙湖 BOD₅ 夏季较高，冬季较低；2014 年沙湖 BOD₅ 秋季较高，时空变化范围不大。沙湖 BOD₅ 季节变化存在明显差异，夏、秋季较高，冬季较低，原因主要为夏、秋季节，浮游植物大量繁殖，有机物含量增加，导致水体的耗氧量上升，冬季水体浮游植物生物量下降，耗氧量也明显降低（图 4-48～图 4-53）。

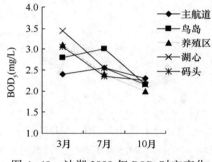

图 4-48　沙湖 2009 年 BOD₅ 时空变化

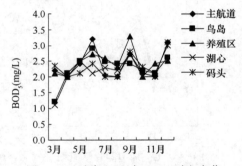

图 4-49　沙湖 2010 年 BOD₅ 时空变化

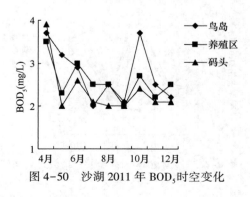

图 4-50　沙湖 2011 年 BOD₅ 时空变化

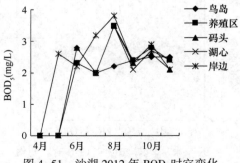

图 4-51　沙湖 2012 年 BOD₅ 时空变化

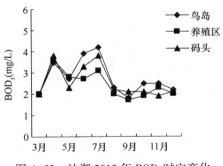
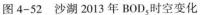

图 4-52　沙湖 2013 年 BOD$_5$ 时空变化

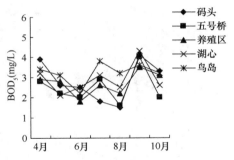

图 4-53　沙湖 2014 年 BOD$_5$ 时空变化

4.2.9　氨氮

氨氮是河湖水体中以溶解性无机氮形式存在的主要含氮化合物，在氮循环过程中意义重大。氨氮与有机氮是氮素污染的主要存在形态，控制氨氮含量对控制氮素污染至关重要。沙湖水体氨氮含量 2009 年 7 月较高，3 月较低，主航道季节变化不明显；2010 年春、秋季较高，夏季较低，样点间差异不明显；2011 年 4 月最高，5 月最低，其他时间段变化幅度不大，样点间差异不明显；2012 年 8 月较高，11 月较低，码头区与其他样点间有较大差异；2013 年 3 月、4 月最高，其他时间较低，变化幅度不大，样点间差异不明显；2014 年 6 月、8 月最高，其他时间较低，样点间差异较明显（图 4-54～图 4-59）。

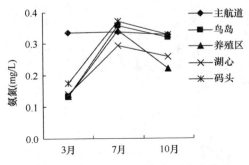

图 4-54　沙湖 2009 年氨氮时空变化

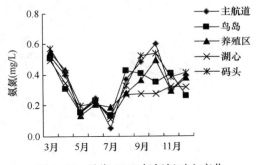

图 4-55　沙湖 2010 年氨氮时空变化

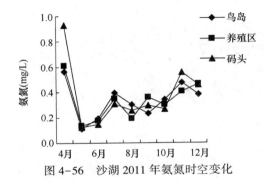

图 4-56　沙湖 2011 年氨氮时空变化

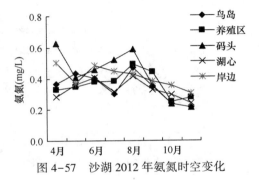

图 4-57　沙湖 2012 年氨氮时空变化

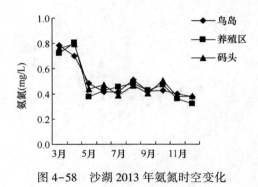

图 4-58　沙湖 2013 年氨氮时空变化

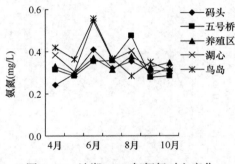

图 4-59　沙湖 2014 年氨氮时空变化

4.2.10　总氮（TN）

　　沙湖水体总氮含量 2009 年 3 月较低，10 月较高，鸟岛总氮含量高于其他样点；2010 年 12 月最高，其他时间变化幅度不大；2011 年变化幅度较大，12 月最高，其他时间差异较大，没有明显变化趋势，码头区与其他样点差异较大；2012 年秋季含量较高，夏季较低，样点间差异不明显；2013 年 3 月含量较高，其他时间差异不明显，码头区含量与其他样点间差异较明显；2014 年 10 月含量较高，7—9 月较低，其他时间差异不明显，且各样点间差异不显著（图 4-60~图 4-65）。

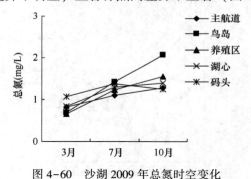

图 4-60　沙湖 2009 年总氮时空变化

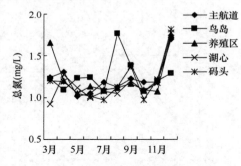

图 4-61　沙湖 2010 年总氮时空变化

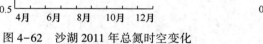

图 4-62　沙湖 2011 年总氮时空变化

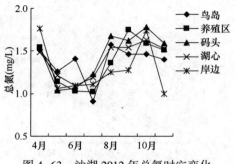

图 4-63　沙湖 2012 年总氮时空变化

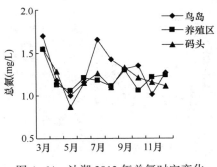

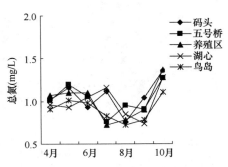

图 4-64　沙湖 2013 年总氮时空变化　　　　图 4-65　沙湖 2014 年总氮时空变化

氮是河湖水体中非常重要的营养元素，在很多水体中是浮游植物生长的限制性营养元素，氮含量过低会限制浮游植物的生长，氮含量过高不仅会导致浮游植物种类组成发生变化，优势种明显减少，而且还会导致水体富营养化，是河湖水体富营养化的主要限制性因素之一。2009—2014 年沙湖水体总氮含量检测结果表明，总氮含量主要在 1~1.5 mg/L 之间波动，是导致沙湖水体轻度富营养化的因素之一，需严格控制总氮的输入。

4.2.11　总磷（TP）

磷对水体浮游生物的生长至关重要，是浮游生物生长的主要限制因素之一。在一定浓度范围内，磷对浮游植物的生长有促进作用，过低的磷含量会限制浮游植物的数量，过高的磷含量则会引起蓝藻过量生长，导致水体富营养化，进而引起水质恶化。沙湖水体总磷含量 7 月最高，3 月最低，季节变化明显；2010 年 8 月最高，11 月最低，季节变化明显，鸟岛与其他样点差异明显；2011 年 4 月、7 月较高，12 月最低，季节差异较大，样点间差异不明显；2012 年 10 月、11 月较低，其他时间变化幅度不大，样点间差异较大；2013 年 9 月最高，10 月较低，季节变化明显，样点间差异较大；2014 年 7 月最高，5 月较低，季节变化明显，而且各样点间差异较大（图 4-66~图 4-71）。总体而言，沙湖水体总磷含量各样点间差异较明显，这主要与样点环境有关，但夏季含量高于其他季节，则可能与气温、沙湖水位变化等密切相关。

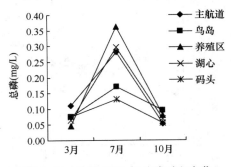

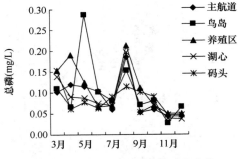

图 4-66　沙湖 2009 年总磷时空变化　　　　图 4-67　沙湖 2010 年总磷时空变化

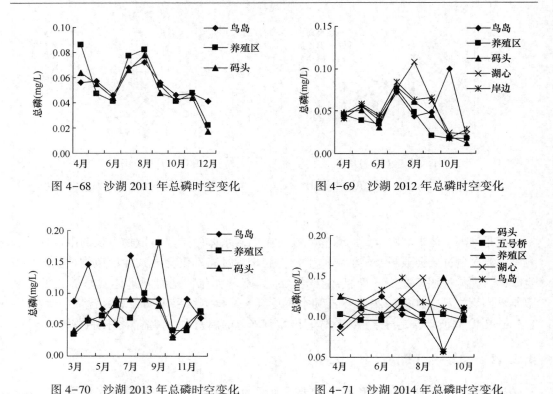

图 4-68 沙湖 2011 年总磷时空变化　　　图 4-69 沙湖 2012 年总磷时空变化

图 4-70 沙湖 2013 年总磷时空变化　　　图 4-71 沙湖 2014 年总磷时空变化

4.2.12 氟化物

2010 年，沙湖水体氟化物含量 5 月较高，春季较低；2011 年 6 月较高，4 月较低，样点间差异不明显；2012 年夏、秋季较高，5 月最低，样点间差异不大；2013 年 3 月、7 月含量较高，4 月较低，样点间差异不明显；2014 年 4—7 月含量较高，8—9 月较低，样点间差异不明显（见图 4-72～图 4-76）。总体而言，沙湖水体氟化物超标，究其原因，可能与沙湖地势低洼，湖水与地下水交流，导致湖水氟化物含量增加。此外，底泥中氟化物的沉积-溶解也可能是湖水氟化物含量增加的原因之一。

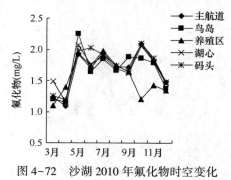

图 4-72 沙湖 2010 年氟化物时空变化

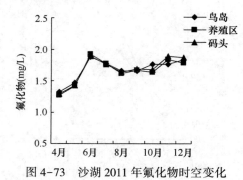

图 4-73 沙湖 2011 年氟化物时空变化

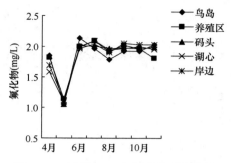

图 4-74　沙湖 2012 年氟化物时空变化

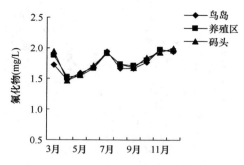

图 4-75　沙湖 2013 年氟化物时空变化

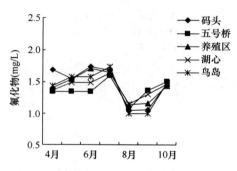

图 4-76　沙湖 2014 年氟化物时空变化

4. 2. 13　挥发酚

2009 年，沙湖水体挥发酚含量秋季（10 月）较高，其他季节相对较低；2010 年时空分布差异明显，无明显变化趋势；2011 年时空分布差异明显；2012 年夏季含量较高，码头和鸟岛含量较低，其他样点间差异不明显；2013 年 4 月含量最高，其他时间差异不明显，样点间差异不明显；2014 年 9 月含量最高，4—7 月较低，样点间差异不明显（见图 4-77～图 4-82）。

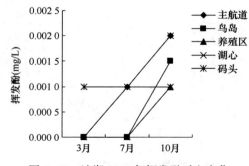

图 4-77　沙湖 2009 年挥发酚时空变化

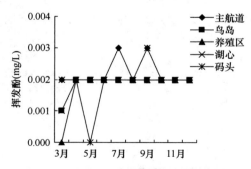

图 4-78　沙湖 2010 年挥发酚时空变化

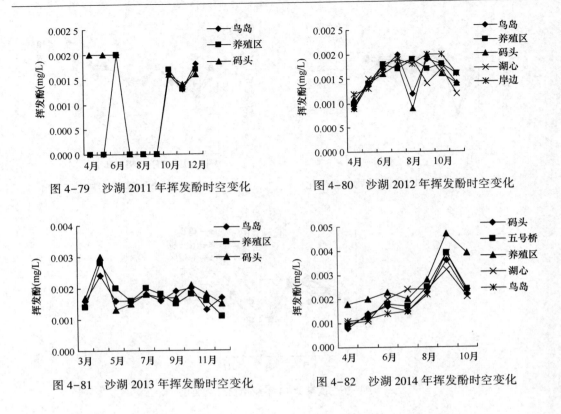

图 4-79 沙湖 2011 年挥发酚时空变化

图 4-80 沙湖 2012 年挥发酚时空变化

图 4-81 沙湖 2013 年挥发酚时空变化

图 4-82 沙湖 2014 年挥发酚时空变化

4.2.14 石油类

2009 年，沙湖水体石油类含量在春、秋季相对较高，夏季相对较低，样点间差异较大；2010 年季节变化幅度较大，3 月最高，5 月未检测到，样点间差异也较大；2011 年 11 月、12 月变化幅度较大，鸟岛 11 月较高，但 12 月未检测到，码头 11 月未检测到，12 月又升高，样点差异也较大；2012 年季节变化明显，4 月含量最低，其他时间差异较大，样点间差异也较大；2013 年 3 月最低，9 月最高，样点间除养殖区外，其他各样点间差异不明显；2014 年季节变化明显，7 月含量最高，其他时间差异较大，样点间差异也较大（见图 4-83～图 4-88）。

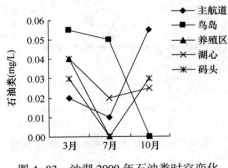

图 4-83 沙湖 2009 年石油类时空变化

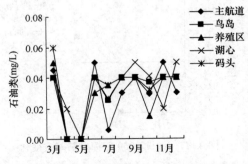

图 4-84 沙湖 2010 年石油类时空变化

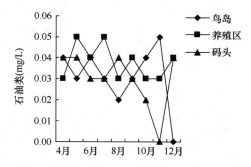

图 4-85　沙湖 2011 年石油类时空变化

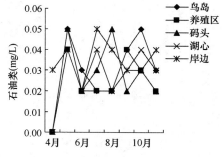

图 4-86　沙湖 2012 年石油类时空变化

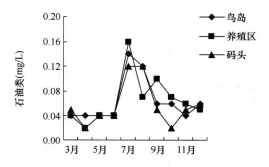

图 4-87　沙湖 2013 年石油类时空变化

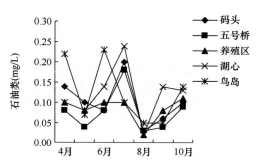

图 4-88　沙湖 2014 年石油类时空变化

4.2.15　阴离子表面活性剂

2010 年，沙湖水体阴离子表面活性剂含量在秋季较高，春季较低，季节变化明显，养殖区和湖心较高；2011 年秋季较高，冬季较低，养殖区和鸟岛含量较高；2012 年 4 月含量最高，其他时间变化不明显，样点间差异也较小；2013 年时空分布差异较大，春季较高，夏、秋季较低，样点间差异也较大；2014 年时空分布差异不大，夏季较高（见图 4-89~图 4-93）。

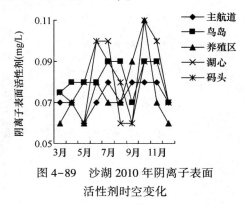

图 4-89　沙湖 2010 年阴离子表面
活性剂时空变化

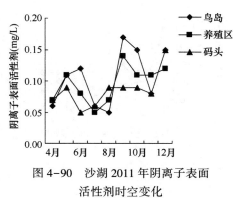

图 4-90　沙湖 2011 年阴离子表面
活性剂时空变化

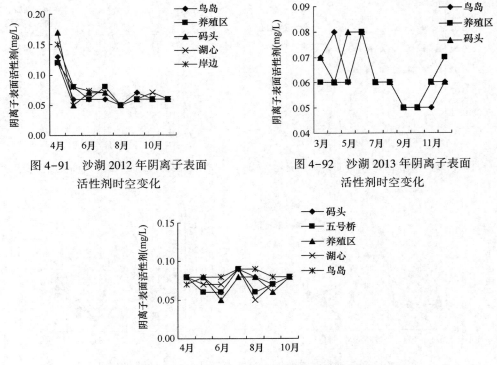

图 4-91 沙湖 2012 年阴离子表面
活性剂时空变化

图 4-92 沙湖 2013 年阴离子表面
活性剂时空变化

图 4-93 沙湖 2014 年阴离子表面活性剂时空变化

4.2.16 粪大肠菌群

沙湖水体的粪大肠菌群含量 2011 年 4 月最高，其他时间差异不大，养殖区较高；2012 年季节变化幅度较大，无明显变化趋势；2013 年季节变化明显，鸟岛含量较高（见图 4-94～图 4-96），其原因主要为鸟类及鱼类等动物排泄物污染导致。

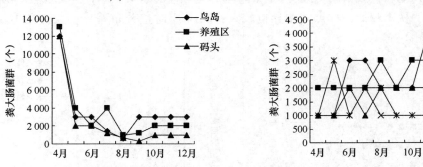

图 4-94 沙湖 2011 年粪大肠菌群时空变化　　图 4-95 沙湖 2012 年粪大肠菌群时空变化

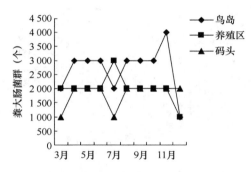

图 4-96　沙湖 2013 年粪大肠菌群时空变化

4.2.17　铜

沙湖水体的铜含量，2010 年的检测结果表明 11 月最高，其他时间较低甚至未检测到，码头含量较高，与其他样点间差异明显；2011 年秋季含量较高，春季较低，鸟岛含量明显高于其他样点；2012 年秋季含量较高，季节变化明显，样点间差异也较大，岸边含量高于其他样点；2013 年 6 月最高，明显高于其他时间段，样点差异明显，鸟岛除 5 月外均未检测到；2014 年春、夏季含量较高，秋季含量较低（见图 4-97～图 4-101）。

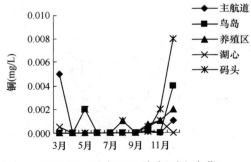

图 4-97　沙湖 2010 年铜时空变化

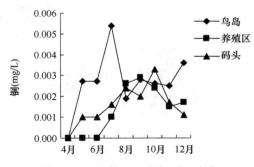

图 4-98　沙湖 2011 年铜时空变化

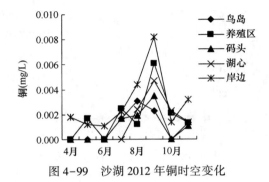

图 4-99　沙湖 2012 年铜时空变化

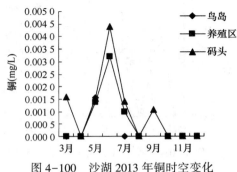

图 4-100　沙湖 2013 年铜时空变化

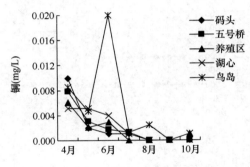

图 4-101　沙湖 2014 年铜时空变化

4.2.18　锌

关于沙湖水体的锌含量，2010 年各季节中秋季较高，夏季较低，鸟岛含量高于其他样点；2011 年季节变化明显，鸟岛含量高于其他样点；2012 年 5 月、7 月含量较高，鸟岛和湖心含量高于其他样点；2013 年除码头外，其他时间和样点均未检测到（见图4-102~图 4-105）。

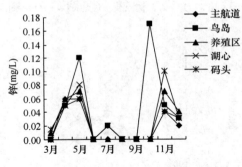

图 4-102　沙湖 2010 年锌时空变化

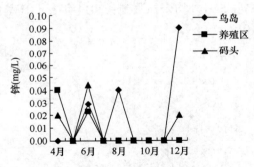

图 4-103　沙湖 2011 年锌时空变化

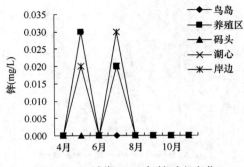

图 4-104　沙湖 2012 年锌时空变化

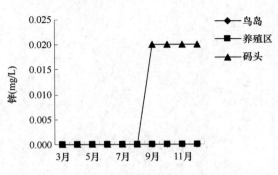

图 4-105　沙湖 2013 年锌时空变化

4.2.19　砷

　　沙湖水体砷含量 2010 年秋季最高，春季较低，样点间差异不明显；2011 年季节变化明显，夏季最高，10 月未检测到，样点间差异不明显；2012 年夏季含量较高，春季较低，样点间差异不明显；2013 年夏季含量较高，春季较低，样点间差异不明显；2014 年夏秋季含量较高，春季较低，样点间差异不明显（图 4-106～图 4-110）。

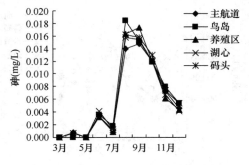

图 4-106　沙湖 2010 年砷时空变化

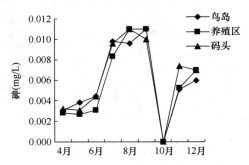

图 4-107　沙湖 2011 年砷时空变化

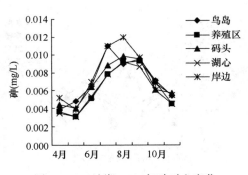

图 4-108　沙湖 2012 年砷时空变化

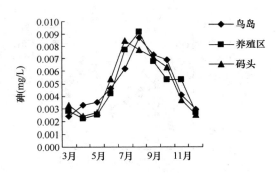

图 4-109　沙湖 2013 年砷时空变化

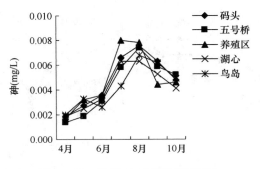

图 4-110　沙湖 2014 年砷时空变化

4.2.20 汞

2009 年，沙湖水体的汞含量各季节变化幅度不大，主航道含量较高；2010 年夏、秋季含量较高，春季较低，样点间差异不明显；2011 年春季较低，秋季较高；2012 年秋季较高，夏季较低，岸边高于其他样点；2013 年 3 月最高，4 月最低，样点间差异不明显；2014 年夏季较高，码头高于其他样点（图 4-111~图 4-116）。

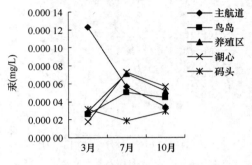

图 4-111　沙湖 2009 年汞时空变化

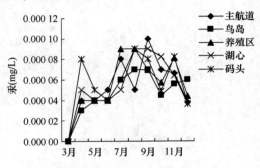

图 4-112　沙湖 2010 年汞时空变化

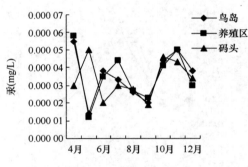

图 4-113　沙湖 2011 年汞时空变化

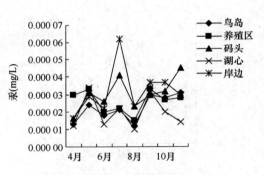

图 4-114　沙湖 2012 年汞时空变化

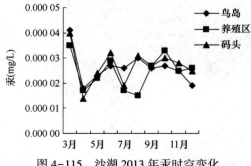

图 4-115　沙湖 2013 年汞时空变化

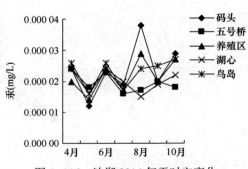

图 4-116　沙湖 2014 年汞时空变化

4.2.21　铬

沙湖水体的铬含量 2010 年季节时空分布差异较大，无明显分布趋势；2011 年 6 月、11 月含量较高，样点间差异明显；2012 年 6 月最低，8 月最高，样点间差异明显；2013 年 6 月最高，7 月、11 月最低，样点间差异不明显；2014 年 8 月最高，样点间差异明显（图 4-117~图 4-121）。

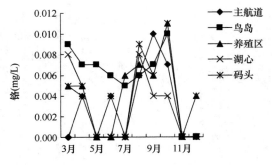

图 4-117　沙湖 2010 年铬时空变化

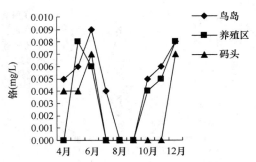

图 4-118　沙湖 2011 年铬时空变化

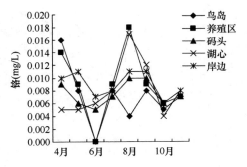

图 4-119　沙湖 2012 年铬时空变化

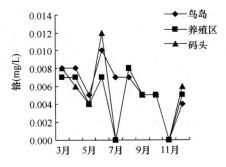

图 4-120　沙湖 2013 年铬时空变化

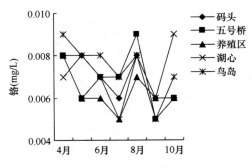

图 4-121　沙湖 2014 年铬时空变化

4.2.22　铅

2010 年，沙湖水体铅含量的季节时空分布差异较大，无明显分布趋势，8 月最高；2011 年 5 月含量较高，样点间差异明显；2012 年 11 月最高，样点间差异不明显；2013 年 5 月、6 月最高，10—12 月最低，样点间差异明显；2014 年 4 月最高，样点间差异明显（图 4-122~图 4-126）。

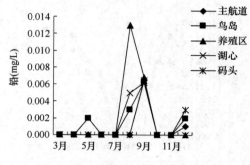

图 4-122　沙湖 2010 年铅时空变化

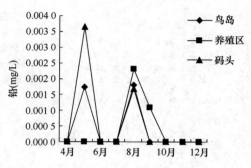

图 4-123　沙湖 2011 年铅时空变化

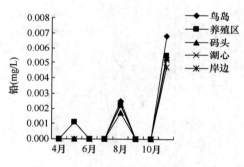

图 4-124　沙湖 2012 年铅时空变化

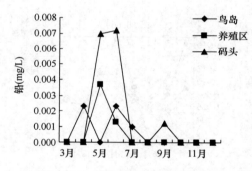

图 4-125　沙湖 2013 年铅时空变化

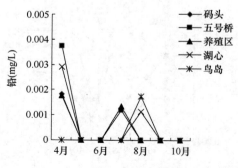

图 4-126　沙湖 2014 年铅时空变化

4.3　沙湖主要水环境因子识别

将沙湖采样点的各水质指标年平均值进行主成分分析,运用方差最大正交旋转法对因子载荷矩阵进行旋转,按照 85% 的累积方差贡献率提取出主成分,然后选择旋转后载荷值大于 0.6 的指标作为主要水质因子进行分析识别。

4.3.1　2009 年沙湖水质因子识别

2009 年沙湖水质因子载荷矩阵见表 4-1。主成分分析结果将 2009 年沙湖的水质因子区分为 3 类,主成分 1(F_1)的贡献率为 51.24%,对水质起主导作用,包含的水质因子为生化需氧量、总氮、石油类;主成分 2(F_2)的贡献率为 30.18%,包含的因子为透明度;主成分 3(F_3)的贡献率为 13.99%,包含的因子为总磷,可以认为是磷营养盐引起的水体污染。

表 4-1　因子载荷矩阵

因子	初始因子载荷矩阵			旋转因子载荷矩阵		
	F_1	F_2	F_3	F_1	F_2	F_3
pH	0.669 4	-0.206 4	-0.243 5	-0.723 0	0.006 5	0.165 0
电导率	0.723 9	-0.017	-0.531 4	-0.882	-0.123 1	-0.117 2
透明度	-0.376 5	-0.808 9	0.443 1	0.386 7	0.773 7	0.494 2
叶绿素 a	0.285 8	0.724 3	0.554 8	0.193 9	-0.879 9	0.319 8
溶解氧	0.878 0	-0.126 6	-0.025 1	-0.766 4	-0.186 2	0.406 9
高锰酸盐指数	-0.572 3	0.196 9	-0.789 3	0.100 4	0.190 7	-0.971 0
生化需氧量	-0.907 2	-0.249 5	-0.133 8	0.634 2	0.573 6	-0.414 7
氨氮	0.362 0	0.927 3	0.095 0	-0.070 2	-0.992 5	-0.099 6
总氮	-0.959 2	0.113 5	0.061 9	0.850 4	0.218 6	-0.407 1
总磷	0.584 2	-0.599 6	0.546 9	-0.315 5	0.224 6	0.921 9
石油类	-0.528 7	0.454 2	0.547 8	0.813 7	-0.347 4	0.057 5

2009 年沙湖各水质因子的综合得分见表 4-2,按照分值大小排序,确定 2009 年影响沙湖水环境的主要因子依次为石油类、生化需氧量、透明度、总氮、总磷,综合分析,石油类、生化需氧量、总氮在沙湖水体中起主导作用,石油类、生化需氧量、总氮含量的变化是引起 2009 年沙湖水质变动的主要原因。

表 4-2　2009 年沙湖各水质因子综合得分及排序

水质指标	F_1	F_2	F_3	综合得分	排序
透明度	0.159 5	0.782 7	-0.102 1	0.318 3	3
生化需氧量	0.557 0	0.197 6	-0.204 8	0.331 7	2
总氮	0.579 9	0.042 0	-0.195 3	0.296 2	4
总磷	-0.402 6	0.585 9	0.307 9	0.014 2	5
石油类	0.407 3	-0.057 4	0.902 6	0.332 9	1
特征值	2.562 2	1.509 0	0.699 6		
百分率（%）	51.243 8	30.180 2	13.991 9		
累计百分率（%）	51.243 8	81.424 0	95.415 9		

4.3.2　2010 年沙湖水质因子识别

2010 年沙湖水质因子载荷矩阵见表 4-3。主成分分析结果将 2010 年沙湖的水质因子区分为 3 类，主成分 1（F_1）的贡献率为 51.70%，对水质起主导作用，包含的水质因子为叶绿素 a、五日生化需氧量、总氮、总磷、石油类，可以认为是氮、磷营养盐、浮游藻类和石油类引起的水体污染；主成分 2（F_2）的贡献率为 23.24%，包含的因子为电导率、氟化物、阴离子表面活性剂，可以认为是溶解盐类引起的水体污染；主成分 3（F_3）的贡献率为 16.25%，包含的因子为透明度。

表 4-3　因子载荷矩阵

因子	初始因子载荷矩阵			旋转因子载荷矩阵		
	F_1	F_2	F_3	F_1	F_2	F_3
pH	-0.494 8	-0.679 9	-0.268 2	-0.753 0	-0.434 9	0.151 3
电导率	-0.576 6	0.582 9	0.276 8	-0.255 8	0.807 9	-0.175 2
透明度	-0.286 5	-0.749 6	0.407 5	-0.464 8	-0.181 4	0.749 1
叶绿素 a	0.486 0	0.367 3	0.658 8	0.700 6	0.440 9	0.346 3
溶解氧	0.266 8	-0.777 2	-0.408 6	-0.122 7	-0.895 1	0.160 5
高锰酸盐指数	-0.941 8	-0.308 1	0.127 1	-0.947 7	0.238 3	0.207 3
化学需氧量	-0.234 4	0.668 4	-0.634 7	-0.081 1	0.205 7	-0.925 0
五日生化需氧量	0.930 6	0.276 4	-0.001 8	0.949 0	-0.184 3	-0.089 4
氨氮	0.094 1	0.467 2	-0.730 5	0.124 9	-0.126 1	-0.854 0
总氮	0.829 2	0.412 5	-0.203 8	0.870 2	-0.162 3	-0.340 2
总磷	0.981 1	-0.116 4	0.130 4	0.872 7	-0.407 9	0.254 9
氟化物	-0.832 0	0.530 3	0.143 0	-0.532 3	0.797 9	-0.271 7
石油类	0.760 4	-0.257 6	0.586 6	0.703 6	-0.156 1	0.685
阴离子表面活性剂	-0.416 1	0.509 0	0.750 5	-0.049 9	0.962 0	0.260 0
特征值	4.653 1	2.091 8	1.462 7			
百分率（%）	51.70	23.24	16.25			
累计百分率（%）	51.70	74.94	91.20			

2010 年沙湖各水质因子的综合得分见表 4-4，按照分值大小排序，可确定 2010 年影响沙湖水环境的主要因子依次为石油类、叶绿素 a、总磷、五日生化需氧量、总氮、阴离子表面活性剂、透明度、电导率、氟化物，综合分析，石油类、叶绿素 a、总磷、五日生化需氧量、总氮在沙湖水体中起主导作用，石油类、叶绿素 a、总磷、五日生化需氧量、总氮含量的变化是引起 2010 年沙湖水质变动的主要原因。

表 4-4　2010 年沙湖各水质因子综合得分及排序

水质指标	F_1	F_2	F_3	综合得分	排序
电导率	-0.306 8	0.379 8	-0.136 4	-0.101 4	8
透明度	-0.103 3	-0.283 7	0.586 9	-0.026 3	7
叶绿素 a	0.213 0	0.519 6	0.284 1	0.303 7	2
五日生化需氧量	0.408 8	0.200 4	-0.222 0	0.243 2	4
总氮	0.353 8	0.183 9	-0.424 5	0.171 9	5
总磷	0.455 4	0.046 2	0.073 1	0.283 0	3
氟化物	-0.412 2	0.297 1	-0.125 9	-0.180 4	9
石油类	0.364 4	0.148 1	0.478 3	0.329 6	1
阴离子表面活性剂	-0.217 7	0.564 7	0.277 0	0.069 9	6
特征值	4.653 1	2.091 8	1.462 7		
百分率（%）	51.70	23.24	16.25		
累计百分率（%）	51.70	74.94	91.20		

4.3.3　2011 年沙湖水质因子识别

2011 年沙湖水质因子载荷矩阵见表 4-5。主成分分析结果将 2011 年沙湖的水质因子区分为两类，主成分 1（F_1）的贡献率为 69.85%，对水质起主导作用，包含的水质因子为透明度、叶绿素、化学需氧量、五日生化需氧量、总磷、阴离子表面活性剂、溶解氧、粪大肠菌群，可以认为是氮、磷营养盐引起的水体污染；主成分 2（F_2）的贡献率为 30.15%，包含的因子为总氮、氟化物。

表 4-5　因子载荷矩阵

因子	初始因子载荷矩阵		旋转因子载荷矩阵	
	F_1	F_2	F_1	F_2
pH	-0.548 8	-0.836 0	-0.638 7	-0.769 4
电导率	-0.846 2	-0.532 8	-0.900 4	-0.435 0
透明度	1.000 0	0.003 6	0.994 1	-0.108 2
叶绿素 a	0.935 7	0.352 7	0.969 3	0.246 0

因子	初始因子载荷矩阵		旋转因子载荷矩阵	
	F_1	F_2	F_1	F_2
溶解氧	−0.013 9	−0.999 9	−0.125 5	−0.992 1
高锰酸盐指数	−0.919 1	0.394 1	−0.869 3	0.494 3
化学需氧量	0.736 0	0.677 0	0.807 0	0.590 5
五日生化需氧量	0.993 0	0.118 2	1.000 0	0.006 6
氨氮	−0.919 1	0.394 1	−0.869 3	0.494 3
总氮	−0.574 3	0.818 6	−0.479 3	0.877 6
总磷	0.797 5	−0.603 3	0.725 1	−0.688 6
氟化物	−0.118 2	0.993 0	−0.006 6	0.999 9
石油类	−0.993 0	−0.118 2	−1.000 0	−0.006 6
阴离子表面活性剂	0.993 0	0.118 2	1.000 0	0.006 6
粪大肠菌群	0.942 7	−0.333 7	0.899 5	−0.436 9

2011 年沙湖各水质因子的综合得分见表 4-6，按照分值大小排序，可确定 2011 年影响沙湖水环境的主要因子依次为叶绿素 a、化学需氧量、五日生化需氧量、阴离子表面活性剂、透明度、粪大肠菌群、总磷、氟化物、总氮，叶绿素 a、化学需氧量、五日生化需氧量在沙湖水体中起主导作用，叶绿素 a 含量、化学需氧量、五日生化需氧量的变化是引起 2011 年沙湖水质变动的主要原因。

表 4-6　2011 年各水质因子综合得分及排序

水质指标	F_1	F_2	综合得分	排序
透明度	0.397 1	0.056 2	0.294 2	5
叶绿素 a	0.359 2	0.263 8	0.330 5	1
化学需氧量	0.268 4	0.449 1	0.322 9	2
五日生化需氧量	0.390 3	0.125 1	0.310 3	3
总氮	−0.257 2	0.463 9	−0.039 7	9
总磷	0.338 2	−0.321 7	0.139 2	7
氟化物	−0.082 2	0.594 0	0.121 8	8
阴离子表面活性剂	0.390 3	0.125 1	0.310 3	3
粪大肠菌群	0.386 3	−0.150 9	0.224 3	6
特征值	6.286 0	2.714 0		
百分率（%）	69.85	30.15		
累计百分率（%）	69.85	100		

4.3.4　2012 年沙湖水质因子识别

2012 年沙湖水质因子载荷矩阵见表 4-7。主成分分析结果将 2012 年沙湖的水质因子区分为 3 类，主成分 1（F_1）的贡献率为 52.40%，对水质起主导作用，包含的水质因子为 pH、五日生化需氧量、氨氮、氟化物、石油类、阴离子表面活性剂；主成分 2（F_2）的贡献率为 23.01%，包含的因子为电导率、叶绿素 a、高锰酸盐指数；主成分 3（F_3）的贡献率为 17.69%，包含的因子为化学需氧量、粪大肠菌群。

表 4-7　因子载荷矩阵

因子	初始因子载荷矩阵			旋转因子载荷矩阵		
	F_1	F_2	F_3	F_1	F_2	F_3
pH	0.910 6	−0.286 1	0.180 3	0.757 8	−0.607 1	−0.027 2
电导率	−0.558 8	0.807 1	−0.103 6	−0.237 3	0.956 0	−0.064 5
透明度	−0.510 2	−0.716 1	−0.248 5	−0.781 4	−0.473 6	−0.003 5
叶绿素 a	0.002 3	0.984 9	0.057 6	0.371 0	0.910 4	−0.082 8
溶解氧	0.379 3	−0.901 3	−0.160 8	−0.033 6	−0.982 1	−0.127 6
高锰酸盐指数	−0.771 2	0.633 6	0.018 6	−0.451 3	0.880 6	0.132 2
化学需氧量	−0.611 4	−0.144 7	0.769 4	−0.365 6	0.122 8	0.915 3
五日生化需氧量	0.979 8	0.171 1	−0.059 5	0.911 5	−0.218 3	−0.338
氨氮	0.554 3	0.228 4	0.656 1	0.766 8	0.018 4	0.449 0
总氮	−0.728 9	−0.241 5	0.125 5	−0.694 9	0.059 4	0.345 0
总磷	0.089 6	0.490 7	−0.849 1	0.003 4	0.393 8	−0.902 5
氟化物	0.641 5	0.129 4	0.734 4	0.831 8	−0.104	0.514 6
石油类	0.937 8	0.305 5	−0.086 1	0.914 5	−0.079	−0.371 1
阴离子表面活性剂	0.937 8	0.305 5	−0.086 1	0.914 5	−0.079	−0.371 1
粪大肠菌群	−0.420 2	0.200 6	0.597 0	−0.123 9	0.363 6	0.652 4

2012 年沙湖各水质因子的综合得分见表 4-8，按照分值大小排序，可确定 2012 年影响沙湖水环境的主要因子依次为氟化物、氨氮、五日生化需氧量、石油类、阴离子表面活性剂、pH、叶绿素 a、粪大肠菌群、化学需氧量、电导率、高锰酸盐指数，综合分析，氟化物、氨氮、五日生化需氧量、石油类在沙湖水体中起主导作用，氟化物、氨氮、五日生化需氧量、石油类含量的变化是引起 2012 年沙湖水质变动的主要原因。

表 4-8　2012 年沙湖各水质因子综合得分及排序

水质指标	F_1	F_2	F_3	综合得分	排序
pH	0.382 2	−0.067 7	0.144 1	0.225 8	6
电导率	−0.263 2	0.454 7	−0.198 9	−0.073 5	10
叶绿素 a	−0.035 1	0.614 6	−0.135 9	0.106 3	7
高锰酸盐指数	−0.341 6	0.347 6	−0.075 6	−0.120 8	11
化学需氧量	−0.244 1	0.016 2	0.576 9	−0.023 8	9
五日生化需氧量	0.397 5	0.152 6	−0.103	0.241 8	3
氨氮	0.240 5	0.212 3	0.404	0.264 7	2
氟化物	0.273 4	0.202 9	0.469 3	0.293 2	1
石油类	0.374 0	0.232 8	−0.144 6	0.240 5	4
阴离子表面活性剂	0.374 0	0.232 8	−0.144 6	0.240 5	4
粪大肠菌群	−0.192 0	0.268 2	0.383 1	0.031 0	8
特征值	5.764 1	2.531 0	1.946 1		
百分率（%）	52.400 0	23.010 0	17.690 0		
累计百分率（%）	52.400 0	75.418 0	93.100 0		

4.3.5　2013 年沙湖水质因子识别

2013 年沙湖水质因子载荷矩阵见表 4-9。主成分分析结果将 2013 年沙湖的水环境因子区分为 2 类，主成分 1（F_1）的贡献率为 58.72%，对水质起主导作用，包含的水质因子为溶解氧、透明度、高锰酸盐指数、总氮、总磷、粪大肠菌群；主成分 2（F_2）的贡献率为 41.28%，包含的因子为电导率、叶绿素 a、五日生化需氧量、氨氮。

表 4-9　因子载荷矩阵

因子	初始因子载荷矩阵		旋转因子载荷矩阵	
	F_1	F_2	F_1	F_2
pH	−0.999 9	0.015 3	−0.994 4	0.105 3
电导率	−0.188 4	0.982 1	−0.099 1	0.995 0
透明度	0.925 0	−0.379 9	0.887 0	−0.461 7
叶绿素 a	−0.097 8	0.995 2	−0.007 7	0.999 9
溶解氧	0.999 9	−0.015 3	0.994 4	−0.105 3
高锰酸盐指数	0.979 7	0.200 3	0.993 8	0.111 2
化学需氧量	−0.994 0	0.109 5	−0.980 1	0.198 6
五日生化需氧量	0.079 3	0.996 8	0.168 8	0.985 6
氨氮	−0.429 8	0.902 9	−0.346 7	0.938 0
总氮	0.935 2	0.354 1	0.963 3	0.268 4

因子	初始因子载荷矩阵		旋转因子载荷矩阵	
	F_1	F_2	F_1	F_2
总磷	0.995 5	0.094 4	1.000 0	0.004 4
氟化物	-0.969 4	-0.245 5	-0.987 6	-0.157 2
石油类	-0.079 3	-0.996 8	-0.168 8	-0.985 6
阴离子表面活性剂	-0.996 8	0.079 3	-0.985 6	0.168 8
粪大肠菌群	0.973 4	0.229 0	0.990 1	0.140 3

2013 年沙湖各水质因子的综合得分见表 4-10，按照分值大小排序，可确定 2013 年影响沙湖水环境的主要因子依次为总氮、粪大肠菌群、高锰酸盐指数、总磷、溶解氧、五日生化需氧量、透明度、叶绿素 a、电导率、氨氮，综合分析，总氮、粪大肠菌群、高锰酸盐指数、总磷在沙湖水体中起主导作用，总氮、粪大肠菌群、高锰酸盐指数、总磷含量的变化是引起 2013 年沙湖水质变动的主要原因。

表 4-10　2013 年沙湖各水质因子综合得分及排序

水质指标	F_1	F_2	综合得分	排序
电导率	-0.104 1	0.476 3	0.135 5	9
透明度	0.391 2	-0.156 8	0.165	7
叶绿素 a	-0.067 1	0.485 6	0.161 1	8
溶解氧	0.412 2	0.024 7	0.252 2	5
高锰酸盐指数	0.398	0.129 9	0.287 3	3
五日生化需氧量	0.005 7	0.492 1	0.206 4	6
氨氮	-0.201 3	0.429 6	0.059 1	10
总氮	0.375 6	0.204	0.304 8	1
总磷	0.407 4	0.078 4	0.271 6	4
粪大肠菌群	0.394 7	0.143 8	0.291 2	2
特征值	5.872	4.128		
百分率（%）	58.72	41.28		
累计百分率（%）	58.72	100		

4.3.6　2014 年沙湖水质因子识别

2014 年沙湖水质因子载荷矩阵见表 4-11。主成分分析结果将 2014 年沙湖的水环境因子区分为 4 类，主成分 1（F_1）的贡献率为 29.80%，包含的水质因子为叶绿素 a、氨氮、总磷；主成分 2（F_2）的贡献率为 27.80%，包含的水质因子为溶解氧、高锰酸盐指数、石油类、阴离子表面活性剂；主成分 3（F_3）的贡献率为 23.48%，包含的水质因子为

pH、电导率、化学需氧量；主成分4（F_4）的贡献率为 9.58%，包含的水质因子为透明度、总氮、氟化物。

表 4-11 因子载荷矩阵

因子	初始因子载荷矩阵				旋转因子载荷矩阵			
	F_1	F_2	F_3	F_4	F_1	F_2	F_3	F_4
pH	0.158 9	−0.016 4	0.850 2	0.455 6	−0.204	−0.182 2	0.926	0.153 9
电导率	−0.103 4	0.527 5	0.810 0	0.228 6	0.292 4	0.124 5	0.938 6	−0.123 6
透明度	0.860 7	−0.182 7	−0.092 4	0.320 5	−0.580 3	0.274 5	0.035 7	0.687 0
叶绿素 a	−0.582 6	0.779 3	−0.016 8	−0.042 006	0.903 4	0.195 6	0.133 4	−0.276 7
溶解氧	0.712 5	0.561 6	−0.025 7	−0.353 7	−0.153 5	0.957 8	0.058 3	0.066 2
高锰酸盐指数	0.555 9	0.580 0	−0.005 4	−0.333 3	−0.039 9	0.865 4	0.077 0	0.003 8
化学需氧量	−0.368 5	0.537 9	0.697 4	−0.275 4	0.374 8	0.187 3	0.654 5	−0.619 2
五日生化需氧量	0.758 7	−0.213 3	0.168 6	−0.582 6	−0.816 2	0.534 6	−0.041 2	−0.188 1
氨氮	−0.768 5	0.107 3	−0.545 2	−0.079 9	0.678 2	−0.306 6	−0.546 1	−0.231 5
总磷	−0.508 9	0.776 3	−0.135 0	0.191 2	0.938 8	0.154 6	0.108 2	−0.011 2
总氮	0.505 9	0.081 0	−0.178 5	0.724 6	−0.052 5	0.083 0	0.134 8	0.889 7
氟化物	0.304 2	0.645 6	−0.621 6	0.301 0	0.466 5	0.559 0	−0.271 9	0.618 2
石油类	0.362 3	0.666 4	−0.576 5	−0.035 5	0.351 2	0.740 8	−0.332 4	0.355 5
阴离子表面活性剂	0.479 6	0.635 7	0.353 2	0.039 6	0.053 1	0.671 0	0.533 4	0.151 8

2014 年沙湖各水质因子的综合得分见表 4-12，按照分值大小排序，可确定 2014 年影响沙湖水环境的主要因子依次为电导率、石油类、化学需氧量、pH、阴离子表面活性剂、氨氮、叶绿素 a、高锰酸盐指数、溶解氧、总氮、氟化物、总磷、透明度、五日生化需氧量，综合分析，电导率、石油类、化学需氧量、pH 在沙湖水体中起主导作用，电导率、石油类、化学需氧量、pH 含量的变化是引起 2014 年沙湖水质变动的主要原因。

表 4-12 2014 年沙湖各水质因子综合得分及排序

水质指标	F_1	F_2	F_3	F_4	综合得分	排序
pH	0.037 5	−0.024	0.517 7	0.324 2	0.173 3	4
电导率	0.148 4	0.277 7	0.437 5	0.192 9	0.267 6	1
透明度	0.235 3	−0.422 4	0.052 5	0.128 8	−0.025 0	13
叶绿素 a	0.099 3	0.488 4	−0.094 3	0.083 9	0.166 8	7
溶解氧	0.439 6	−0.044 4	0.008 5	−0.414 3	0.089 3	9
高锰酸盐指数	0.393 9	0.021 1	0.005 9	−0.375 2	0.097 8	8

水质指标	F_1	F_2	F_3	F_4	综合得分	排序
化学需氧量	0.047 7	0.413 3	0.320 8	−0.199 3	0.204 4	3
五日生化需氧量	−0.203 6	0.281	−0.384 8	0.100 3	−0.069 8	14
氨氮	0.134 5	0.431 3	−0.141 8	0.312 6	0.172 7	6
总磷	0.234 4	−0.241 7	−0.014 7	0.544 5	0.056 7	12
总氮	0.377 8	0.025 6	−0.328 7	0.278 5	0.076 3	10
氟化物	0.389 1	0.048 2	−0.320 5	0.003 6	0.060 1	11
石油类	0.390 0	0.075 7	0.216 3	0.010 4	0.208 5	2
阴离子表面活性剂	0.037 5	−0.024 0	0.517 7	0.324 2	0.173 3	4
特征值	3.874 0	3.615 0	3.053 0	1.246 0		
百分率（%）	29.80	27.80	23.48	9.58		
累计百分率（%）	29.80	57.61	81.09	90.67		

4.3.7　影响沙湖水环境的主要因子

2009—2014 年，因年度的差异影响沙湖水环境的主要因子不尽相同，但主要集中在叶绿素 a、氨氮、总氮、溶解氧、氟化物、五日生化需氧量等因子（见表 4-13）。

表 4-13　2009—2014 年影响沙湖水环境的主要因子

年份	主要因子排序	影响水质的主导因子
2009	叶绿素 a、pH、氨氮、溶解氧、总磷、电导率	叶绿素 a、pH、氨氮
2010	石油类、叶绿素 a、总磷、五日生化需氧量、总氮、阴离子表面活性剂、透明度、电导率、氟化物	石油类、叶绿素 a、总磷、五日生化需氧量、总氮
2011	叶绿素 a、化学需氧量、五日生化需氧量、阴离子表面活性剂、透明度、粪大肠菌群、总磷、氟化物、总氮	叶绿素 a、化学需氧量、五日生化需氧量
2012	氟化物、氨氮、五日生化需氧量、石油类、阴离子表面活性剂、pH、叶绿素 a、粪大肠菌群、化学需氧量、电导率、高锰酸盐指数	氟化物、氨氮、五日生化需氧量、石油类
2013	总氮、粪大肠菌群、高锰酸盐指数、总磷、溶解氧、五日生化需氧量、透明度、叶绿素 a、电导率、氨氮	总氮、粪大肠菌群、高锰酸盐指数、总磷
2014	电导率、石油类、化学需氧量、阴离子表面活性剂、氨氮、叶绿素 a、高锰酸盐指数、溶解氧、总氮、氟化物总磷、透明度、五日生化需氧量	氟化物、溶解氧、化学需氧量

4.4　本章小结

　　本章研究沙湖水环境因子的时空分布特征和演变趋势，采用主成分法分析和识别影响沙湖水质的主要水环境因子，在水体环境中，影响水体水质的影响因素很多，不同指标对水质的贡献程度是不相同的，在众多水环境因子中选取主导因子，然后再进行水质分析和评价，其结果才是比较客观和符合实际的。影响沙湖水质的水环境因子每年都有所不同，处在一个动态变化的过程中。

　　2009 年影响沙湖水环境的主要因子依次为叶绿素 a、pH、氨氮、溶解氧、总磷、电导率，叶绿素 a、pH、氨氮在沙湖水体中起主导作用，是引起 2009 年沙湖水质变动的主要原因。2010 年影响沙湖水环境的主要因子依次为石油类、叶绿素 a、总磷、五日生化需氧量、总氮、阴离子表面活性剂、透明度、电导率、氟化物，石油类、叶绿素 a、总磷、五日生化需氧量、总氮在沙湖水体中起主导作用，是引起 2010 年沙湖水质变动的主要原因。2011 年影响沙湖水环境的主要因子依次为叶绿素 a、化学需氧量、五日生化需氧量、阴离子表面活性剂、透明度、粪大肠菌群、总磷、氟化物、总氮，叶绿素 a、化学需氧量、五日生化需氧量在沙湖水体中起主导作用，是引起 2011 年沙湖水质变动的主要原因。2012 年影响沙湖水环境的主要因子依次为氟化物、氨氮、五日生化需氧量、石油类、阴离子表面活性剂、pH、叶绿素 a、粪大肠菌群、化学需氧量、电导率、高锰酸盐指数，氟化物、氨氮、五日生化需氧量、石油类在沙湖水体中起主导作用，是引起 2012 年沙湖水质变动的主要原因。2013 年影响沙湖水环境的主要因子依次为总氮、粪大肠菌群、高锰酸盐指数、总磷、溶解氧、五日生化需氧量、透明度、叶绿素 a、电导率、氨氮，总氮、粪大肠菌群、高锰酸盐指数、总磷在沙湖水体中起主导作用，是引起 2013 年沙湖水质变动的主要原因。2014 年影响沙湖水环境的主要因子依次为电导率、石油类、化学需氧量、pH、阴离子表面活性剂、氨氮、叶绿素 a、高锰酸盐指数、溶解氧、总氮、氟化物、总磷、透明度、五日生化需氧量，电导率、石油类、化学需氧量、pH 在沙湖水体中起主导作用，是引起 2014 年沙湖水质变动的主要原因。

第5章 沙湖水环境质量综合评价及演变趋势分析

5.1 水环境质量的评价方法

水环境质量评价作为水环境管理的重要手段之一，它是通过一定的数理方法和其他手段，对水环境质量的优劣进行定量描述的过程。水环境质量评价必须以监测资料为基础，经过数理统计得出统计量及环境的各种代表值，然后依据质量评价方法及水环境质量分级分类标准进行环境质量评价。环境质量评价涉及的内容较为广泛，包括随时间和空间变化的江河湖库水体质量评价，水体底泥环境质量评价、水生生物质量评价、湖库和水库水体富营养化评价，以及由它们形成的整体水环境系统的质量综合评价。通过水环境质量评价，可以真实有效地反映水体质量及变化，可以了解和掌握影响本地区环境质量的主要污染因子和制约的污染源，可以了解环境质量的过去、现在和将来的发展趋势及其变化规律，从而有针对性地制订改善环境质量的污染治理方案和综合防治规划措施。

水环境系统是一个由多因子构成的多层次的复杂系统，水环境质量受诸多指标因子的影响，每一个因子都只从某一方面反映水质质量。正确分析影响水质的各因素特征信息以及各因素之间的相互作用，才能得到较为可靠的综合分析结果。目前，常用的水环境质量评价的方法有指数评价法、模糊综合评价法、灰色识别法、神经网络法、主成分法等。

5.1.1 水质综合评分法（*WPI*）

在采用水质类别评价地表水水质的基础上，采用水质综合评分法对地表水水质状况进行定量评价。反映地表水水质状况的定量评价指标称作水质综合评分值（*WPI*）。水质类别与水质综合评分值的对应关系见表5-1。

表5-1 水质类别与评分值对应关系

水质类别	I类	II类	III类	IV类	V类	劣V类
水质综合评分值（*WPI*）	$0<WPI \leqslant 20$	$20<WPI \leqslant 40$	$40<WPI \leqslant 60$	$60<WPI \leqslant 80$	$80<WPI \leqslant 100$	$WPI>100$

（1）首先依据各项水质单个指标的浓度值，按照表5-1的规定，用内插方法计算得出断面（或测点）每个参加水质评价项目的评分值。

（2）单个评价项目水质评分值的计算公式如下式所示：

$$WPI(i) = WPI_l(i) + \frac{WPI_h(i) - WPI_l(i)}{C_h(i) - C_l(i)} \cdot [C(i) - C_l(i)], \quad C_l(i) < C(i) \leqslant C_h(i)$$

式中，$C(i)$ 为第 i 个水质指标的监测值；

$C_l(i)$ 为第 i 个水质指标所在类别标准的下限值；

$C_h(i)$ 为第 i 个水质指标所在类别标准的上限值；

$WPI_l(i)$ 为第 i 个水质指标所在类别标准下限值所对应的评分值；

$WPI_h(i)$ 为第 i 个水质指标所在类别标准上限值所对应的评分值；

$WPI(i)$ 为第 i 个水质指标所在类别对应的评分值。

（3）当 GB 3838—2002 中两个等级的标准值相同，则按低分数值区间插值计算。

5.1.2 灰关联法

以水质标准分级为比较数列，各年份水体实测值为参考数列，分别将水质分级标准值和实测值归一化处理，计算各年份与各水质级别的关联度，按关联度大小排序，得灰关联序。关联度越大，表明越接近某一级别，由此可判断某一年份水质的级别。

评价步骤如下：

（1）将评价年份及评价标准的各个指标值进行归一化处理；

（2）计算归一化后的指标值与 5 个评价等级相应评价标准的绝对差值 $[\Delta_{ik}(j)]$；

（3）求出所有指标与 5 个评价等级的最小绝对差值 $[\Delta\min]$ 和最大绝对差值 $[\Delta\max]$；

（4）取分辨系数 $\rho = 0.1$，计算各年份每个指标值与相应评价标准的关联系数 $[\varepsilon_{ik}(j)]$；

$$\varepsilon_{ik}(j) = \frac{\Delta\min + \rho\Delta\max}{\Delta_{ik}(j) + \rho\Delta\max}$$

（5）根据每个指标的权重值计算各年份与 5 个评价等级的灰色关联度值（γ_{ij}）；

$$\gamma_{ij} = W_i \varepsilon_{ik}(j)$$

（6）依据最大隶属度原则，评判各年份的水质级别。

5.1.3 富营养化评价方法

依据水质因子监测结果及《湖泊（水库）富营养化评价方法及分级技术规定》的相关规定，采用综合营养状态指数法对沙湖水质现状进行评价。

$$TLI_{(\text{Chla})} = 10(2.5 + 1.086\ln\text{Chla})$$

$$TLI_{(\text{TP})} = 10(9.436 + 1.624\ln\text{TP})$$

$$TLI_{(\text{TN})} = 10(5.453 + 1.694\ln\text{TN})$$

$$TLI_{(\text{SD})} = 10(5.118 - 1.940\ln\text{SD})$$

$$TLI_{(\text{COD}_{\text{Mn}})} = 10(0.109 + 2.661\ln\text{COD}_{\text{Mn}})$$

$$TLI_{(\Sigma)} = \sum_{j=1}^{m} W_j \cdot TLI_j$$

$$W_j = \frac{r_{ij}^{\ 2}}{\sum\limits_{j=1}^{m} r_{ij}^{\ 2}}$$

式中，$TLI_{(\sum)}$ 为综合营养状态指数；TLI 为第 j 种参数的营养状态指数，W_j 为第 j 种参数的营养状态指数的相关权重；r_{ij} 为第 j 种参数与基准参数的相关系数；m 为评价参数的个数。

对照营养状态分级标准（表 5-2）所列的分级标准，确定被评价水体的营养状态。

表 5-2　湖泊（水库）营养状态分级标准

综合营养状态指数	营养水平	综合营养状态指数	营养水平
$TLI_{(\sum)} < 30$	贫营养	$50 < TLI_{(\sum)} \leq 60$	轻度富营养
$30 \leq TLI_{(\sum)} \leq 50$	中营养	$60 < TLI_{(\sum)} \leq 70$	中度富营养
$TLI_{(\sum)} > 50$	富营养	$TLI_{(\sum)} > 70$	重度富营养

注：在同一营养状态下，指数值越高，其营养程度越重。

5.2　沙湖水环境质量综合评价

5.2.1　水质单因子评价与水质综合评分值（*WPI*）

2009 年 3 月，沙湖水质综合评价为Ⅲ类，主要污染物为总磷，7 月为Ⅴ类，主要污染物为总磷，10 月为Ⅳ类，污染物为氟，全年综合评价为Ⅳ类，主要污染物为总磷（表 5-3）。

表 5-3　2009 年沙湖水质综合评分值（*WPI*）

月份	污染物	单因子浓度（mg/L）	*WPI* 值	水质类别	定性评价
3	TP	0.074	49.6	Ⅲ类	良好
7	TP	0.248	89.6	Ⅴ类	中度污染
10	F	2.065	60.2	Ⅳ类	轻度污染
平均	TP	0.131	66.2	Ⅳ类	轻度污染

2010 年 5 月，沙湖水质综合评价为Ⅴ类，主要污染物为氟化物，7 月为劣Ⅴ类，主要污染物为 COD，其他月份均为Ⅳ类，主要污染物为氟化物和总磷，全年综合评价为Ⅳ类，主要污染物为氟化物（见表 5-4）。

表 5-4　2010 年沙湖水质综合评分值（WPI）

月份	污染物	单因子浓度 （mg/L）	WPI 值	水质类别	定性评价
3	TP	0.131	66.2	Ⅳ类	轻度污染
4	TP	0.107	61.4	Ⅳ类	轻度污染
5	F	2.028	81.2	Ⅴ类	中度污染
6	F	1.778	71.0	Ⅳ类	轻度污染
7	COD	67.00	134.0	劣Ⅴ类	重度污染
8	TP	0.173	74.6	Ⅳ类	轻度污染
9	F	1.702	68.0	Ⅳ类	轻度污染
10	F	1.862	74.4	Ⅳ类	轻度污染
11	F	1.744	69.8	Ⅳ类	轻度污染
12	TN	1.660	66.4	Ⅳ类	轻度污染
平均	F	1.662	66.4	Ⅳ类	轻度污染

2011 年 7 月，沙湖水质为劣Ⅴ类，主要污染物为 COD，8 月水质综合评价为Ⅴ类，主要污染物为 COD，4 月、5 月为Ⅲ类，其他月份均为Ⅳ类，主要污染物为氟和总氮，全年综合评价为Ⅳ类，主要污染物为 COD（表 5-5）。

表 5-5　2011 年沙湖水质综合评分值（WPI）

月份	污染物	单因子浓度 （mg/L）	WPI 值	水质类别	定性评价
4	TN	1.300	52.0	Ⅲ类	良好
5	F	1.440	57.6	Ⅲ类	良好
6	F	1.897	65.9	Ⅳ类	轻度污染
7	COD	57.60	115.2	劣Ⅴ类	重度污染
8	COD	47.40	94.8	Ⅴ类	中度污染
9	COD	38.20	76.4	Ⅳ类	轻度污染
10	F	1.694	67.6	Ⅳ类	轻度污染
11	F	1.830	73.2	Ⅳ类	轻度污染
12	TN	1.960	78.4	Ⅳ类	轻度污染
平均	COD	33.33	73.2	Ⅳ类	轻度污染

2012 年 7 月，沙湖水质为劣Ⅴ类，主要污染物为 COD，6 月、8 月、9 月水质综合评价为Ⅴ类，主要污染物为 COD 与氟化物，5 月为Ⅲ类，其他月份均为Ⅳ类，主要污染物为氟化物和 COD，全年综合评价为Ⅳ类，主要污染物为 COD（见表 5-6）。

表 5-6　2012 年沙湖水质综合评分值 (*WPI*)

月份	污染物	单因子浓度 (mg/L)	*WPI* 值	水质类别	定性评价
4	F	1.756	70.2	Ⅳ类	轻度污染
5	COD	25.74	51.4	Ⅲ类	良好
6	F	2.022	80.9	Ⅴ类	中度污染
7	COD	68.10	136.2	劣Ⅴ类	重度污染
8	COD	45.40	90.8	Ⅴ类	中度污染
9	COD	41.6	83.2	Ⅴ类	中度污染
10	F	1.976	79.1	Ⅳ类	轻度污染
11	F	1.962	78.5	Ⅳ类	轻度污染
平均	COD	37.14	74.3	Ⅳ类	轻度污染

　　沙湖 2013 年 1 月、8 月为Ⅳ类，主要污染物为 COD，其他月份均为Ⅴ类，主要污染物为 COD，全年综合评价为Ⅴ类，主要污染物为 COD（表 5-7）。

表 5-7　2013 年沙湖水质综合评分值 (*WPI*)

月份	污染物	单因子浓度 (mg/L)	*WPI* 值	水质类别	定性评价
3	COD	37.70	75.4	Ⅳ类	轻度污染
4	COD	41.47	82.9	Ⅴ类	中度污染
5	COD	43.13	86.2	Ⅴ类	中度污染
6	COD	40.90	81.8	Ⅴ类	中度污染
7	COD	45.17	90.3	Ⅴ类	中度污染
8	COD	37.37	74.7	Ⅳ类	轻度污染
9	COD	43.00	96.0	Ⅴ类	中度污染
10	COD	43.67	87.3	Ⅴ类	中度污染
11	COD	42.93	85.9	Ⅴ类	中度污染
12	COD	41.20	82.4	Ⅴ类	中度污染
平均	COD	41.63	83.2	Ⅴ类	中度污染

　　2014 年 4 月、5 月，沙湖为Ⅳ类，主要污染物为 F，7 月、8 月为Ⅴ类，主要污染物为 COD，其他月份均为Ⅳ类，主要污染物为 COD，全年综合评价为Ⅳ类，主要污染物为 COD（见表 5-8）。

表 5-8 2014 年水质综合评分值（*WPI*）

月份	污染物	单因子浓度（mg/L）	*WPI* 值	水质类别	定性评价
4	F	1.69	67.6	Ⅳ类	轻度污染
5	F	1.58	63.2	Ⅳ类	轻度污染
6	COD	37.60	75.2	Ⅳ类	轻度污染
7	COD	40.20	80.4	Ⅴ类	中度污染
8	COD	41.80	83.6	Ⅴ类	中度污染
9	COD	34.20	68.4	Ⅳ类	轻度污染
10	COD	33.80	67.6	Ⅳ类	轻度污染
平均	COD	33.90	67.8	Ⅳ类	轻度污染

由表 5-9 与图 5-1 可知，2009—2014 年沙湖水质综合评分值（*WPI*）呈现逐年上升的趋势。

表 5-9 2009—2014 年沙湖水质综合评分结果

年　份	综合评分值（*WPI* 值）	水质类别	定性评价
2009	66.2	Ⅳ类	轻度污染
2010	66.4	Ⅳ类	轻度污染
2011	73.2	Ⅳ类	轻度污染
2012	74.3	Ⅳ类	轻度污染
2013	83.2	Ⅴ类	中度污染
2014	67.8	Ⅳ类	轻度污染

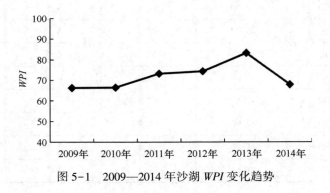

图 5-1 2009—2014 年沙湖 *WPI* 变化趋势

5.2.2 灰关联法评价

2009—2014 年，沙湖水体实测值与各水质级别的关联度见表 5-10，依据最大隶属度原则，2010 年沙湖水质级别为 Ⅴ 类，其他年份均为Ⅳ类。

表 5-10　关联度计算结果

年份	I	II	III	IV	V	水质级别判定
2009	0.216 0	0.323 4	0.370 4	0.452 7	0.410 0	IV
2010	0.143 7	0.204 8	0.404 3	0.423 2	0.562 1	V
2011	0.162 5	0.269 4	0.405 7	0.474 9	0.308 4	IV
2012	0.170 6	0.297 2	0.467 5	0.481 9	0.344 3	IV
2013	0.189 2	0.326 5	0.405 6	0.458 7	0.345 5	IV
2014	0.243 0	0.389 5	0.502 4	0.542 7	0.530 3	IV

5.2.3　综合营养状态指数评析

2009—2014 年，沙湖平均综合营养状态指数变化情况见表 5-11。沙湖综合营养状态指数均在 50~60 之间，达到轻度富营养水平，主要的超标污染物指标为透明度。

表 5-11　沙湖水体富营养状态综合评价结果

年份	$TLI_{(TN)}$	$TLI_{(TP)}$	$TLI_{(COD_{Mn})}$	$TLI_{(chla)}$	$TLI_{(SD)}$	TLI	营养水平
2009	57.64	61.38	55.54	46.74	69.42	57.22	轻度富营养
2010	57.79	56.1	52.02	54.1	67.28	57.17	轻度富营养
2011	58.67	45.16	48.92	56.42	71.18	56.04	轻度富营养
2012	56.11	41.34	46.36	51.10	72.11	53.15	轻度富营养
2013	58.17	52.37	51.17	55.81	68.80	57.12	轻度富营养
2014	54.49	52.68	58.16	53.92	68.01	57.15	轻度富营养

综上所述，采用水质综合评分法沙湖 2013 年水体水质级别为 V 类，其他年份均为 IV 类；采用灰关联法评价沙湖 2010 年水体水质级别为 V 类，其他年份均为 IV 类。2009—2014 年，沙湖综合营养状态指数均在 50~60 之间，达到轻度富营养水平。

5.3　沙湖水质演变趋势分析

5.3.1　2003—2014 年沙湖水质变化趋势

2003—2008 年，沙湖 WPI 值总体呈下降趋势，2009—2014 年又有所升高。WPI 值最大出现在 2003 年（88.6），最小出现在 2008 年（49.0）。2003—2004 年沙湖水质类别为 V 类，污染程度为中度污染，污染较为严重。2006 年水质类别为 IV 类，为轻度污染水质。2007—2008 年，沙湖水质好转，各年份均满足 III 类标准。2009—2014 年，沙湖水质污染出现加重的趋势，WPI 值总体出现上升的趋势，其中 2013 年达到 83.2，水质类别为 V 类，为中度污染水质（见表 5-12）。

表 5-12　2003—2014 年沙湖水质综合评分结果

年份	综合评分值（WPI 值）	水质类别	定性评价
2003	88.6	V类	中度污染
2004	84	V类	中度污染
2005	—	—	中度污染
2006	65	Ⅳ类	轻度污染
2007	60	Ⅲ类	良好
2008	49	Ⅲ类	良好
2009	66.2	Ⅳ类	轻度污染
2010	66.4	Ⅳ类	轻度污染
2011	73.2	Ⅳ类	轻度污染
2012	74.3	Ⅳ类	轻度污染
2013	83.2	V类	中度污染
2014	67.8	Ⅳ类	轻度污染

注：2005 年缺乏铅的检测值，不进行综合评分计算。

2003—2008 年，沙湖水质总体呈明显好转趋势，主要原因是近年来沙湖管理部门，加大对沙湖水体水环境治理力度，2003 年 10 月建成两座污水处理装置（北部和南部），控制外源性污染物进入，定期打捞水体中垃圾，采用电瓶船替换燃油船，防止游船航行或检修期间向湖体排油等。

2009—2014 年，沙湖水质总体呈现下降的趋势，主要原因是沙湖补水量不足，再加上旅游人数激增，输入性污染物增加，湖泊中过剩的浮游生物造成湖泊的内源性有机物增加，水体中溶解氧不断减少，加速湖泊水体恶化等。

5.3.2　沙湖水环境质量演变趋势

2003—2004 年，沙湖水质类别为 V 类，水质评价为中度污染，营养状态评分分别为 60.74 和 57.91，水环境质量综合评价结论为中度污染；2005 年沙湖营养状态评分为 65.24，水环境质量综合评价结论为中度污染；2006 年沙湖水质类别为Ⅳ类，水质评价为轻度污染，营养状态评分为 59.87，水环境质量综合评价结论为轻度污染；2007—2008 年，沙湖水质类别为Ⅲ类，属于良好水质，营养状态评分分别为 54.12 和 54.33，水环境质量综合评价结论为良好；2009—2014 年，沙湖水质以Ⅳ类为主，2010 年达到了 V 类，营养状态评分分别为 55.41、58.26、56.04、53.15、57.12、57.15，水环境质量综合评价结论为轻度—中度污染。

5.4　沙湖水体富营养化趋势分析

2003—2005 年，沙湖氮、磷污染在逐年加重，春季总氮由轻度富营养逐年减轻到中营养，总磷属中营养；夏季总氮由中营养逐年发展为中度富营养，总磷从中度富营养逐年向重度富营养发展，说明沙湖在春季营养状态呈逐年减轻趋势，在夏季呈逐年加重趋势。

2006—2010 年，沙湖水质明显改善，富营养化程度明显减轻，为轻度富营养状态。营养状态季节变化明显依次为夏季、秋季、春季，春季由轻度富营养向中营养转变，水体富营养化逐年减轻；夏季由中度富营养向重度富营养过渡，富营养化逐年加重。

2011—2014 年，沙湖水质逐渐恶化，但富营养化程度基本维持在 2006—2010 年的水平，为轻度富营养状态。营养状态季节变化依次为夏季、秋季、春季。

2003—2014 年沙湖富营养化各项指标变化见表 5-13。

表 5-13　2001—2014 年沙湖富营养化指数一览表

年份	叶绿素 a（Chla）		总磷（TP）		总氮（TN）		高锰酸盐指数（COD_Mn）		透明度（SD）		$\sum TLI$	富营养化程度
	年均值	TLI	年均值	TLI	年均值	TLI	年均值	TLI	年均值	TLI		
	（mg/m³）		（mg/L）		（mg/L）		（mg/L）		（m）			
2003	25.00	59.96	0.11	58.66	1.03	55.03	8.62	58.41	0.34	72.28	60.74	中度
2004	20.00	57.53	0.10	56.97	0.78	50.32	9.03	59.65	0.48	65.41	57.91	轻度
2005	29.00	61.57	0.13	60.85	1.61	62.54	9.13	59.94	0.19	83.40	65.24	中度
2006	19.60	57.31	0.12	59.93	1.09	55.99	7.03	52.98	0.30	74.54	59.87	轻度
2007	38.20	64.56	0.03	38.46	1.15	56.90	3.60	35.18	0.35	71.55	54.12	轻度
2008	8.00	47.58	0.07	51.17	1.40	60.23	4.93	43.54	0.33	72.69	54.33	轻度
2009	7.33	46.64	0.13	61.23	1.20	57.62	5.50	46.45	0.39	69.30	55.41	轻度
2010	14.60	54.12	0.19	67.39	1.23	58.04	5.50	46.45	0.44	67.24	58.26	轻度
2011	18.0	56.42	0.05	45.16	1.277	58.67	6.00	48.92	0.40	71.18	56.04	轻度
2012	11.06	51.1	0.04	41.34	1.10	56.11	5.48	46.36	0.34	72.11	53.15	轻度
2013	17.1	55.81	0.13	52.37	1.24	58.17	6.60	51.17	0.40	68.80	57.12	轻度
2014	16.5	53.92	0.08	52.68	1.16	54.49	7.50	58.16	0.39	68.01	57.15	轻度

（1）叶绿素 a（Chla）：2003—2006 年叶绿素 *TLI* 值较稳定，2007 年出现最大值为 64.56，2007—2010 年呈逐渐下降趋势，2009 年出现最低值，仅为 7.33，营养状态级别主要为轻度富营养化。

（2）总磷：2003—2006 年较稳定，2007 年最小为 38.46，2007—2010 年呈逐渐上升趋势，营养状态级别主要为轻度富营养化；2011—2013 年呈逐渐下降趋势，营养状态级别主要为轻度富营养化。

（3）总氮：2003—2014 年，总氮 *TLI* 变化幅度较小，最小值为 50.32，出现在 2004 年；最大值为 62.54，出现在 2005 年，营养状态级别主要为轻度富营养化。

（4）高锰酸盐指数：2003—2006 年高锰酸盐指数 *TLI* 值较稳定，2007 年出现最小值为 35.18，2007—2014 年呈逐渐上升趋势，营养状态级别主要为轻度富营养化。

（5）SD：沙湖水体的单因子富营养状态指数中，透明度（SD）*TLI* 值最大，最大值为 83.40（2005 年），最小值为 65.41（2004 年），处于中度富营养到重度富营养状态之间。

（6）$\sum TLI$ 变化：2003—2014 年，总 *TLI* 变化幅度较小，最小值为 54.12，出现在 2007 年；最大值为 65.24，出现在 2005 年，营养状态级别主要为轻度富营养化。

5.5　本章小结

水环境系统是一个由多因子构成的多层次的复杂系统，在水体环境中，影响水体水质的影响因素很多，不同指标对水质的贡献程度是不相同的。水环境质量受诸多指标因子的影响，每一个因子都只从某一方面反映水质质量。正确分析影响水质的各因素特征信息以及各因素之间的相互作用，才能得到较为可靠的综合分析结果。本章采用水质综合评分法、灰关联法对沙湖的水质进行综合评价，采用综合营养状态指数对沙湖的富营养状况进行评析，采用综合指标法和层次分析法对沙湖水生态健康进行评估。

2009—2014 年，沙湖水质总体呈现下降的趋势，主要原因是沙湖补水量不足，再加上旅游人数激增，输入性污染物增加，湖泊中过剩的浮游生物造成湖泊的内源性有机物增加，水体中溶解氧不断减少，加速湖泊水体恶化。沙湖水质富营养化程度近年来基本维持轻度富营养化水平，营养状态季节变化依次为夏季、秋季、春季，沙湖富营养化主要表现为水体中营养物浓度过高，生物多样性和生态系统受到一定程度的人为干扰，水生态系统处在亚健康状态。观光旅游和休闲旅游的社会效应显著，尚未发生明显的生态退化，但生态风险较高，整个湖泊总体处在生态安全向生态退化的过渡阶段。

第6章 沙湖周边地区农业现状及农业对沙湖水质的影响

6.1 沙湖周边地区种植业现状分析

6.1.1 沙湖周边地区概况及种植业结构

沙湖周边种植业主要由前进农业分公司承担。前进农业分公司总面积 186.6 km²，现有人口 7 683 人，辖 13 个农业生产队，1 个工贸综合服务公司，辖区有建材、酿酒、煤炭、旅游服务等 10 余家企业。2013 年实现工农业总产值 23 923 万元，其中农业总产值 11 964 万元。

沙湖周边地区有耕地 4 028 hm²（60 420 亩），水田面积 2 716 hm²（40 740 亩），旱地面积 1 312 hm²（19 680 亩），主要种植作物种类为水稻、玉米和小麦。沙湖周边地区耕地面积及产值见表 6-1；沙湖周边地区种植业结构配置情况见表 6-2。

表 6-1 沙湖周边地区耕地面积及产值

项目	2009 年	2010 年	2011 年	2012 年	2013 年
耕地面积（hm²）	3 914	3 914	3 958	3 958	4 028
水田面积（hm²）	2 048	2 633	2 659	2 679	2 716
旱地面积（hm²）	1 866	1 281	1 299	1 279	1 312
农业总产值（万元）	7 724.1	11 019.55	11 714.85	11 951.98	11 964
粮食作物（万元）	6 467.8	11 019.55	9 534.63	11 951.98	9 482
经济作物（万元）	1 256.3	—	2 180.22	—	2 482

表 6-2 沙湖周边地区种植业结构配置情况

类型	配置模式	种植方式
粮—粮型	水稻—水稻—水稻；水稻—水稻—春小麦/玉米；水稻—春小麦/玉米—水稻；春小麦/玉米—春小麦/玉米—水稻；春小麦/玉米—春小麦/玉米—春小麦/玉米	轮作
粮—经型	春小麦—番茄；春小麦—黄瓜；春小麦—茄子；春小麦—菱瓜；春小麦—辣子春小麦/番茄	轮作/套作

6.1.2 种植业化肥的投入使用和流失情况

6.1.2.1 种植业化肥的投入使用情况

我国的农业从新中国成立以来，主要经历了由传统农业到现代农业的发展历程，在我国，农业发展的区域性差异较大，东部地区的农业现代化步伐较快，农业生产力水平较高，而西部地区正在面临产业转型阶段，农业生产依然靠传统的耕作方式严重的依赖高投入、高污染的农业发展模式。宁夏地处我国西部，属于典型的高化肥、高农药量投入区域，在化肥中主要是氮、磷的流失造成的水环境污染，这些流失的氮、磷一旦进入水体，不仅影响地表水，更重要的是影响地下水的质量，严重危害人体健康，与可持续发展的思想相背离。近20年来，宁夏的农用化肥使用量一直保持上升的态势，在化肥使用量上，氮肥和磷肥的增长速度最快，而氮肥和磷肥的不合理和过度使用是引起水体污染的重要原因，黄河宁夏段近几年水质恶化，很大原因与农业氮、磷污染有关。

2009—2013年，沙湖周边地区期间施用化肥农地面积59 316亩/a，单位面积平均施用量114 kg/亩，化肥施用总量6 740 t/a，其中氮肥施用量4 263 t/a，磷肥施用量576 t/a，复合肥施用量2 113 t/a，氮肥折纯施用量2 289 t/a，磷肥折纯施用量755 t/a（表6-3），基本保持平稳态势，但高于全国平均水平和全区平均水平。

表6-3 沙湖周边地区化肥使用情况

项目		单位	2009年	2010年	2011年	2012年	2013年
氮肥	施用总量	t	5 254	3 771	3 260	4 796	4 235
	折纯量	t，以N计	2 417	1 735	1 499	2 206	1 948
磷肥	施用总量	t	49	1 119	560	—	—
	折纯量	t，以P_2O_5计	6	134	67	—	—
复合肥	施用总量	t	1 395	2 117	2 773	2 198	2 082
	氮折纯量	t，以N计	251	381	85	474	449
	磷折纯量	t，以P_2O_5计	642	974	586	631	597
化肥施用总量		t	6 740	7 032	6 618	6 994	6 317
施用化肥农地面积		亩	58 710	58 710	59 370	59 370	60 420
单位面积平均施用量		kg/亩	114.8	119.8	111.4	117.8	104.5

6.1.2.2 种植业化肥流失情况

沙湖地处宁夏引黄灌区，主要以水稻种植为主。农业生产过程中，氮、磷、钾等化肥、农药和农业机械使用量较大，氮、磷、钾是影响农业生态系统生产力最重要的营养元素，但是氮、磷、钾如果不合理的使用不仅对提高作物产量没有帮助，反而引发一系列农业非点源污染问题。宁夏黄河灌区化肥的使用量是全国平均用量的1.6倍，而氮肥的当季利用率低于全国平均约 10 个百分点。如果氮、磷、钾不能在当季被作物吸收或者固定在土壤中，那么容易随着灌水下渗到地下水或者进入河流污染水体。宁夏黄河灌区农田施肥的养分存在着不平衡的问题。化肥施用的不平衡也会造成化肥的利用效率低下，造成氮、磷元素流失，农药残留、渗透，农业机械产生的废气、废油等，直接或间接形成了各种污染物。

沙湖周边地区化肥流失量测算结果见表 6-4。2009—2013 年，沙湖地区氮肥流失总量 58.4 t/a，其中总氮流失量 56.0 t/a，NH_3-N 流失量 2.4 t/a，磷肥流失量 1.0 t/a。

表 6-4 沙湖周边地区化肥流失情况

项　目		2009 年	2010 年	2011 年	2012 年	2013 年
氮肥（折纯量）	t，以 N 计	2 668	2 116	1 584	2 680	2 397
磷肥（折纯量）	t，以 P_2O_5 计	648	1 108	653	631	597
氮肥流失系数	%	2.55	2.55	2.55	2.55	2.55
磷肥流失系数	%	0.14	0.14	0.14	0.14	0.14
氮肥流失量	总量	68.03	53.96	40.39	68.34	61.12
	TN	65.25	51.76	38.74	65.55	58.63
	NH_3-N	2.78	2.2	1.65	2.79	2.49
磷肥流失量		0.91	1.55	0.91	0.88	0.84

6.2 畜禽养殖业现状分析

6.2.1 畜禽养殖结构

从宁夏目前的总体情况来看，农民自养的家畜和家禽仍占农业结构成分中的绝大部分，规模化养殖畜禽数量比例比较小。宁夏地区畜禽养殖的基本特点就是规模小、管理粗放、饲养手段比较传统、生产水平很低。自从改革开放以来，宁夏畜禽养殖业迅速发展，但典型的缺陷就是农村养殖场设施简陋、管理不善，这些问题引发了由畜禽粪便废弃物的排放带来的水体污染问题，导致农业生态环境、土壤环境、大气环境、水环境等污染。

沙湖周边地区畜禽养殖发展情况见表 6-5。2009—2013 年，沙湖地区平均生猪养殖 2 234 头/a，羊 5 611 只/a，肉牛 712 头/a，蛋鸡 12 300 只/a，肉鸡 4 420 只/a。生猪、羊、肉牛、蛋鸡养殖呈现平稳态势，肉鸡养殖出现萎缩趋势。

表 6-5 沙湖周边地区养殖业发展情况

项　目	2009 年	2010 年	2011 年	2012 年	2013 年
猪（头）	1 667	2 450	2 160	2 420	2 473
羊（只）	4 650	7 906	5 041	5 280	5 180

项 目	2009 年	2010 年	2011 年	2012 年	2013 年
肉牛（头）	422	860	812	826	642
蛋鸡（只）	12 500	13 000	13 000	12 000	11 000
肉鸡（只）	18 500	2 600	200	600	200

6.2.2 畜禽养殖排污现状分析

畜禽养殖在宁夏灌区优化农村产业结构方面有很重要的作用，但是由于畜禽养殖管理等方面形式粗放，带来了畜禽粪便排放和污染的问题。畜禽养殖场排放的大量粪便和污水，严重污染了临近水源和土壤环境，应用畜禽粪便污染的灌溉水或未经无害化处理的粪肥可导致食用农产品污染。

沙湖周边地区畜禽粪尿排泄系数见表 6-6，畜禽粪尿中污染物平均含量见表 6-7。

表 6-6 沙湖周边地区畜禽粪尿排泄系数

项目	单位	牛	猪	羊	鸡
粪	kg/d	20.00	2.00	2.6	0.12
	kg/a	7 300.00	398.00	950.0	25.20
尿	kg/d	10.00	3.30	0.5	—
	kg/a	3 650.00	656.70	—	—
饲养周期	d	365	199	365	210

表 6-7 沙湖周边地区畜禽粪尿中污染物平均含量 单位：kg/t

项目	COD	NH_3-N	TN	TP
牛粪	31.0	1.7	4.37	1.18
牛尿	6.0	3.5	8.0	0.4
猪粪	52.0	3.1	5.88	3.41
猪尿	9.0	1.4	3.3	0.52
羊粪	4.63	0.80	7.5	2.6
羊尿	—	—	14.0	1.96
鸡粪	45.0	4.78	9.84	5.37

沙湖周边地区畜禽养殖污染物排放情况见表 6-8。2009—2013 年，沙湖周边地区畜禽养殖粪排泄量 11 836.2 t/a，尿排泄量 5091.4 t/a，COD 排放量 279.9 t/a，NH_3-N 排放量 29.0 t/a，总氮排放量 112.0 t/a，总磷排放量 29.1 t/a。

表 6-8　沙湖周边地区畜禽养殖污染物排放情况

年份	项目	粪排泄量（t）	尿排泄量（t）	COD 排放量（t）	NH₃-N 排放量（t）	TN 排放量（t）	TP 排放量（t）
2009	牛	3 080.6	1 540.3	104.74	10.63	25.78	4.26
	猪	663.47	1 094.72	44.35	3.59	7.51	2.83
	羊	4 412.85	848.63	20.43	3.53	44.98	13.13
	鸡	781.2	—	35.16	3.74	7.69	4.19
	合计	8 938.12	3 483.65	204.68	21.49	85.96	24.41
2010	牛	6 278	3 139	213.45	21.66	52.54	8.67
	猪	975.1	1 608.92	65.19	5.27	11.04	4.17
	羊	7 502.79	1 442.85	34.74	6	76.47	22.34
	鸡	393.12	—	17.69	1.88	3.86	2.11
	合计	15 149.01	6 190.77	331.07	34.81	143.91	37.29
2011	牛	5 927.6	2 963.8	201.54	20.45	49.61	8.18
	猪	859.68	1 418.47	57.47	4.66	9.73	3.67
	羊	4 783.91	919.98	22.15	3.83	48.76	14.24
	鸡	332.64	—	14.97	1.59	3.27	1.79
	合计	11 903.83	5 302.25	296.13	30.53	111.37	27.88
2012	牛	6 029.8	3 014.9	205.01	20.8	50.47	8.33
	猪	963.16	1 589.21	64.38	5.21	10.9	4.11
	羊	5 010.72	963.6	23.2	4.01	51.07	14.92
	鸡	317.52	—	14.29	1.52	3.13	1.7
	合计	12 321.2	5 567.71	306.88	31.54	115.57	29.06
2013	牛	4 686.6	2 343.3	159.34	16.17	39.23	6.47
	猪	984.25	1 624.02	65.8	5.32	11.15	4.2
	羊	4 915.82	945.35	22.76	3.93	50.1	14.63
	鸡	282.24	—	12.7	1.35	2.78	1.52
	合计	10 868.91	4 912.67	260.6	26.77	103.26	26.82

6.3　农村居民生活排污

通常人们所指的农村居民生活排污是人们在日常生活中产生的污染物。农村生活污染物的来源途径主要有农村居民生活污水、生活垃圾、人粪尿污染几个方面。

6.3.1　农村居民生活污水

在日常生活中，农村居民的洗衣服、做饭、洗浴及其他零散用水是生活污水的主要来源途径。由于生活污水中含有氮、磷等污染物，农村污水排放经常是没有集中的处理方式，污水不经处理直接排到地面，这样时间久了污水等氮、磷污染物经土壤下渗或汇入地表水体，对地表水及地下水造成直接危害。如果这些污水经过处理，便会在减轻环境污染的同时，可以在一定程度上提高土壤肥力，促进农业生产。但目前很多地区的生活污水随意排放，影响到黄河水质安全，为灌区农业的发展带来隐患。灌区利用被污染的黄河水，导致土壤有毒有害物质积累，土壤受到不同程度的污染，未被土壤、作物吸收的氮、磷等元素以及其他有毒有害物质随径流进入地表水、地下水，造成严重污染，直接危害着饮水和食物安全。

6.3.2 生活垃圾

生活垃圾因来源广泛，其污染物成分也较为复杂，随着生活水平的提高，物质消耗的丰富，垃圾的组成成分将更为复杂。渗滤液中的主要污染成分包括有机物、无机离子和营养物质。通常在垃圾堆放过程中，留存于其中的有害物质不易破坏衰减，其危害具有长期性和潜在性。由于农村基础设施普遍不配套，生活垃圾无序堆放，会污染土地、地下水和地表水，伴随垃圾中有机物腐败分解还会产生多种有毒有害物质，产生恶臭，招来蚊蝇，影响环境卫生，成为多种致病病原微生物和病毒的滋生地。目前，即便在有较好管理措施的村镇，农村生活垃圾的处理也还仅限于简易的堆存或填埋，没有防渗衬垫及垃圾渗滤液污水处理设施，垃圾的直接危害及其渗滤液的污染不可避免。

6.3.3 人粪尿污染

人粪尿含有大量氮、磷、有机污染物及病原微生物。粪尿堆放中这些污染物会随粪水渗入土壤内，并进入地下水或随雨水流入地表水体，粪便中会产生以氨气为主的有害气体、粉尘和微生物等，使粪便发出恶臭，造成空气污染，并对人的健康产生不良影响。很长一段时间以来，农村人粪尿一般回田使用，但随着人口迅速增长、化肥的使用以及农村耕地的减少，人粪尿肥使用率大大降低，危害越来越突出，特别是在乡镇居民集中的地方问题更加严重。未得到妥善处理的人粪尿堆积，不仅有恶臭、招来蚊蝇、传播疾病，还会对地表及地下水造成严重威胁，尤其是氮、磷污染所致的水体富营养化。一些地方的人粪尿更是直接排入河湖，污染水体。

沙湖地区农村生活污染状况见表 6-9；生活污染物排放情况见表 6-10。2009—2013 年，沙湖周边地区农村平均人口 7 570 人/a，人粪尿产生总量 6 214.8 t/a，生活垃圾产生量 1 930.3 t/a，生活污水产生量 166 535.6 t/a，COD 排放量 441.3 t/a，NH_3-N 排放量 27.3 t/a，总氮排放量 46.9 t/a，总磷排放量 3.0 t/a。从表中可以看出，2009—2013 年，沙湖地区居民生活污染物排放量一直呈现平稳态势。

表 6-9　沙湖周边地区农村生活污染状况

项目	2009 年	2010 年	2011 年	2012 年	2013 年
人口（人）	7 264	7 607	7 619	7 676	7 683
人粪尿产生总量（t）	5 963.7	6 245.3	6 255.2	6 302.0	6 307.7
生活垃圾产生量（t）	1 852.3	1 939.8	1 942.8	1 957.4	1 959.2
生活污水产生量（t）	159 808	167 354	167 618	168 872	169 026

表 6-10　沙湖周边地区农村生活污染物排放

项目	2009 年	2010 年	2011 年	2012 年	2013 年
人口（人）	7 264	7 607	7 619	7 676	7 683
COD（t）	423.5	443.5	444.2	447.5	447.9
NH_3-N（t）	26.2	27.4	27.4	27.6	27.7
TN（t）	45.0	47.2	47.2	47.6	47.6
TP（t）	2.9	3.0	3.0	3.1	3.1

6.4　沙湖周边地区农业灌溉现状

在农业产量逐渐提高的过程当中，农业耕作时所采用的各种农业化学物质也在不断增加。作为化肥重要组成元素的氮、磷在这个过程中，由于不能完全被植物所吸收，大部分在农业生产过程中随地表径流、农田排水、土壤渗透等进入水体，造成农田退水污染。在这个过程中，氮、磷污染负荷与农田退水的水量、氮、磷的迁移、转化情况以及氮、磷元素投入总量等情况密切相关。农田退水虽浓度较低，但排放量相对集中，对受纳水体将造成潜在污染和严重影响。

沙湖周边地区农业灌溉方式自流灌溉，灌溉定额 1 200 m³/亩，实际灌水量 2 200 m³/亩。2009—2013 年期间，沙湖周边地区耕地面积变化不大，农业用水量保持在 7 000×10⁴~7 500×10⁴ m³/a，退水量保持在 3 500×10⁴~4 000×10⁴ m³/a，NH_3-N 排放量 2.4 t/a，总氮排放量 56 t/a，总磷排放量 1.0 t/a，一直呈现平稳态势。表 6-11 为沙湖周边地区农业灌溉情况表。

表 6-11　沙湖周边地区农业灌溉情况

项　目	2009 年	2010 年	2011 年	2012 年	2013 年
耕地面积（亩）	58 710	58 710	59 370	59 370	60 420
农业用水量（×10⁴ m³）	7 098.5	8 318.9	7 073.3	7 067.8	7 580.7
退水量（×10⁴ m³）	3 620.2	4 242.6	3 607.4	3 604.6	3 866.2
NH_3-N 排放量（t）	2.78	2.2	1.65	2.79	2.49
TN 排放量（t）	65.25	51.76	38.74	65.55	58.63
TP 排放量（t）	0.91	1.55	0.91	0.88	0.84

6.5 沙湖周边地区农业源污染现状分析

6.5.1 沙湖周边地区农业源污染现状

沙湖周边地区农业源污染主要来自种植业化肥、畜禽养殖污染和农村生活污水，根据测算，2009—2013 年期间，沙湖周边地区 COD 年均排放量 280 t，NH$_3$-N 年均排放量 31.41 t，总氮年均排放量 168 t，总磷年均排放量 30.11 t（表6-12）。

表 6-12　沙湖周边地区农业污染物排放

项　目	2009 年	2010 年	2011 年	2012 年	2013 年	平均
COD 排放量（t）	204.68	331.07	296.13	306.88	260.6	279.76
NH$_3$-N 排放量（t）	24.27	37.01	32.18	34.33	29.26	31.41
TN 排放量（t）	151.21	195.67	150.11	181.12	161.89	168
TP 排放量（t）	25.32	38.84	28.79	29.94	27.66	30.11

6.5.2 污染原因分析

沙湖周边地区农业退水污染，追究其根本原因，与农业结构中农田化肥投入的连续增长、养殖业的不断扩张以及农村居民生活污水的乱排乱放等有不可避免的关系。宁夏黄河灌区氮肥当季利用率为 20%~35%，其余均随退水流失，这些流失的氮，几乎随着农田退水进入地表或地下，最终汇入黄河流域，给黄河水环境带来了严重的威胁。同时，随着产业结构的调整，宁夏黄河灌区畜禽养殖业迅速发展，但这些农村养殖场却存在许多如设备简陋、管理不善的问题，由此引发了畜禽粪便排废弃物的流失和污染问题。据宁夏回族自治区统计资料记载，宁夏黄河灌区畜禽养殖量总体呈上升态势，禽畜养殖量的上升导致畜禽粪便的大量流失，直接或间接进入农田环境，然后通过降水径流或农田退水流经地表或地下水体，这样引起水体氮、磷含量增加，最终进入黄河，威胁黄河水质。近年来，随着城乡一体化的发展，农民生活水平日益提高，消费需求增加，随之而来的农村生活废弃物和废水的排放量也越来越多，在宁夏灌区大部分废弃物收集和处理设备还没有甚至不完善，生活垃圾大量的随意堆放，垃圾中的污染物质随渗漏液污染地表水和地下水，宁夏境内多条排水沟和水库，均受到了不同程度的污染，超过了水环境的自净能力，这些就是造成宁夏黄河灌区农田退水污染加剧的主要原因。

6.6 沙湖污染物进出总量核算

2009—2014 年，沙湖 COD、氨氮、总氮、总磷等污染物本底含量值见表 6-13。COD 总量和氨氮总量呈现逐年上升态势，2014 年又下降；总氮变化趋势不明显；总磷含量变化趋势无明显规律，2009 年较高，然后逐年下降，但 2013 年又呈现上升趋势。

表 6-13　沙湖污染物本底含量值

项目	2009 年	2010 年	2011 年	2012 年	2013 年	2014 年
COD（t）	568.01	686.78	882.88	873.18	1 223.92	948.44
NH_3-N（t）	7.97	9.67	9.17	8.85	14.49	10.26
TN（t）	36.16	35.63	37.54	32.28	36.46	29.32
TP（t）	3.85	2.79	1.41	1.12	2.21	2.26

2009—2014 年，沙湖随补水进入沙湖的 COD、氨氮、总氮、总磷等污染物的总量见表 6-14。根据沙湖补水水质以及补水量核算，进入沙湖的污染物总量与补水量和补水水质密切相关。

表 6-14　进入沙湖的污染物总量

项目	2009 年	2010 年	2011 年	2012 年	2013 年	2014 年
COD 进入量（t）	108.58	72.50	30.36	41.47	137.04	201.73
NH_3-N 进入量（t）	4.13	4.41	0.59	1.33	2.33	3.43
TN 进入量（t）	9.67	7.08	3.80	3.10	5.44	8.01
TP 进入量（t）	0.68	0.48	0.12	0.28	0.75	1.11

沙湖 2009—2014 年出湖的污染物总量核算见表 6-15。出湖量包括两部分：一部分为水生植物（芦苇、蒲草）生长所固定的氮和磷；另一部分为鱼类生长所固定的氮和磷。根据资料和其他学者研究成果，水生植物氮吸收量以 2.36 g/m^2 计算，磷吸收量以 0.126 g/m^2 计算。鱼类氮吸收量以每千克体重 2.8 g 计算，磷吸收量以每千克体重 0.113 g 计算。从表中可以看出，沙湖每年氮、磷出湖总量变化趋势不明显，这与稳定的水生植物面积和稳定的渔业产量密切相关。

表 6-15　出湖的污染物总量核算

项目	2009 年	2010 年	2011 年	2012 年	2013 年	2014 年
TN 出湖量（t）	7.24	7.66	8.22	6.85	5.15	6.83
TP 出湖量（t）	0.354	0.371	0.392	0.338	0.269	0.337

6.7　农业活动对沙湖水质影响评价

6.7.1　评价因子与评价方法

6.7.1.1　水质监测数据

本节中所涉及的沙湖水体环境监测数据来源于宁夏环境保护局编制的宁夏环境质

量报告书（自 2011 年以来）。

6.7.1.2　评价因子选取

评价因子的选择一般选择排放量大、浓度高、毒性强、难以在环境中降解，对人体健康和生态系统危害大的污染物（污染因子），以及反映环境要素基本性质的其他因子作为评价参数。

在沙湖水体环境监测数据中选取评价因子主要考虑：

（1）连续性，自 2011 年以来数据指标连续观测；

（2）综合性，评价水体质量的基本水质指标、氧平衡及耗氧有机物指标、营养元素指标、有毒有害元素指标等综合兼顾；

（3）增量性，自 2011 年以来增量趋势明显的指标。

基于上述原则选取高锰酸盐指数、化学耗氧量、氨氮、总氮、总磷、氟化物、石油类、粪大肠菌群 8 个指标作为水质综合污染指数的评价因子评价农业活动对沙湖水质的影响。

6.7.1.3　水质综合污染指数评价模型

采用加权综合模型进行农业活动对沙湖水质进行综合评价。

$$Q = \sum_{i=1}^{k} W_i \frac{C_i}{C_{0i}}$$

式中，Q 为水质加权综合指数；

C_i 为 i 种评价因子的实测值；

C_{0i} 为 i 种评价因子的环境质量评价标准值，取 GB 3838—2002 三类水质标准值；

W_i 为 i 种评价因子的权重，由主成分法求得。

根据 Q 的值进行水质分级（表6-16）。

表 6-16　水质分级

Q	级别	分级依据
<0.5	清洁	多数项目未检出，个别检出项目也在标准内
0.5~0.7	尚清洁	检出值均在标准内，个别接近标准
0.7~1.0	轻污染	个别项目检出值超过标值
1.0~2.5	中污染	有两项检出超过标准
>2.5	重污染	相当一部分检出值超过标准数倍以上

6.7.1.4　沙湖农业活动评价因子选取

沙湖农业活动评价因子主要包括种植业污染（氮肥流失量、磷肥流失量）、畜禽养殖业污染（畜禽养殖 COD 排放量、畜禽养殖氨氮排放量、畜禽养殖总氮排放量、畜禽养殖总磷排放量）、农村生活污染（农村生活 COD 排放量、农村生活氨氮排放量、农村生活总氮排放量、农村生活总磷排放量）三类，本节参照水质综合污染指数评价模型，分别计算沙湖农业种植、畜禽养殖、农村生活综合污染指数。

6.7.1.5　沙湖农业活动与水质综合污染指数的灰关联分析

以沙湖水质综合污染指数为母序列 $\{X_0(t)\}$，以农灌退水、农业种植、畜禽养殖、农村生活综合污染指数为子序列 $\{X_i(t)\ (i=1,2,3,\cdots,n)\}$。在时刻 $t=k$ 时，经数据变换的母数列 $\{X_0(k)\}$ 与子数列 $\{X_i(k)\ (i=1,2,3,\cdots,n)\}$ 的关联系数 $\zeta_{0i}(k)\ (i=1,2,3,\cdots,n)$ 用下式计算：

$$\zeta_{0i}(k)=\frac{\Delta_{\min}+p\Delta_{\max}}{\Delta_{0i}(k)+p\Delta_{\max}}$$

式中，$\Delta_{0i}(k)$ 为 k 时刻两个序列的绝对差，即 $\Delta_{0i}(k)=|X_0(k)-X_i(k)|$；$\Delta_{\min}$、$\Delta_{\max}$ 分别为各个时刻的绝对差中的最大值与最小值；p 为分辨系数，本节取 $p=0.1$。

两序列的关联度可用两两比较序列各个时刻的关联系数之平均值计算：

$$Y_{0i}=\frac{1}{n}\sum_{k=1}^{n}\zeta_{0i}(k)$$

式中，Y_{0i} 为子序列 $i\ (i=1,2,3,\cdots,n)$ 与母序列 $\{X_0(k)\}\ (k=1)$ 的关联度，n 为数据个数。

数据均值化处理后再进行运算。

以上计算分析均应用 DPS 14.50 软件完成。

6.7.2　沙湖农业活动对沙湖水环境质量影响评价

6.7.2.1　水质综合污染指数

依据"主成分法"确定的各评价因子的权重向量集及沙湖水质综合污染指数见表6-17。综合污染指数均呈现上升态势，说明沙湖水质恶化逐年加重，根据水质分级标准，2011 年沙湖水质为轻污染状态，2012 年与 2013 年沙湖水质已达到中污染状态。

表 6-17　沙湖水质评价因子权重向量集及水质综合污染指数

项　目	2011 年	2012 年	2013 年
高锰酸盐指数	0.137 2	0.021 3	0.148 8
化学需氧量	0.033 2	0.180 5	0.129 6
氨氮	0.137 2	0.181 4	0.002 5
总磷	0.114 1	0.060 2	0.143 7
总氮	0.158	0.209 2	0.153 1
氟化物	0.145 1	0.197 4	0.121 4
石油类	0.153 8	0.063 5	0.151 1
粪大肠菌群	0.121 4	0.086 6	0.149 9
综合污染指数	0.87	0.95	1.23

6.7.2.2 农业综合污染指数

依据"主成分法"确定的各评价因子的权重向量集及沙湖农业综合污染指数见表6-18，综合污染指数均呈现上升态势，但变化范围不大。

表6-18　沙湖农业活动评价因子权重集及农业综合污染指数

项目	权重	综合污染指数			
		污染类型	2011年	2012年	2013年
氮肥流失量	0.604 4	—	—	—	—
磷肥流失量	0.395 6	种植业污染	24.77	41.65	37.27
畜禽养殖COD排放量	0.250 6	—	—	—	—
畜禽养殖氨氮排放量	0.250 7	—	—	—	—
畜禽养殖总氮排放量	0.248 8	—	—	—	—
畜禽养殖总磷排放量	0.249 9	畜禽养殖污染	116.54	120.83	104.41
农村生活COD排放量	0.216 6	—	—	—	—
农村生活氨氮排放量	0.285 3	—	—	—	—
农村生活总氮排放量	0.249 0	—	—	—	—
农村生活总磷排放量	0.249 0	农村生活污染	116.53	117.43	117.54

6.7.2.3 沙湖农业活动与水质综合污染指数的相关趋势分析

将2011—2013年沙湖农业退水量、农业种植、畜禽养殖、农村生活综合污染指数与沙湖水质的综合污染指数（图6-1）对比后发现，沙湖水质的综合污染指数随着农业退水量和农业污染排放的增长呈现上升态势，呈现较强的正相关性，发展变化趋势相近，说明农业污染排放对沙湖水体质量有较为明显的影响。

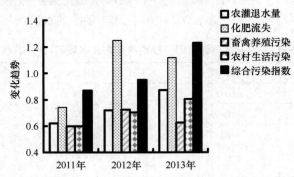

图6-1　沙湖水质综合污染指数与农业活动相关关系变化

6.7.2.4 沙湖农业活动与水质综合污染指数的灰关联分析

2011—2013年农业活动因子与水质综合污染指数的均值化关联度见表6-19。从水质综合污染指数与农灌退水量、种植业污染、畜禽养殖污染、农村生活污染的关联度大小可以看出，影响沙湖水质的综合污染指数大小的农业活动因子依次为农灌退水量、农村生活污染、种植业污染、畜禽养殖污染，说明影响沙湖水质的主要农业活动因子是农灌退水量、农村生活污染，优化控制这两个因素有助于改善沙湖的水质状况。

表 6-19　沙湖农业活动因子与水体污染物含量及水质综合污染指数的关联度

农业活动因子	农灌退水量	种植业污染	畜禽养殖污染	农村生活污染
关联度	0.253 5	0.151 5	0.143	0.200 3
排列顺序	1	3	4	2

沙湖 2009 年主要从东一支渠补黄河水，约 $1\,100\times10^4\ m^3$，2010 年从东一支渠补黄河水约 $800\times10^4\ m^3$，2011 年从西一支渠补黄河水约 $180\times10^4\ m^3$，2012 年从东一支渠补黄河水约 $460\times10^4\ m^3$，2013 年从东一支渠补黄河水约 $1\,140\times10^4\ m^3$。

沙湖水体 COD 总量、氨氮总量、总氮量、总磷量，2009 年分别为 568.01 t、7.97 t、36.16 t、3.85 t；2010 年分别为 686.78 t、9.67 t、35.63 t、2.79 t；2011 年分别为 882.88 t、9.17 t、37.54 t、1.41 t；2012 年分别为 873.18 t、8.85 t、32.28 t、1.12 t；2013 年分别为 1223.92 t、14.49 t、36.46 t、2.21 t。由于补水进入沙湖的污染物 COD 总量、氨氮总量、总氮量、总磷量，2009 年分别为 108.58 t、4.13 t、9.67 t、0.68 t；2010 年分别为 72.50 t、4.41 t、7.08 t、0.48 t；2011 年分别为 30.36 t、0.59 t、3.80 t、0.12 t；2012 年分别为 41.47 t、1.33 t、3.10 t、0.28 t；2013 年分别为 137.04 t、2.33 t、5.44 t、0.75 t。2009—2013 年沙湖出湖的污染物总量包括水生植物和鱼类生长所固定的氮和磷，2009 年出湖总氮量和总磷量分别为 7.24 t、0.354 t；2010 年分别为 7.66 t、0.371 t；2011 年分别为 8.22 t、0.392 t；2012 年分别为 6.85 t、0.338 t；2013 年分别为 5.15 t、0.269 t。

选取高锰酸盐指数、化学耗氧量、氨氮、总氮、总磷、氟化物、石油类、粪大肠菌群 8 个指标作为水质综合污染指数的评价因子评价农业活动对沙湖水质的影响；沙湖农业活动评价因子主要包括种植业污染（氮肥流失量、磷肥流失量）、（畜禽养殖 COD 排放量、畜禽养殖氨氮排放量、畜禽养殖总氮排放量、畜禽养殖总磷排放量）、（农村生活 COD 排放量、农村生活氨氮排放量、农村生活总氮排放量、农村生活总磷排放量）三类。

6.8　本章小结

在调查分析沙湖流域种植业、畜禽养殖业、农村生活等主要非点源污染源的基础上，采用加权综合模型对沙湖水体质量进行综合评价，采用灰关联法对沙湖农业活动与水质综合污染指数的相关趋势进行分析，研究分析农业灌溉退水等非点源污染对沙湖水质的影响程度。沙湖地区农业源污染主要来自种植业化肥、畜禽养殖污染和农村生活污水。沙湖地处宁夏引黄灌区，主要以水稻种植为主，农业生产过程中，氮、磷、钾等化肥、农药和农业机械使用量较大，由于利用率低、养分不平衡造成氮、磷元素流失，农药残留、渗透等，在农业生产过程中随地表径流、农田排水、土壤渗透等进入水体，造成农田退水污染。沙湖地区畜禽养殖的基本特点就是规模小、管理粗放、饲养手段比较传统、生产水平很低，这些问题引发了由畜禽粪便废弃物的排放带来的水体污染污染问题，导致农业生态环境、水环境等污染。农村生活污水中含有氮、磷等污染物，农村污水排放经常是没有集中的处理方式，污水不经处理直接排到地面，这样时间久了污水等氮、磷污染物经上壤下渗或汇入地表水体，对地表水及地下水造成直接危害。

沙湖水质综合污染指数均呈现上升态势，水质恶化逐年加重，2011 年沙湖水质处于轻污染状态，2012 年与 2013 年沙湖水质已达到中污染状态。沙湖水质综合污染指数随着农灌退水量和农业污染排放的增长呈现上升态势，呈现较强的正相关性，发展变化趋势相近，说明农业污染排放对沙湖水体质量有较为明显的影响。影响沙湖水质综合污染指数大小的农业活动因子依次为农灌退水量、农村生活污染、种植业污染、畜禽养殖污染，说明影响沙湖水质的主要农业活动因子是农灌退水量、农村生活污染，优化控制这两个因素有助于改善沙湖的水质状况。

第7章　旅游活动对沙湖水环境质量的影响

7.1　旅游活动对沙湖水质影响的界定

为了研究旅游活动对沙湖水质的影响，首先对沙湖景区内目前开展的旅游活动进行梳理，同时在综合他人研究的基础上，对可能影响沙湖景区水质的旅游活动进行界定。经综合分析，以下几项旅游活动可能会影响到沙湖的水质变化。

1）动态性水上活动（主要是游船）

游船会扰动湖泊和河流底部的泥沙，从而使得水体的浊度增加；机动船只排放的油污和其他废弃物也会引起水体的污染。

2）餐饮、住宿

尽管近年来沙湖管理机构对景区内大部分的餐饮、住宿等旅游接待设施排放的生活污水实行了截污处理，但仍有部分饭店和旅馆将污水和垃圾直接排放到湖中，同时，截污管道及污水处理设施也存在渗漏的可能，渗漏的污水污物渗透入湖，也可能影响到沙湖的水质。

3）游客的游览活动

景区内游客的游览活动也会对沙湖水质造成影响。游客游览对沙湖水质的污染主要有：游客的不良行为，如部分游客将随身垃圾直接投入水中造成的水体的污染；游客在湖边行走的践踏造成湖边土壤的松动和土壤下层有机物的翻起，从而导致通过雨水径流流失入水中的营养元素的增多，引起水体的富营养化。

综合各种因素，主要选取游船活动及餐饮、住宿等旅游接待活动为主要研究对象来探讨这几类旅游活动对沙湖水质的影响。

7.2　沙湖旅游活动的内容与强度

沙湖动态性水上活动主要为游船，项目内容主要有大船（包括电瓶船和汽柴油船）、摇橹船（电瓶船）、快艇（汽油船）、摩托艇（汽油船）等。

沙湖旅游活动情况见表 7-1。2009—2012 年，沙湖旅游人数呈现递增态势，每年平均以 15.7%的速度增长，2013 年旅游人数与 2012 年基本持平。餐饮、住宿等旅游接待活动接待人数从 2011 年开始以平均每年 14.6%的速度增长，餐饮住宿总用水量也以平均每年 10.6%的速度增长。2009—2012 年，船舶接待总人数每年平均以 14.0%的速度增长，2013 年船舶接待总人数与 2012 年基本持平。其中电瓶船接待总人数 2009—

2012 年平均每年以 28.9%的速度增长，但 2013 年又下降了 17.1%；汽柴油船接待总人数 2009—2011 年平均以每年 40.7%的速度下降，2011—2013 年又以平均每年 44.5%的速度增长。

表 7-1 沙湖旅游活动调查

	项 目	2009 年	2010 年	2011 年	2012 年	2013 年	2014 年
	旅游总人数（万人次）	79	85	97	120	115.35	115.66
餐饮住宿	接待总人数（人次）	—	—	434 808	472 913	588 222	654 834
	总用水量（t）	—	—	22 053	24 127	26 983	27 694
船舶	接待总人数（人次）	763 981	802 861	908 812	1 125 278	1 125 579	1 125 631
	电瓶船（人次）	349 927	451 819	726 101	869 910	743 193	793 193
	汽柴油船（人次）	414 054	351 042	182 711	255 368	382 386	332 438

沙湖旅游资源可概括为湖、沙、苇、鸟，水环境是其旅游资源的重要组成部分，同时也是旅游资源开发的核心所在。目前，沙湖旅游项目大多以湖面水域为基础开展，旅游设施、旅游活动也主要是围绕水域风光而布局和进行，可开展水景观光、水上运动、水上娱乐等活动。

影响沙湖水质的旅游活动可界定为动态性水上活动（主要是游船）、餐饮住宿旅游接待活动以及游客的游览活动。2009—2012 年，沙湖旅游人数、餐饮住宿接待人数、船舶接待人数均呈现递增态势，每年平均分别以 15.7%、14.6%、14.0%的速度增长，2012—2014 年基本持平。

7.3 评价因子与评价方法

7.3.1 水质监测数据

沙湖水体环境监测数据来源于宁夏环境保护局编制的宁夏环境质量报告书（自 2011 年以来）。

7.3.2 样点的选取

针对可能对沙湖湖水质产生影响的旅游活动，在沙湖水质的监测中，选取了以下几个样点来反映不同类型和强度的旅游活动对沙湖水质的影响。

（1）游船码头。游船码头既是游客（尤其是团队游客）聚集区和游船聚集区，同时也是沙湖周边餐饮接待设施比较集中的区域，这里采样可以反映游船及餐饮住宿等旅游接待活动对水质的影响。

（2）鸟岛。鸟岛是游客聚集区和游船停靠区，也是快艇聚集区，反映游船活动对水质的影响。

（3）养殖区。游客自主游览活动区（垂钓等活动）。

7.3.3　评价因子选取

评价因子的选择一般选择排放量大、浓度高、毒性强、难以在环境中降解，对人体健康和生态系统危害大的污染物（污染因子），以及反映环境要素基本性质的其他因子作为评价参数。

在沙湖水体环境监测数据中选取评价因子主要考虑：

（1）连续性，自 2011 年以来数据指标连续观测；

（2）综合性，评价水体质量的基本水质指标、氧平衡及耗氧有机物指标、营养元素指标、有毒有害元素指标等综合兼顾；

（3）增量性，自 2011 年以来增量趋势明显的指标。

基于上述原则选取电导率和透明度作为单因子评价指标评价旅游活动对沙湖水质的影响，选取高锰酸盐指数、化学耗氧量、氨氮、总氮、总磷、氟化物、石油类、粪大肠菌群 8 个指标作为水质综合污染指数的评价因子评价旅游活动对沙湖水质的影响。

7.3.4　水质综合污染指数评价模型

采用加权综合模型对沙湖水体质量进行综合评价（见 6.7.1 节）。

7.3.5　沙湖旅游活动与水质综合污染指数的灰关联分析

以水质综合污染指数为母序列 $\{X_0(t)\}$，以旅游总人数、餐饮住宿接待总人数、餐饮住宿总用水量、船舶接待总人数、汽柴油船接待总人数为子序列 $\{X_i(t)$（$i=1$，2，3，$\cdots$，n）$\}$，计算母数列与子数列的关联系数。数据均值化处理后再进行运算。

7.4　旅游活动对沙湖水环境质量影响评价

7.4.1　水质综合污染指数

依据"主成分法"确定的各评价因子的权重向量集见表 7-2。

表 7-2　评价因子的权重集

项　目	2011 年	2012 年	2013 年	2014 年
高锰酸盐指数	0.137 2	0.021 3	0.148 8	0.172 6
化学需氧量	0.033 2	0.180 5	0.129 6	0.098 9
氨氮	0.137 2	0.181 4	0.002 5	0.154 0
总磷	0.114 1	0.060 2	0.143 7	0.172 5
总氮	0.158 0	0.209 2	0.153 1	0.127 1

续表

项　目	2011 年	2012 年	2013 年	2014 年
氟化物	0.145 1	0.197 4	0.121 4	0.102 5
石油类	0.153 8	0.063 5	0.151 1	0.172 6
粪大肠菌群	0.121 4	0.086 6	0.149 9	—
综合污染指数	0.87	0.95	1.23	1.37

　　沙湖不同功能区水质监测及评价结果见表 7-3。评价结果显示，2011—2014 年期间，除总氮基本没有变化外，高锰酸盐指数、化学需氧量、氨氮、总磷、氟化物、石油类、粪大肠菌群单因子污染指数以及综合污染指数均呈现上升态势，说明沙湖水质恶化逐年加重，根据水质分级标准，2011 年和 2012 年沙湖处于轻度污染状态，2013 年和 2014 年沙湖水质已达到中度污染状态。

表 7-3　沙湖水体不同功能区水质监测及评价结果

评价指标		高锰酸盐指数（mg/L）	化学需氧量（mg/L）	氨氮（mg/L）	总磷（mg/L）	总氮（mg/L）	氟化物（mg/L）	石油类（mg/L）	粪大肠菌群（个）	综合污染指数
Ⅲ类水标准		6	20	1	0.05	1	1	0.05	10 000	
		单因子污染指数								
2011 年	鸟岛	1	1.53	0.3	0.98	1.28	1.51	0.52	0.16	0.86
	养殖区	1	1.49	0.3	1	1.18	1.49	0.62	0.16	0.87
	码头	1.02	1.49	0.34	0.92	1.37	1.51	0.66	0.11	0.89
	平均	1.01	1.5	0.31	0.97	1.28	1.5	0.6	0.14	0.87
		单因子污染指数								
2012 年	鸟岛	0.97	1.5	0.28	0.84	1.1	1.47	0.41	0.18	0.96
	养殖区	0.9	1.54	0.29	0.6	1.09	1.48	0.44	0.19	0.96
	码头	0.92	1.52	0.34	0.7	1.15	1.48	0.35	0.13	0.95
	平均	0.93	1.52	0.3	0.71	1.11	1.47	0.4	0.17	0.94
		单因子污染指数								
2013 年	鸟岛	1.13	2.04	0.49	1.76	1.31	1.75	1	0.27	1.28
	养殖区	1.08	2.08	0.49	1.46	1.21	1.77	1	0.2	1.22
	码头	1.07	2.13	0.5	1.3	1.2	1.78	0.8	0.18	1.18
	平均	1.09	2.08	0.49	1.51	1.24	1.77	0.93	0.22	1.23
		单因子污染指数								
2014 年	鸟岛	0.28	0.16	0.06	0.33	0.12	0.14	0.41	—	1.5
	养殖区	0.22	0.16	0.05	0.29	0.15	0.15	0.28	—	1.28
	码头	0.25	0.16	0.05	0.22	0.13	0.15	0.35	—	1.31
	平均	0.25	0.16	0.05	0.28	0.13	0.15	0.35	—	1.37

将 2011—2014 年以来沙湖旅游人数与单因子污染指数及综合污染指数（图 7-1）对比后发现，除总氮外，高锰酸盐指数、化学需氧量、氨氮、总磷、氟化物、石油类、粪大肠菌群等单因子污染指数以及综合污染指数均随着旅游人数的增长呈现上升态势，呈现较强的正相关性，发展变化趋势相近，说明旅游活动对沙湖水体质量有较为明显的影响。

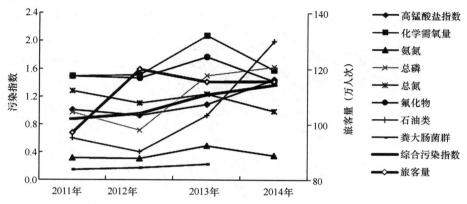

图 7-1　2011—2014 年沙湖污染指数与旅客量相关关系变化

将 2013 年沙湖月度旅游人数与单因子污染指数及综合污染指数（图 7-2）对比后发现，高锰酸盐指数、化学需氧量、氨氮、总氮、总磷、氟化物、石油类、粪大肠菌群等单因子污染指数以及综合污染指数均随着旅游人数的增长呈现上升态势，除 9 月表现出滞后现象外，其他时间均呈现较强的正相关性，发展变化趋势相近，这种变化方向的一致性和变化趋势的同步性充分说明旅游活动对沙湖水体质量有明显的影响。

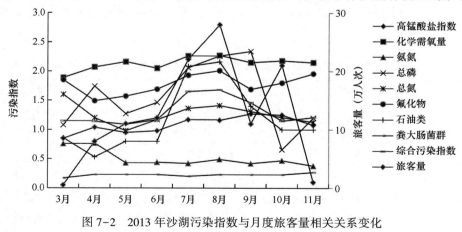

图 7-2　2013 年沙湖污染指数与月度旅客量相关关系变化

将 2014 年沙湖月度旅游人数与单因子污染指数及综合污染指数（见图 7-3）对比后发现，高锰酸盐指数、化学需氧量、氨氮、总氮、总磷、氟化物类等单因子污染指数以及综合污染指数均随着旅游人数的增长呈现上升态势，尤其是石油类污染指数呈现强相关性，这种变化方向的一致性和变化趋势的同步性充分说明旅游活动对沙湖水体质量有明显的影响。

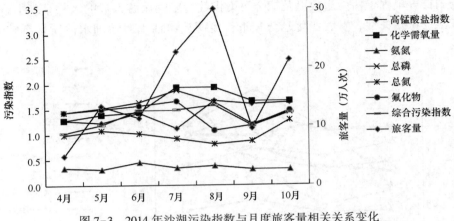

图 7-3   2014 年沙湖污染指数与月度旅客量相关关系变化

7.4.2   沙湖旅游活动与水质综合污染指数的灰关联分析

2011—2014 年旅游活动因子与水质综合污染指数的均值化关联度见表 7-4。从水质综合污染指数与旅游总人数、餐饮住宿接待总人数、餐饮住宿总用水量、船舶接待总人数、汽柴油船接待总人数的关联度大小可以看出，影响沙湖水质综合污染指数大小的旅游活动因子依次为餐饮住宿总用水量、船舶接待总人数、餐饮住宿接待总人数、旅游总人数、汽柴油船接待总人数，说明影响沙湖水质的主要旅游活动因子是餐饮住宿总用水量和船舶接待总人数，优化控制这两个因素有助于改善沙湖的水质状况。

表 7-4   2011—2014 年旅游活动因子与水质综合污染指数的均值化关联度

旅游活动因子	旅游总人数（人）	餐饮住宿接待总人数（人）	餐饮住宿总用水量	船舶接待总人数（人）	汽柴油船接待总人数（人）
关联度	0.340 9	0.363 9	0.515 6	0.464 5	0.153 7
排列顺序	4	3	1	2	5

2013 年与 2014 年各月旅游活动因子与水质综合污染指数的均值化关联度和排列顺序见表 7-5。从水质综合污染指数与旅游总人数、餐饮住宿接待总人数、餐饮住宿总用水量、船舶接待总人数、汽柴油船接待总人数的关联度大小可以看出，2013 年影响沙湖水质综合污染指数大小的旅游活动因子依次为船舶接待总人数、汽柴油船接待总人数、旅游总人数、餐饮住宿总用水量、餐饮住宿接待总人数，说明 2013 年影响沙湖水质的主要旅游活动因子是船舶接待总人数和旅游总人数，优化控制这两个因素有助于改善沙湖的水质状况。2014 年影响沙湖水质综合污染指数大小的旅游活动因子依次为

船舶接待总人数、旅游总人数、汽柴油船接待总人数、餐饮住宿总用水量、餐饮住宿接待总人数，说明 2014 年影响沙湖水质的主要旅游活动因子是船舶接待总人数和旅游总人数，优化控制这两个因素有助于改善沙湖的水质状况。

表 7-5　2013—2014 年旅游活动因子与水质综合污染指数的均值化关联度

年份	旅游活动因子	旅游总人数（人）	餐饮住宿接待总人数（人）	餐饮住宿总用水量	船舶接待总人数（人）	汽柴油船接待总人数（人）
2013	关联度	0.369 4	0.227 7	0.275 8	0.660 1	0.549 5
	排列顺序	3	5	4	1	2
2014	关联度	0.502 4	0.300 9	0.321 5	0.558 7	0.325 2
	排列顺序	2	5	4	1	3

通过上述沙湖水质变化趋势与旅游活动时变化特征的分析，揭示了沙湖旅游活动与水体环境质量变化两者之间存在内在的必然联系。随着旅游开发活动的持续进行，大量游客涌入，对旅游区水体环境产生较大影响。

7.5　沙湖旅游环境容量分析

沙湖旅游地开发时间较早，随着自然保护区设施的完善和人们生活水平的提高，将会有越来越多的旅游者光顾沙湖，倘若不能有效地控制游客规模和准确计算环境容量，生态环境极可能遭到破坏。自然保护区的生态平衡主要取决于人对保护区环境和资源影响的方式和强度，以及大自然对这种影响的消除能力。准确的环境容量计算和适宜的游客数量，是自然保护区生态旅游管理的科学依据，只有按照科学合理的环境容量控制游客规模，才能形成人与自然和谐共处的局面。

7.5.1　环境容量

环境容量指标是指单位游览面积能够容纳的合理游人数量，是衡量游览区旅游功能的重要指标之一。确定环境容量的原则是：在保证旅游资源质量不下降和生态环境不退化的条件下，能够取得最佳的经济效益；合理的环境容量应满足游客的舒适、安全、卫生和方便等旅游要求。参照《风景名胜区条例》《自然保护区生态旅游规划技术规程》等规范，结合沙湖保护区的具体情况，采用面积法和游路法估算后分析比较，确定适宜的环境容量。

7.5.2　面积估算法

根据表 7-6 估算沙湖环境容量。所采用公式如下：

$$C = A/a \times D$$

式中，C 为日环境容量，人次；A 为可游览有效面积，m^2；a 为每位游人应占有的合理面积，m²；D 为周转率，即景点全天开放时间/游完景点所需的时间。

表 7-6　沙湖环境容量估算

景点	可游览面积（m²）	人均占有面积（m²）	平均游览时间（h）	周转率	日容量（人次）
水上运动区	222 900	240	2	5	4 644
游泳场	20 000	50	3	3	1 200
沙漠游览区	254 800	100	2	5	12 740
农耕文化园	140 000	100	3	3	4 200
沙地运动场	870 000	500	3	3	5 220
滑沙区	3 000	每分钟 2 人	—	—	300
射箭场	5 000	100	1	10	500
湖面游览区	6 430 000	一次 240 人	1.5	6	1 440
景区门区	2 000	40	1	10	500
农家乐	4 000	50	3	3	720
万亩荷园	100 000	300	2	5	1 666
乡村休闲区	300 000	300	2	5	5 000
观鸟区	100 000	500	2	5	1 000
合计	8 651 700	—	—	—	39 130

沙湖各景点开放时间每天 10 h，各景点平均需要的游览时间及其他指标根据具体情况确定。

通过计算得到日环境容量为 39 130 人次。

年环境容量估算。自然保护区适宜旅游时间从 4 月 16 日至 10 月 15 日，共 183 d，根据测算的日环境容量，游人系数取 0.5，按下式测算：

$$C_年 = C_日 × n × K$$

式中，$C_年$ 为年环境容量；$C_日$ 为日环境容量；K 为游人系数；n 为全年适宜旅游天数。

测算的年环境容量为 3 363 906 人次，年环境容量取 336 万人次。

7.5.3　游路估算法

根据公式：

$$C = (M/m) × D$$

式中，C 为日环境容量；M 为游路全长；m 为每位游人占用合理游路长度；D 为周转率。

沙湖旅游区域游步道总长约 50 km，湖泊水线采用船等交通工具，岸线和路线采用机动车、非机动车和人力，每人占游路以 10 m 计，日周转率为 2，则估算日环境容量为 50 000/10×2＝10 000 人次，年环境容量为 10 000×183＝1 830 000 人次。

根据沙湖自然保护区的实际旅游情况，旅游活动主要集中在部分区域进行，而游路估算法主要为了解决游客交通问题，因此采用面积估算法。

7.5.4　游客容量计算

游客容量是保护区容纳旅游者的最大能力，一般采用等于或小于测算的环境容量。根据实际调查，一次游览完全部景点需要的时间为 17 h，最舒适合理的游览时间定为 25 h。

日游客容量：

$$G_日 = H/T × C_日$$

式中，$G_日$ 为游客容量，人次；H 为游完风景区内全部景点所需时间，h；T 为最舒适合理的游览时间，h；$C_日$ 为日环境容量，人次。

得出沙湖保护区日游客容量 26 608 人次。

年游客容量根据实际情况测算，年旅游季节天数分为旺季（6 月、7 月、8 月）92 d、平季（5 月、9 月、10 月）92 d、淡季（1 月、2 月、3 月、4 月、11 月、12 月）181 d，各季节游览率分别取 0.65、0.3、0.05，计算如下：

$$G_1 = \sum_{i=1}^{3} (G_2 × N_i × K_i)$$

式中，G_1 为年游客容量，人次；G_2 为日游客容量，人次；N_i 为在旺、平、淡季旅游天数，其中 i＝1，2，3；K_i 为分别代表旺、平、淡季 3 个旅游季节的旅游系数。

得出沙湖年游客容量 2 566 340 人次。因此，沙湖游客规模应控制在 256 万人次/a。

7.6　本章小结

通过对可能影响沙湖景区水质的旅游活动进行界定，分析研究沙湖旅游活动的内容与强度，选取高锰酸盐指数、化学耗氧量、氨氮、总氮、总磷、氟化物、石油类、粪大肠菌群 8 个指标作为水质综合污染指数的评价因子，采用水质综合污染指数评价模型对沙湖水体质量进行综合评价，分析研究旅游活动对沙湖水质的影响。沙湖水体是其旅游资源的重要组成部分，同时也是旅游资源开发的核心所在，沙湖水环境质量的优劣直接制约沙湖旅游业的发展，沙湖水体质量是沙湖旅游业持续发展的主要限定因素。近年来，随着游客的增长和旅游活动的增多，沙湖景区内水环境保护的压力逐年增加，水质逐年恶化。

沙湖旅游活动与水体环境质量变化两者之间存在内在的必然联系。随着旅游开发活动的持续进行，大量游客涌入，对旅游区水体环境产生较大影响。水质综合污染指数的高低可以反映水体质量的差异，通过沙湖水质综合污染指数的差异以及水质变化趋势与旅游活动因子变化的耦合性，充分说明旅游活动对沙湖水体环境质量变化影响明显。影响到沙湖的水质变化的旅游活动主要为动态性水上活动和餐饮、住宿等旅游接待活动。影响沙湖水质变化的最主要旅游活动是游船，燃油驱动的机动船和涉水项目的游艇等人为活动，直接向湖中排放油污和其他废弃物，造成水体有机污染加重。其次影响沙湖水质变化的主要旅游活动是餐饮住宿造成的污水和固体废弃物的排放，影响湖水水质。

第8章 沙湖水质改善目标及技术体系

8.1 沙湖水质改善目标

8.1.1 确定依据

8.1.1.1 水环境功能区

根据环境保护部 2009 年发布的地表水环境功能区的分类方法，根据《中华人民共和国水污染防治法》和《地表水环境质量标准》（GB 3838—2002）的规定要求，沙湖水环境功能区类别及要求如下。

1）地方级自然保护区

除列为国家级自然保护区的外，其他具有典型意义或者重要科学研究价值的自然保护区列为地方自然保护区，执行地表水环境质量 I 类或 II 类标准。

2）渔业用水区

鱼、虾、蟹类的产卵场、索饵场、越冬场、洄游通道和养殖鱼、虾、蟹、藻类等水生动、植物的水域，一般鱼类用水区，执行地表水环境质量 III 类标准。

3）景观娱乐用水区

具有保护水生生态的基本条件、供人们观赏娱乐、人体非直接接触的水域，天然浴场、游泳区等直接与人体接触的景观娱乐用水区执行地表水环境质量 II 类标准；国家重点风景浏览区及与人体非直接接触的景观娱乐用水区执行地表水环境质量 IV 类标准；一般景观用水区执行地表水环境质量 V 类标准。

8.1.1.2 《沙湖自然保护区总体规划》近期目标

本着切合实际、科学合理的原则，利用 5 年时间，建立起比较完备、切实可行的保护体系，初步建成生态系统较稳定，生物多样性基本保持，湿地生态功能得到较好发挥的自治区级自然保护区。

8.1.2 水质改善目标

水质改善目标的确定，尽可能满足规划的湖泊水体功能及其环境质量标准，达到污染控制目标的治理费用应控制在经济上可以承受的能力范围内。湖泊治理是一项非常复杂的系统工程，不可能一蹴而就，应从湖泊水质现状和使用功能出发，考虑沙湖水质改善目标在技术上的可行性，目标的确定应符合流域可持续发展的原则。

根据《水质较好湖泊生态环境保护总体规划（2013—2020 年）》及沙湖可持续发展要求，结合沙湖水环境功能，确定沙湖水质控制和保护目标为地表水Ⅲ类。依目前沙湖水质现状，通过实施相应的湖泊营养物氮、磷削减达标控制技术、氮、磷削减达标与结构减排措施及氮、磷总量控制技术与策略，可以达到相应水功能区水质目标。

8.1.2.1 水质改善目标项目限值

沙湖水质改善目标限值，见表 8-1。

表 8-1 水质改善目标项目限值

序号	项目	限值
1	色度（度）	≤25
2	嗅	无非自然原因导致的产生令人不快的明显异嗅
3	漂浮物	无非自然原因导致的令人感官不快的漂浮浮膜、油斑和聚集的其他物质
4	悬浮物（SS）（mg/L）	≤10
5	透明度（m）	≥0.5
6	水温（℃）	人为造成的环境水温变化应限制在： 周平均最大温升≤1；周平均最大温降≤2
7	pH 值（无量纲）	6.0～9.0
8	溶解氧（mg/L）	≥5
9	高锰酸盐指数（mg/L）	≤6
10	化学需氧量（COD）（mg/L）	≤20
11	五日生化需氧量（BOD_5）（mg/L）	≤4
12	氨氮（NH_3-N）（mg/L）	≤1.0
13	总磷（以 P 计）（mg/L）	≤0.05
14	总氮（以 N 计）（mg/L）	≤1.0
15	石油类（mg/L）	≤0.05
16	阴离子表面活性剂（mg/L）	≤0.2
17	粪大肠菌群（个/L）	≤10 000
18	铜（mg/L）	≤1.0
19	锌（mg/L）	≤1.0
20	氟化物（以 F^- 计）（mg/L）	≤1.0
21	砷（mg/L）	≤0.05
22	汞（mg/L）	≤0.000 1
23	镉（mg/L）	≤0.005
24	铬（六价）（mg/L）	≤0.05
25	铅（mg/L）	≤0.05

8.1.2.2　水体富营养化改善目标

根据湖泊水体用途，确定湖泊富营养化水质改善控制目标为冬季和春季 TSI≤50，夏季和秋季 50<TSI≤60。

8.2　水质改善的营养盐削减技术体系

8.2.1　沙湖流域污染源工程治理与控制体系

在沙湖流域产业结构调整的基础上，分析流域主要营养盐的源强及分布，实施相关经济可行的工程措施，对沙湖流域重点污染源，包括乡镇与村落的生活污染、农田面源污染、畜禽养殖污染、旅游宾馆饭店、乡镇企业污染等进行治理，形成涵盖重点区域、互相衔接的工程控源系统体系，使流域污染源达标排放。这对减少流域污染物排放量、降低污染物入湖负荷极为重要，也是最直接、见效最快的措施手段。

流域污染源工程治理与控制体系的主要内容包括：城镇农村生活污染（两污）控制工程方案、农田面源污染控制工程、畜禽养殖污染治理及粪便资源化工程方案、旅游宾馆饭店污染控制工程方案、水土流失防治与生态修复工程、工业废水处理与控制工程等。农业面源与农村污染是流域主要的污染源，在流域产业结构调整的基础上，通过经济可行的污染治理措施，对沙湖重点污染源进行治理，使其达标排放。

8.2.2　沙湖流域低污染水处理与净化体系

经流域污染源工程治理后达标排放的水体水质虽然符合国家排放标准，但是其污染负荷仍高于湖泊流域水质要求，属于低污染水，仍将对流域水环境造成污染。低污染水如果不能得到有效净化，就无法保障湖泊目标水质的实现。因此，需要在污染源工程治理达标排放的基础上，结合流域低污染水的主要分布区域和分布形式分析，通过湿地、生态沟道等建设，形成互相关联、共同作用、逐级削减的低污染水处理与净化体系。

污染源处理达标排放后的低污染水是当前湖泊水体污染防治的难点与瓶颈。针对湖泊流域低污染水的分布和水量，从全流域的高度进行流域低污染水净化与处理体系规划，是流域污染源系统控制的重要组成部分和清水产流机制修复的重要基础。常见的低污染水处理与净化方案主要包括沿沟道低污染水处理系统布局与规划、湿地修复与生态修复、城镇及其他集中污水处理厂低污染水处理系统与布局等。

8.2.3　沙湖水体生境改善体系

湖泊水体生境改善体系是指在流域陆域一系列水污染治理与生态修复工程措施实

施的同时，针对湖泊水体中泥源性与藻源性内负荷积累、水生植被退化、水生态系统稳定性下降的特征，通过实施泥源与藻源"内负荷"去除、水生态系统的修复、湖泊大型水生动物生态调控等工程措施，促进水体生境改善与水生态系统的恢复。水体生境改善与水生态系统的修复对于减少湖泊内源污染，促进水体中污染物去除，加快湖泊水质改善起到重要作用。

在水质改善技术体系框架下，制订和实施一系列沙湖营养物氮、磷削减达标的控制策略与措施，主要包括湖泊湖滨带生态修复与完善方案、污染底泥疏浚与处置及资源化方案、湖泊渔业资源管理与周边水资源优化配置方案及湖泊藻类水华、有害藻类暴发应急方案。

1）湖泊湖滨带生态系统修复与完善方案

湖滨带是湖泊生态系统的重要组成部分，也是清水进入湖泊的最后一道屏障。湖滨带作为重要水陆交错带，具有的高生物多样性特征和对入湖污染截留、净化等功能，对湖泊生态环境保护起重要作用。通过现有沙湖湖滨带的优化及陡岸湖滨带的修复，使湖泊湖滨带不断完善并发挥重要生态功能。

2）污染底泥疏浚与处置及资源化方案

沙湖由于水系相对封闭，只有进水而几乎无出水，大量营养盐沉积到湖泊底泥之中，形成了污染底泥。底泥在动态平衡过程中将营养盐释放入水中，对水质造成较大影响。在对沙湖污染底泥分布进行专题勘测与调查的基础上，确定沙湖污染底泥分布范围、厚度、沉积量与需采取工程措施的疏浚量，规划水下污染底泥疏挖方案。

3）渔业资源管理与周边水资源优化配置方案

对目前沙湖的鱼类增养殖问题进行诊断分析，评估其正负影响，并提出渔业资源管理方案；以沙湖水生态系统保育开展研究和论证工作；针对湖泊水质恶化、水量不足等水资源供需矛盾的问题，实施引水入湖及周边水资源优化配置的一些前期工作。

4）藻类水华、有害藻类暴发应急方案

针对沙湖部分湖湾藻类水华、有害藻类暴发和藻源性内负荷现状，通过物理、化学、生态等措施，对湖泊藻类水华、有害藻类制订应急控制方案。

8.2.4　沙湖流域清水产流机制修复体系

水污染治理、富营养化控制及湖泊管理不能仅仅考虑水质，必须实现从水质向水生态的转变，而且要重视湖泊流域水源涵养体、湿地等的保护工作，推行并落实流域清水产流机制修复这一湖泊水污染防治新理念。

清水产流机制是沙湖流域清水量平衡和污染物平衡相互作用的庞大体系，是由清水产流区、清水养护区、湖滨带与缓冲带区组成的有机整体。其中清水产流区是清水产生的源头，为流域提供充足的清水量；清水养护区是流域污染物净化的重点区域和重要的清水输送通道，周边湿地等可拦截净化低污染水，保证清水入湖；湖滨带与缓冲带区是净化地表漫流的低污染水、保障清水入湖的重要生态屏障。

沟道、渠道是清水的主要输送通道，清水产流机制主要以沟道流域为主体进行运作，围绕沟道实施 3 个区域清水产流机制修复，构建系统的保障体系，维持机制的健康运行，对保证入湖沟渠水体优良、保护湖泊良好的生态系统与水质健康至关重要。在沙湖绿色流域建设的基础上，通过"陆地生态系统恢复→流域内自然湿地净化作用发挥→入湖沟渠道污染控制与水质改善→缓冲带区自然体系构建"，使沙湖流域内产生的地表径流依次经过这 4 个层面的净化后，实现地表径流"清水"入湖。

清水产流的两个基本要求是：流域清水产流区主要来水补给稳定保持 Ⅱ 类水质标准，防护区和缓冲带水质维持 Ⅲ 类水质标准；沿沟渠道主要污染源（村落污染、农田面源污染等）及其低污染水得到基本治理和有效控制，入湖水质恢复到 Ⅲ 类水平。

清水产流的主要工艺手段包括：旁侧生态河道工艺、河滨缓冲带工艺、生态沟渠工艺、生态砾石床工艺、曝气增氧工艺及生态石笼护岸工艺等。

8.3　沙湖水质改善的技术方法

8.3.1　物理方法

8.3.1.1　水体交换

改善水环境，水体自身的生态修复非常重要。较好的水体交换能够降低水体在湖泊中的停留时间，提高水周转速率，从而输出水体中的营养物质。因此，通过水利调度，将沙湖湿地受污染的水体（或污染较重的水体）与未受污染的水体（或污染较轻的水体）混合，以降低整个沙湖湿地水体营养物质的浓度，并使湖内的水得到循环。利用这种方法的前提是有足够的清洁水源，较完善的补水渠道和水位控制设施。

8.3.1.2　底泥清淤

由于长时间的沉积，湖泊底部会堆积大量的营养物质，大部分磷素集中于底泥中，受污染底泥对营养物质的富集作用更为明显。在一定环境条件下，底泥中的营养物质和污染物会重新释放进入水体，成为湖泊水体富营养化的主要营养源。因此，清除含有大量营养物质的底泥可减少污染物的迅速和缓慢释放。清淤疏浚的目的在于清除高营养盐含量的表层沉积物质，清淤疏浚清除了底泥而保留了泥炭层，这为湖内大型水生植物恢复提供了基本条件。底泥清淤的方法有机械疏挖和水力疏挖。机械疏挖适用于湖水较浅、固体物质较多的湖区，水力疏挖通常使用装有搅吸式或离心泵的船只在湖中操作抽出底泥，再经过管道输送到岸上堆积场所。

8.3.1.3　曝气增氧

人工增氧能加快水体中溶解氧与污染物质之间发生氧化还原反应的速度，防止产生缺氧状态下促进磷的释放；同时能提高水体中好氧微生物的活性，促进有机污染物的降解速度。一般方法有机械搅拌和表面曝气，机械搅拌即使用气泵提升湖泊底层水充氧后再循环到湖底；表面曝气是一种常用方法，即用气泵将空气注入水体以对湖泊增氧充氧。这种方法须注意：一是需要设备投入和选择适宜设备；二是污泥中的营养物可能返到顶层水，使湖泊水体变浑浊；三是对湖泊景观带来一定影响。

沙湖适宜采用的范围主要有：水循环较差的进水沟道（东一支渠入湖段、艾依河入湖段），环湖运河及湖泊中芦苇内的水道等，一般在面积较小的水域以及夏季高温时多用，可起到一定的效果。

8.3.1.4 植物收割

湖泊中水生植物的根、茎吸收和利用氮、磷等物质，收割水生植物，可减少腐烂的有机物，提高水体的溶解氧含量。植物收割一般均采用人工收割的方法。还有一种应急性质的水生植物收割，即在湖泊漂浮的水生植物大范围蔓延并造成污染时，采用人工打捞去除的方法移出湖泊水面。

每年冬季应将沙湖中已经枯萎的芦苇及其他高秆植物进行收割，但其仅收割植物茎秆而保留了根，应该研究对某些污染较重的区域，选择性去除大型植物的根与茎，以及采取轮割方式以保护鸟类栖息地的方式。至于水草打捞，由于在沙湖局部水域，一般面积相对不大，采取这种方法操作简便，能够起到一定的效果。

8.3.2 化学方法

8.3.2.1 杀菌灭藻剂

向湖泊水体中投放杀菌灭藻剂，如二氧化氯、生物酶等。二氧化氯是一种强氧化剂，它可氧化低价硫、氨、酚等物质，去除异味；二氧化氯通过强大的杀菌作用，控制细菌繁殖体、芽孢、真菌等微生物的生长，有效减少代谢产物。湖泊及水道投药采用运输船（小舟）、储药罐、导药软管等。操作时将储液罐固定在小船上，然后加入适量药剂，均匀地通过导药软管将药分散在待处理水域中。为提高水体净化的效果，结合种植水生植物，通过植物吸收吸附作用，降解、转化水体中的有机污染物。

8.3.2.2 加入混凝剂

向湖泊中加入混凝剂，以减少污泥中磷盐的溢出，使有机磷沉淀为无机磷酸盐化合物。一般混凝剂有铁盐，在水中反应形成无机化合物来吸收水体中的磷；钙盐，如碳酸钙、氢氧化钙在高 pH 值条件下吸收磷；铝盐，如明矾、硫酸铝在水中形成无机盐，去除磷。使用混凝剂必须根据沙湖水体的 pH 值计算和确定适宜的混凝剂投放量，并注意投放混凝剂对水生生物的影响。只有在沙湖发生较重富营养化污染的时段或水域，包括出现藻类水华、有害藻类，可作为应急处理。

8.3.3 生态方法

8.3.3.1 人工湿地

人工湿地在富营养化湖泊的修复方面具有一定的优势，被国内外广泛应用。它具有出水水质好，抗冲击力强，增加绿地面积，改善和美化生态环境，操作简单，使用年限长，运行维护简单，系统组合具有多样性、针对性等优点。从自然调节作用看，人工湿地还具有强大的生态修复功能，不仅在提供水资源、调节气候、涵养水源方面起着重要作用，还在降解污染物、保护生物多样性和为人类提供生产、生活资源等方面发挥了重要作用；从美化环境方面看，人工湿地与当地自然环境相互协调，构成新的景观。但是，人工湿地占地面积大，建设费用高，运行成本高，直接导致经济效益低，因此在选择人工湿地时要尽量选取适宜区域，适宜与生物操纵或者生物浮床等经济效益高的生态治污技术组合使用。

人工湿地应用时，应注意以下问题：①水生植物的搭配比例不合理，有些区域出现空白区域，导致系统供氧不足，硝化和反硝化作用不充分，氮的去除效率不高；②填料选择和搭配不合理，氨氮的去除效率不理想；③难以实现连续达标运行，冬季及低温期水生生物种类及数量减少后的处理效果不理想；④湿地资源有没有得到有效的开发与利用，开发湿地有没有充分考虑本地情况；⑤人工湿地产生淤积、饱和现象；⑥人工湿地中栽培植物受病虫害自身生长周期影响，人工湿地处理会明显偏低；⑦管理过程中责任落实不到位，会出现管理断层的现象，如很多工程由项目支撑，项目经验收后无人继续管理。

8.3.3.2 生物操纵技术

生物操纵技术安全、无二次污染，可改善生态环境，重建生态平衡，形成水体自然循环。生物操纵技术不占用土地，操作相对简便可行，运行维护费用低，所需的鱼类、软体动物、水生高等植物等可以在本地采购到，总经济成本相对较低。从经济效益来看，它的氮、磷去除效率高，经济效益高。但是不能因为生物操纵技术经济效益高而滥用，应在前期试验的基础上合理应用。

8.3.3.3 水生植物修复技术

水生植物修复技术具有操作简单、无二次污染、保护表土、减少侵蚀和水土流失等优点。它能有效去除有机物、氮、磷等多种元素，可吸收、富集水中的营养物质及其他元素，可增加水体中的氧气含量，或有抑制有害藻类繁殖的能力，遏制底泥营养盐向水中的再释放，利于水体的生物平衡等。它不占用土地，投资、维护成本低，而且氮、磷去除效率高，经济效益较高。由于植物修复技术是一个崭新的研究领域，还存在许多问题有待进一步的发展与完善，如处理时间长、受气候影响严重等。可以在氮、磷去除效率方面进行深入研究，建立更多的应用植物修复技术的示范性区域，取得经验后再加以推广。

水生植物种类多，主要有挺水植物、浮叶植物和沉水植物，适宜的水生植物必须适合本地的生态环境，能够适应本地的水—土壤—气候的变换，能够耐污染并长期浸水，容易栽种、生长迅速，在不同的生长环境中易于形成稳定的群落，对于污染具有移除性。

沉水植物可以对湖泊中的氮、磷等富营养化物质有较高的去除率。沉水植物的恢复可分为自然恢复和人工恢复。自然恢复是沉水植物恢复的通常方法。当浅水湖泊的透光性良好，条件合适的情况下，沉水植物可自然恢复。但在某些特殊的情况下，沉水植物自然恢复比较缓慢，就需要采取人工方法进行恢复。采用人工方法进行沉水植物修复，应选择适合的植物种群。

在适沙湖部分水域中恢复沉水植物，有助于加强水体对营养物的吸收，降低水体中营养盐的含量；沉水植物的恢复还有助于提高水体中溶解氧含量，提高水体透明度，改善湖底部水环境质量。沙湖中沉水植物状况并不乐观，分布区域有限。鉴于沉水植物净化水体水质的作用，以及防止湖泊从草型湖泊向藻型湖泊的转变，应该加强对恢复沉水植物的示范试验研究。

8.3.3.4 人工生态浮床

人工生态浮床是漂浮于水面的人工浮体结构物上栽种水生植物，以创造生物生活空间、净化水体水质、改善景观，以及为鸟类和鱼类提供栖息地等。人工生态浮床净化水质的机理是，水生植物的浮床生长过程中对水体中氮、磷的吸收作用，其植物根系和浮床基质对水体中悬浮物的吸附作用，其微生物对有机污染物、营养物的进一步分解，使水质得到改善。人工生态浮床占据了水体表面，有遮蔽作用，可以抑制浮游生物的生长，阻止藻类的增殖。生物浮床可用于具有大水位波动及陡岸深水环境的水域，具有猛浪、高浊度和营养程度高的水域，具有景观功能需求的水域。

人工生态浮床具有可移动式运行、无动力、无维护、使用寿命长、效果稳定、无环境风险和二次污染，可以直接从水体中去除污染物、适应较宽的水深范围等优点。人工生态浮床处理被污染水体的特点是将陆生植物引入水体种植。陆生植物水上种植后，能形成较大的生物量，特别是发达的根系，可吸附大量的藻类等浮游生物，根系释放出能降解有机污染物的分泌物，加速污染物分解；可创造一定的经济效益和美化污染水体的水面景观，如种植水生蔬菜等；若采用不同花期的花卉组合，则兼有美化景观的功能。生物浮床充分利用水面而无须占用土地，造价和运行维护费用低廉，成本低，氮、磷去除率高，经济效益好。影响其经济效益的主要因素是氮、磷去除量，因而可以从治污原理考虑提高其经济效益，有着广阔的应用前景。

8.3.4 几类水质改善方法比较

比较上述几类水质改善方法可以看出，生态方式维持水体水质具有科学性且实用性很强的优点（见表8-2）。在生态工程学中，把利用生态方式来维持景观水体水质的方法称为生态水处理方法。简单地说，生态水处理方法就是在湖泊水体中构建一个合理的水生生态系统，利用生态学的能量流动和物质循环原则构建科学的食物链，从而使水生生态系统健康运行。在运行的过程中，结合人工手段对水生生态系统进行适度的干涉，以保证水生生态系统的健康运行，从而达到维持水质的目的。所以说，生态水处理技术是实现湖泊水体水质保持和低能耗绿色环保共存的一个平衡点。

表 8-2　几种水处理方式比较

处理方式	设备成本	运行成本	处理效果	维持时间	操作难易	景观效果
引水换水	一般	高	不确定	不确定	容易	无
循环过滤	高	高	一般	较长	一般	无
灭藻剂	较高	一般	较明显	短	专人看护	无
投加菌种	低	较高	较明显	较长	专人看护	无
生态方法	一般	极低	显著	长期有效	较难	无

8.4　沙湖水质改善方案的原则与技术路线

8.4.1　方案规划原则

本着"以防为主、防治结合、截流减负、生态修复、管理辅助"的思想和原则，对沙湖水质改善方案进行规划。在规划过程中始终利用水生生态学（湖泊生态学）、景观生态学和生态工程知识指导整个方案规划，体现在湖泊水生生态系统的构建到湖泊健康运行。在技术体系集成的过程中，既要考虑到沙湖的生态效益，又要考虑到沙湖的景观效应，在此基础之上同时考虑系统构建和运行成本。

8.4.2　方案规划目标

在对所有重要数据调研的基础上利用水生生态学原理（湖泊生态学原理）和营养元素（氮、磷）转化模型模拟湖泊水生生态系统中水生生物（动物、植物）的类型和数量，并结合整个生态、景观规划目标完成对沙湖水生生态系统的规划和构建。在水生生态系统运行的过程中，辅以人工手段对构建的水生生态系统进行必要的干扰以保证系统健康运行，达到水质保持的目标。

8.4.3　方案技术路线

沙湖水质改善方案的技术路线见图 8-1。

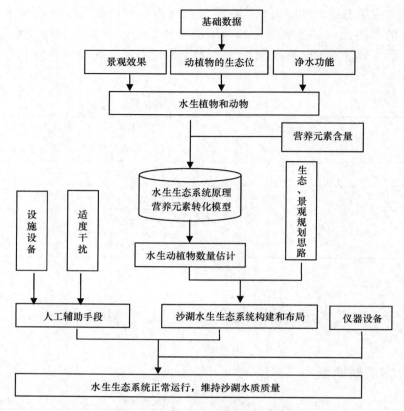

图 8-1 沙湖水质改善方案技术路线

8.5 本章小结

依据沙湖水环境功能区、近期保护目标与《水质较好湖泊生态环境保护总体规划（2013—2020 年）》及沙湖可持续发展要求，确定沙湖水质控制和保护目标为地表水Ⅲ类。阐述了实现水质改善的沙湖流域污染源工程治理与控制、流域低污染水处理与净化、水体生境改善（湖泊湖滨带生态系统修复与完善、污染底泥疏浚与处置及资源化、湖泊渔业资源管理与周边水资源优化配置、湖泊有害藻类暴发应急控制）、流域清水产流机制修复等营养盐削减技术体系。通过分析沙湖水质改善技术的物理方法（水体交换、底泥清淤、曝气增氧、植物收割）、化学方法（杀菌灭藻剂、加入混凝剂）、生态方法（人工湿地、生物操纵、水生植物修复、生物浮床），对比几类水质改善技术方法，根据沙湖现状，确定采用生态方法构建合理的水生生态系统，改善和维持沙湖水质具有科学性和实用性。

本着"以防为主、防治结合、截流减负、生态修复、管理辅助"的思想和原则，对沙湖水质改善方案进行规划。在对所有重要数据调研的基础上利用湖泊生态学原理和营养元素转化模型模拟湖泊水生生态系统中水生生物的类型和数量，并结合整个生态、景观规划目标完成对湖泊水生生态系统的规划和构建。在水生生态系统运行的过程中，辅以人工手段对构建的水生生态系统进行必要的干扰以保证系统健康运行，达到水质保持的目标。

第9章 沙湖水质改善水生生态系统方案

9.1 沙湖水生生态系统的构建原理

9.1.1 沙湖水生生态系统的构成

生物与环境之间是相互作用的。在给定的区域内，所有的生物（即生物群落）同它们的理化环境相互作用，使得能量的流动在其内部形成一定的营养结构、生物多样性和物质循环，这样的一个单元就是"生态系统"。以水为环境主体的生态系统即水生生态系统。水生生态系统的明显特征是有明确的边界，有范围、有层次，所涉及的范围可大可小，小至一口池塘、一个湖泊或一块草地，大至整个海洋，都是水生生态系统。

水生生态系统中的生产者主要是一些藻类（浮游植物），它们按照日光所能达到的深度分布于整个水域，其生产力远比陆地植物高，而生物量显著地低于陆地植物。在小型水域或大型水域的浅水区（主要是沿岸带），通常还生长着一些水生高等植物（挺水植物或沉水植物），其生长状况主要决定于水层的透明度。在一般情况下，尤其在大型湖泊、水库和海洋中，浮游植物的生产量在系统的总初级生产量中占绝对优势。水生生态系统中的初级消费者，也主要是个体很小的各种浮游动物，其种类组成和数量分布通常随浮游植物而变动。和陆地生态系统比较，水体中初级消费者对光合作用产物利用的时滞小，并且利用效率高。

水生生态系统中的大型消费者，除草食性浮游动物之外，还包括其他食性的浮游动物、底栖动物、鱼类等。这些水生动物处于食物链（网）的不同环节，分布在水体的各个层次，其中不少种类是杂食性的，并且有很大的活动范围。同时，很多草食性或杂食性的水生动物，还以天然水域中大量存在的有机碎屑作为部分食物。尤其在中、小型淡水水域中，有机碎屑在大型消费者的营养中起着相当重要的作用。

水生生态系统中的微型消费者分布范围很广，但是通常以水底沉积物表面的数量为最多，因为这里积累了大量的生物体死亡有机物质。一般地说，天然水域中只有少数细菌和真菌会危害活的生物体（属于致病菌），而绝大多数的种类都是在生物体死亡后才开始侵袭的。在合适的水温下，水体中生物体死亡有机物质会很快被微型消费者分解，释放为简单的无机营养物质。同陆地生态系统比较，水体中营养物质循环的速度快，但微型消费者在其营养物再生中所起的作用小。

在湖泊中，浮游植物和水生高等植物为生产者，它们利用水体的各种无机盐，借助阳光进行光合作用，制造有机物质。草食性鱼类取食水草，浮游动物和鲢等摄食浮游植物而获得能量，它们是初级消费者，幼鱼及蚌类吃食浮游动物为次级消费者。水中沉淀的动、植物体残渣碎屑、各种消费者的排泄物及死亡生物的尸体，被分解者——细菌分解，然后又被藻类植物吸收利用。能量、物质就在这样一个生态系统中不断地转化和循环（图 9-1）。

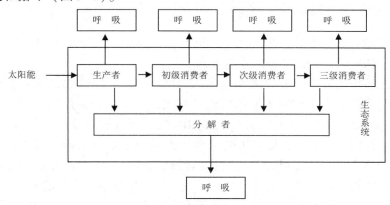

图 9-1　生态系统物质循环和能量流动

沙湖水生态系统包括以下的基本组成部分。

非生物环境：物质和能量，包括水体无机盐类、光、气、水以及湖盆和底质，是生态系统赖以生存的物质与能量的源泉和活动场所。

生产者：指能制造有机物质的自养生物，主要是湖泊内的大型水生植物，如芦苇；低等水生绿色植物，如各种藻类；也包括少数能自营生活的菌类。生产者是生态系统中其他生物维持生命活动的食物能源。

消费者：消费者是指直接或间接利用绿色植物所制造的有机物作为食物能源的一类生物。根据它们在食物链中所占的位置，可分为初级、次级和三级消费者等，如沙湖的鱼类、大型水生无脊椎动物等。

分解者：主要指湖泊水体的微生物和底栖生物。它们将动、植物的尸体和排泄物中的有机物质分解为简单的无机物，并释放到环境中，供生产者再次利用。

9.1.2　水生生态系统的食物网

在自然界，生物之间的关系主要表现在两个方面，即食物关系和空间关系，而最重要的是食物关系。在水生生物群落中，不同种类的动物常摄食同一种食物，而一种动物一般摄食多种食物。因此，各食物链彼此相互交错构成复杂的食物网。

在生物群落中，不同食物链上相应的环节代表着同一个营养级，位于同一个营养级上的生物是通过数量相同的环节从植物获得能量的。这样，绿色植物占据的是第一营养级（生产者级），食草动物是第二营养级（初级消费者级），初级食肉动物（吃食草动物）是第三营养级（次级消费者），次级食肉动物（吃初级食肉动物）是第四营养级（第三消费级），位于再上一级的消费者生物是第五营养级（第四消费级）。

食物链不同点上的能量流之间的比率是能量传递效率的度量，如生产者级的能量同化效率为1%~5%或2%~10%，营养级间的生产效率为10%~20%（即所谓的"十分之一"法则）。如果采用图解法，即以生产者为基底，然后逐层地标绘出相继的消费者级，那么就会出现群落营养结构的"金字塔"形态。

9.1.3 水生生态系统的构建原理

水质改善湖泊水生生态系统的构建，就是按照湖泊生态学的原理和生态工程学的原理来构建结构完善、功能完整的水生生态系统。

水生生态系统的显著特征是水作为生物的栖息环境。由于水的理化特性，水生生态系统具有与其他生态系统所不同的特性。首先，水是一种良好的溶剂，水既是生物生存的环境也是其养料的主要来源之一，水中养分含量的多少决定了水生生物的生长状况，因此，控制水中养分含量是维持水生生态系统平衡的关键。其次，水生生态系统具有明确的边界，水陆交界处往往是生物活动最充分、能量流动最频繁的区域，因此，在水陆过渡地带创造良好的生态环境是整个水生生态系统构建的重点。

人工构建水生生态系统，主要考虑高等水生植物和水生动物的投放、养护和管理。其中水生植物按照其在水中所处的位置，由水域岸边开始到湖泊中央，依次为挺水植物、浮水植物和沉水植物。人为投放的水生动物主要是一些鱼、虾、蟹、螺、蚌（考虑到沙湖地带寒冷季节相对较长，不适合虾、螺的生长）。

水生植物投放数量的主要限制因素是营养元素，主要是氮和磷。根据水体中含有的营养元素总量，结合水体形态、水底地形、水的透明度和光照条件等配置恰当数量和空间位置的各类水生植物。水生动物的投放按生态系统的能级原理，根据已经计算得出的水生植物生物量为基础计算出理论上合适的水生动物量。

水生生态系统构建的关键是可持续性，需要在以后水生生态系统的运行机制施以恰当的人工干预手段，符合生态学原理的养护和管理将是必不可少的措施。

9.2 水生植物及其选择

大型水生植物是一个广泛分布在江河湖泊等各种水体中的高等植物类群，通过光合作用将光能转化为有机能，并向周围的环境释放氧气，在水生生态系统中处于初级生产者的地位。一般分为3种生态类型，即沉水植物、浮水植物和挺水植物（表9-1）。

表9-1 大型水生生物生态类型

生态类型	生长特点	代表种类
沉水植物	植物体完全沉于水气界面以下，根扎于底泥或者漂浮于水中	苦草、金鱼藻、伊乐藻、眼子菜、黑藻
浮水植物	根生底泥，叶漂浮于水面或者整个植物体完全漂浮水面，具有特化的适应漂浮生活的组织结构	凤眼莲、浮萍、菱、睡莲
挺水植物	根茎生于底泥中，植物体上部挺出水面	芦苇、水烛、茭白、水芹、灯心草、菖蒲、水葱

9.2.1　水生植物的生态功能

水生植物是水生生态系统不可或缺的一部分，有着重要的生态功能，如起到阻滞水流、促进沉降、提供栖息环境、固持底泥、抑制风浪等作用。但是最受关注的是它们对污染物的吸收以及对藻类生长的抑制作用。

水体中的大型水生植物和藻类生长于同一生态空间，二者在光照、营养盐等方面存在着激烈的生态竞争，互相影响，互相制约。大型水生植物根部可以吸收底泥中的营养盐，又可以通过茎叶吸收水中的营养盐，在营养竞争方面明显优于藻类。当水体水位低或者水的透明度高时，大型水生植物能够获得足够的光照，这就为大型水生植物的繁茂创造了条件，同时又以遮阴作用抑制藻类的生长繁殖。因此，一般透明度较高的大型水体，大型水生植物生长茂密，藻类较少。反之，藻类繁殖量大，透明度低的水域，大型水生植物较少。

9.2.2　水生植物选择原则

目前，部分水生植物耐污及治污能力已经受到人们的关注，以水生植物为核心的污水处理和水体修复生态工程具有低投资、低能耗等优点，因此具有很强的应用性。而水生植物的选择是这项生态工程的核心。选择水生植物最基本的条件是水生植物是否可以适应应用区域的气候条件、土壤条件等，这将决定其是否可以生存。其次是水生植物的净水功能，这是整个生态功能的核心部分，也是能否实现水生生态系统稳定的关键。根据工程目标的不同，侧重的方面也有所不同。如果是对污水进行处理，就要以水生植物吸收污染元素以及水生植物的生态敏感度为主要原则；如果是对富营养化湖泊进行处理，就要侧重水生植物学的营养物去除效果；除此以外，还要考虑到实际操作的一些要求，比如经济效益问题及引种栽种问题等。

沙湖水体生态系统是荒漠化区域内典型湿地类型的生态系统和半荒漠化区域内荒漠化生态系统的自然综合体，同时也是著名的景观湿地。因此，生态系统的健康状况不仅关系到湖泊水体及周边环境质量，而且也影响到整个景观效果，所以在选取水生植物时，应遵从以下几个原则。

（1）水生植物的生活习性要符合沙湖所在区域的自然条件，最好是生存能力较强的本地种。

（2）具有较宽的生态位。生态位越宽的植物其环境适应能力越好，越易成活。

（3）选择的水生植物应该具有较强的净水能力。沙湖水生态系统可能发生的环境问题主要是富营养化以及由此引起的生态系统濒临崩溃，因此选择水生植物时应注重其净水能力。

（4）具有一定的景观价值。栽培水生植物后，人们不仅可以观叶也可以赏花，而且还能欣赏映照于水中的倒影。其景致可以给人一种清新、舒畅的感觉，常常能够营造出一种独特的、耐人寻味的意境，这对活跃整个水体的景观有着非常重要的作用。

（5）具有一定的经济效益。不同的水生植物其引种难易程度不同，引种后生长期也不同，成活后维持费用也不同，因此在选择时可以进行比较，选择较易引种成活的品种，而且要有一定的耐污性、抗破坏性。

（6）选择的水生植物有利于水生动物的生存。考虑到湖泊内要放养水生动物，因此，所选植物须提供利于水生动物生存的环境，比如能够提供水生动物需要的食物。

按照以上几个原则，拟选择 15 种水生植物，分别是：

挺水植物：芦苇、水葱、茭白、香蒲、千屈菜、荷花、水生鸢尾。

浮水植物：凤眼莲、睡莲、大藻。

沉水植物：伊乐藻、菹草、金鱼藻、狐尾藻、苦草。

9.2.3 水生植物特征

9.2.3.1 挺水植物

挺水植物一般分布在沿岸带，水深较浅，将高大型挺水植物分布在亚沿岸带，将矮小型挺水植物分布在沿岸带，水深一般以 30~100 cm 为适。

挺水植物的根和茎埋在泥里，主要吸取深部底泥中氮、磷等营养元素，并通过竞争途径抑制同样吸收氮、磷等营养元素的藻类的繁殖。水在流经挺水植物群落时，水中的悬浮物、高分子有机物由于植物的阻挡作用及植物表面微生物所分泌的黏液的凝聚作用而沉降，降低水的浑浊度。

1）芦苇 *Phragmites australis*

分类地位：芦苇属于禾本科芦苇属。

生物学特性：别名泡芦、芦子、毛芦、苇子。花期为 7—11 月。芦苇茎秆直立，株高 1~3 m。叶片带状披针形，长 15~50 cm，宽 1~3 cm。花形为大型圆锥花序，分枝稠密，向斜伸展，长 10~45 cm，小穗有小花 4~7 朵。秋季芦花雪白，"夹岸复连沙，枝枝摇浪花"描述的就是秋季芦苇美景，意境深邃（图 9-2）。

图 9-2　芦苇 *Phragmites australis*

分布：全国各地，常生于池沼、河流旁、湖边，大片形成芦苇荡。芦苇根系非常发达，生长速度快，对土壤要求不严格，适应性强。沙湖芦苇分布面积大

（422.93 hm²），分布范围广。

繁殖方式：芦苇的繁殖方法有起墩繁殖法、根状茎繁殖法、压青法等。

净化去污特性：芦苇具有较强的固氮作用，组织的含氮量为 18~21 g/kg，组织含磷量为 2.0~3.0 g/kg，具有较强的吸收氮、磷的能力，此外，芦苇还可以吸收水中的 BOD。

2）茭白 *Zizania latifolia*

分类地位：茭白属于禾本科菰属。

生物学特性：又称菰、茭笋、菰手。多年生宿根水生草本。茭白株高 2~2.5 m，宽 2.8~3.8 cm，长披针形，叶鞘长 40~60 cm，各吉叶鞘自地面向上层左右互相抱合，形成假茎（图9-3）。

分布：原产中国，从广东、台湾至哈尔滨都有种植。沙湖可以引种。

图 9-3　茭白 *Zizania latifolia*

繁殖方式：营养体繁殖或种子繁殖。茭白生物量高，繁殖快，经济价值高，较易引种和成活。

净化去污特性：茭白具有较强的净水能力，氮净化率约为 77.4%，磷净化率约为 76.7%，还可以促进泥沙或淤泥沉降。

3）水葱 *Scirpus validus*

分类地位：水葱属于莎草科藨草属。

生物学特性：别名管子草、冲天草、莞蒲，多年生挺水草本植物。水葱是一种高大的水生植物，外形像葱，叶片细线形，长 1.5~12 cm，秆高 1~2 m，圆柱形，茎秆修长，且挺拔翠绿，使水景朴实自然，富有野趣（见图9-4）。

分布：广布于中国东北、西北、西南各省。沙湖有分布。喜生于浅水湖边、塘或湿地中。

繁殖方式：繁殖方式为种子繁殖和无性繁殖。

净化去污特性：水葱可以净水，尤其与香蒲组合的净水能力非常强，甚至超过凤眼莲。

图 9-4　水葱 *Scirpus validus*

4）香蒲 *Typha orientalis*

分类地位：香蒲属于香蒲科香蒲属。

生物学特性：香蒲高 1.5～2.5 m，有伸长的根状茎，上部出水。香蒲叶绿穗奇，常用于点缀园林水池、湖畔构建水景（图 9-5）。

图 9-5　香蒲 *Typha orientalis*

分布：黑龙江、吉林、辽宁、内蒙古、河北、山西、河南、陕西、安徽、江苏、浙江、江西、广东、云南、台湾等省区均有分布。生于湖泊、池塘、沟渠、沼泽及河流缓流带。沙湖也有分布。

繁殖方式：以无性繁殖为主。选取假茎较粗、叶片较宽、呈葱绿色有光泽、生长健壮、带部分根和根状茎的蒲苗作种苗。适宜水深 30～40 cm。对土壤要求不严，以含丰富有机的塘泥最好。生长速度快，栽植的地方应阳光充足、通风透光，管理较粗放，易成活。

净化去污特性：可以去除 BOD 和氮。

5）千屈菜 *Lythrum salicaria*

分类地位：千屈菜属于千屈菜科千屈菜属。

生物学特性：多年生湿生草本。株高 30～100 cm，叶对生或三叶轮生，狭披针形，长 3.5～6.5 cm，宽 8～15 cm，先端稍钝或锐，基部圆形或心形。花形为总状花序顶生；花两性，数朵簇生于叶状苞片腋内，花梗及花序柄均甚短；花萼圆筒柱形。花色玫瑰红色，千屈菜花穗多，成批栽植，十分美丽壮观（图 9-6）。

图 9-6　千屈菜 *Lythrum salicaria*

分布：千屈菜原产于欧洲和亚洲暖温带，因此喜温暖及光照充足、通风好的环境，喜水湿，我国南北各地均有野生，多生长在沼泽地、水旁湿地和河边、沟边。现各地广泛栽培。比较耐寒，在我国南北各地均可露地越冬。在浅水中栽培长势最好，也可旱地栽培。对土壤要求不严，在土质肥沃的塘泥基质中花艳，长势强壮。沙湖可引种。

繁殖方式：千屈菜可用播种、扦插、分株等方法繁殖。但以扦插、分株为主。扦插应在生长旺期 6—8 月进行，剪取嫩枝长 7～10 cm，去掉基部 1/3 的叶子插入无底洞装有鲜塘泥的盆中，6～10 天生根，极易成活。分株在早春或深秋进行，将母株整丛挖起，抖掉部分泥土，用快刀切取数芽为一丛另行种植。

净化去污特性：对氮、磷吸收效果好，具有一定的净水能力。

6）荷花 *Nelumbo nucifera*

分类地位：荷花属于睡莲科莲属。

生物学特性：荷花（莲花），多年生挺水草本。根茎（藕）肥大多节，横生于水底泥中。叶盾状圆形，表面深绿色，被蜡质白粉覆盖，背面灰绿色，全缘并呈波状。叶柄圆柱形，密生倒刺。花单生于花梗顶端、高托水面之上，有单瓣、复瓣、重瓣及重台等花型；花色有白、粉、深红、淡紫色或间色等变化；雄蕊多数；雌蕊离生，埋藏于倒圆锥状海绵质花托内，花托表面具多数散生蜂窝状孔洞，受精后逐渐膨大成为莲蓬，每一孔洞内生一小坚果（莲子）。花期为 6—9 月，每日晨开暮闭。果熟期 9—10月（见图 9-7）。莲花栽培品种很多，依用途不同可分为藕莲、子莲和花莲三大系统。

分布：在中亚，西亚、北美，印度、中国、日本等亚热带和温带地区均有分布。沙湖有引种。

繁殖方式：无性繁殖或种子繁殖。

净化去污特性：对氮、磷吸收效果好，具有一定的净水能力。

图 9-7　荷花 *Nelumbo nucifera*

7）鸢尾 *Iris tectorum*

分类地位：鸢尾科鸢尾属。

生物学特性：多年生或1年生草本。有根状茎、球茎或鳞茎；皆为须根。叶条形、剑形或丝状，叶脉平行，基部鞘状，两侧压扁，嵌叠排列。花单生或为总状花序、穗状花序、聚伞花序或圆锥花序；花两性，色泽鲜艳，辐射对称或两侧对称。温度降到10℃以下停止生长，冬季地上部分枯死，根茎地下越冬，极其耐寒。鸢尾花大，花色明亮，形似蝶和鸢，雅致奇特。叶丛青翠碧绿，剑形线形等，秀丽美观，是著名的观赏植物（见图 9-8）。

图 9-8　鸢尾 *Iris tectorum*

分布：分布于全世界的热带、亚热带及温带地区，中国多数分布于西南、西北及东北各地。适应性强，耐旱，沙壤土及黏土都能生长，在水边栽植生长更好。沙湖可引种。

繁殖方式：无性繁殖或种子繁殖。

净化去污特性：具有一定的克藻效应。

9.2.3.2　浮水植物

浮水植物中的漂浮植物在浅水处有的根系可扎入泥土之中，浮叶植物的根就生长在底泥之中，种植和收获都较容易。它们繁殖力很强，并能够随着水流及水中营养物质的分布不同而漂移，所以有的浮水植物可以长到挺水植物群落中。水深一般以 30～100 cm 为适。

浮水植物的茎秆，能为水中细菌、浮游动物和着生藻类提供依附的场所，同时浮叶植物由于叶片漂浮于水面之上，会影响阳光在水中的透射率，可以抑制藻类生长。对营养物持有很强的吸收能力，能直接从污水中吸收有害物质和过剩营养物质，可净化水体。

1）凤眼莲 *Eichhornia crassipes*

分类地位：凤眼莲属于雨久花科凤眼莲属。

生物学特性：多年生漂浮植物，原产于热带美洲。亦被称为凤眼蓝、浮水莲花、水葫芦、布袋莲。凤眼莲因每叶有泡囊承担叶花的重量悬浮于水面生长，其须根发达，靠根毛吸收养分，主根（肉根）分蘖下一代。叶单生，叶片基本为荷叶状，叶顶端微凹，圆形略扁；秆（茎）灰色，泡囊稍带点红色，嫩根为白色，老根偏黑色；花为浅蓝色，呈多棱喇叭（图 9-9），花瓣上生有黄色斑点，看上去像凤眼，也像孔雀羽翎尾端的花点，非常耀眼、靓丽状。

图 9-9　凤眼莲 *Eichhornia crassipes*

分布：原产于南美洲亚马孙河流域，我国见于华北、华东、华中和华南的 19 个省。广泛分布于世界各地。

繁殖方式：无性繁殖能力极强。由腋芽长出的匍匐枝即形成新株。母株与新株的匍匐枝很脆嫩，断离后又可成为新株。繁殖方法为分株或播种繁殖，以分株繁殖为主。

净化去污特性：凤眼莲对氮、磷、钾、钙等多种无机元素有较强的富集作用，其中对大量元素钾的富集作用尤为突出。此外，凤眼莲可以分泌克藻物质，既能直接吸附泥沙，又能吸收水中的有害物质，还可以遮阳、掩蔽兼顾水生动物栖息。

2）大薸 *Pistia stratiotes*

分类地位：大薸属于天南星科大薸属。

生物学特性：多年生浮水草本。有长而悬垂的根多数，须根羽状，密集。叶簇生成莲座状，叶片常因发育阶段不同而形异，倒三角形、倒卵形、扇形以至倒卵状长楔形，先端截头或浑圆，基部厚，两面被毛，基部尤为浓密；叶脉扇状伸展，背面明显隆起成褶皱状。佛焰苞白色，外被绒毛，下部管状，上部张开。肉穗花序背面 2/3 与佛焰苞合生，雄花 2~8 朵生于上部，雌花单生于下部（图 9-10）。花期为 5—11 月。

图 9-10　大薸 *Pistia stratiotes*

分布：原产于热带和亚热带的小溪或淡水湖中，在南亚、东南亚、南美及非洲都有分布。在中国珠江三角洲一带野生较多，由于它生长快，产量高，因此南方各省都引入放养。逐渐从珠江流域移到长江流域，湖南、湖北、四川、福建、江苏、浙江、安徽等省。

繁殖方式：以无性繁殖和种子繁殖为主。

净化去污特性：大薸植株根系发达，能够吸收有害物质及过剩营养物质，具有较强的水体净化能力。

3）睡莲 *Nymphaea tetragona*

分类地位：睡莲属于睡莲科睡莲属。

生物学特性：多年生水生草本，根状茎，粗短。叶丛生，具细长叶柄，浮于水面，低质或近革质，近圆形或卵状椭圆形，直径 6~11 cm，全缘，无毛，上面浓绿，幼叶有褐色斑纹，下面暗紫色。花单生于细长的花柄顶端，多白色，漂浮于水面。睡莲的花和叶是优美的观赏植物，睡莲不怕太阳暴晒，越晒花朵越艳丽，具有美化环境的作用，同时也是景观水域中作为水体绿化的植物（见图 9-11）。

分布：大部分原产北非和东南亚热带地区，少数产于南非、欧洲和亚洲的温带和寒带地区，日本、朝鲜、印度、苏联、西伯利亚及欧洲等地。目前，国内各省区均有栽培。沙湖可引种。

繁殖方式：无性繁殖。

净化去污特性：睡莲的根能吸收水中的铅、苯及苯酚等有毒物质，还能吸收氮、磷，有良好的净化活水的作用。

图 9-11　睡莲 *Nymphaea tetragona*

9.2.3.3　沉水植物

沉水植物整个植株都处于水中，受光照、透明度影响较大，是湖泊生态系统重要的初级生产者，其存在和消亡对湖泊生态系统的结构和功能有很大的影响。沉水植物一般生长在湖泊中心地带。

沉水植物根、茎、叶等都可以对水中的营养物质进行吸收，在营养竞争方面占据了极大优势。

1）伊乐藻 *Elodea nuttallii*

分类地位：伊乐藻属于水鳖科伊乐藻属。

生物学特性：伊乐藻叶色、株形美丽，喜温不耐热。叶片 3 枚轮生（图 9-12）。

图 9-12　伊乐藻 *Elodea nuttallii*

分布：伊乐藻原产美洲，是一种优质、速生、高产的沉水植物。沙湖可引种。

繁殖方式：伊乐藻植株引种，一般种在池底，不需施肥，不需割草，常采用枝尖扦插繁殖方法，把伊乐藻截断成 10 cm 左右的茎，类似插秧一样，插入淤泥中，株行距为 20 cm 左右，保持 30 cm 以上水位。适宜栽培季节为 4—9 月。

净化去污特性：可以净化水质，防止水体富营养化。伊乐藻不仅可以在光合作用的过程中放出大量的氧，还可吸收水中不断产生的氨态氮、二氧化碳和剩余的饵料溶失物及某些有机分解物，这些作用可以稳定 pH，使水质保持中性偏碱，增加水体的透明度。

2）菹草 *Potamogeton crispus*

分类地位：菹草属于眼子菜科眼子菜属。

生物学特性：多年生沉水草本，具近圆柱形的根茎。茎稍扁，多分枝，近基部常匍匐地面，于节处生出疏或稍密的须根。叶条形，无柄。广布种，较为耐寒，不耐热，夏季死亡，利用芽殖体越夏（图 9-13）。

分布：产于我国南北各省区，为世界广布种。生于池塘、水沟、水稻田、灌渠及缓流河水中，水体多呈微酸至中性。

繁殖方式：菹草引种方法有两种：一种为芽孢繁殖，通过采集撒播芽孢实现，适宜栽种季节为 10—11 月；另一种为枝尖扦插繁殖，插栽 20 cm 以上枝尖，适宜栽培季节为 3—8 月。

净化去污特性：菹草有较强的去氮、去磷能力。

图 9-13　菹草 *Potamogeton crispus*

3）金鱼藻 *Ceratophyllum demersum*

分类地位：金鱼藻属于金鱼藻科金鱼藻属。

生物学特性：多年生草本的沉水性水生植物，别名细草、软草、鱼草。全株暗绿色。多年生沉水草本，抗风浪力差，为喜温植物，不能越冬生长。茎细柔，有分枝。叶轮生，每轮 6~8 叶；无柄；叶片 2 歧或细裂，裂片线状，具刺状小齿。花小，单性，雌雄同株或异株，腋生，无花被；总苞片 8~12 片，钻状；雄花具多数雄蕊；雌花具雌蕊 1 枚，子房长卵形，上位，1 室；花柱呈钻形。小坚果，卵圆形，光滑。花柱宿存，基部具刺（图 9-14）。花期为 6—7 月，果期为 8—10 月。

分布：分布于中国（东北、华北、华东、台湾）、蒙古、朝鲜、日本、马来西亚、印度尼西亚、俄罗斯及其他一些欧洲国家、北非及北美。为世界广布种。宁夏有 3 种。东北金鱼藻，多年生沉水草本，茎分支，产于宁夏黄灌区，多生于湖泊、池沼和排水沟；金鱼藻，多年生沉水草本，茎分支，产于宁夏黄灌区，多生于湖泊、池沼和排遣水沟；五刺金鱼藻，多年生沉水草本，茎分支，产于宁夏黄灌区，多生于湖泊、池沼和排遣水沟。

繁殖方式：无性繁殖。

净化去污特性：金鱼藻是抗污染能力极强的植物，具有净化水体的作用，有一定的去氮、去磷能力。

图 9-14　金鱼藻 *Ceratophyllum demersum*

4）狐尾藻 *Myriophyllum verticillatum*

分类地位：狐尾藻属于小二仙草科狐尾藻属。

生物学特性：多年生粗壮沉水草本。根状茎发达，在水底泥中蔓延，节部生根。茎圆柱形，多分枝。水上叶互生，披针形，较强壮，鲜绿色，裂片较宽。秋季于叶腋中生出棍棒状冬芽而越冬。苞片羽状篦齿状分裂。花单性，雌雄同株或杂性、单生于水上叶腋内，花无柄，比叶片短。雌花生于水上茎下部叶腋中；淡黄色，花丝丝状，开花后伸出花冠外。果实长卵形，具 4 条浅槽，顶端具残存的萼片及花柱（见图 9-15）。

分布：在中国南北方均有分布。生长于池塘和湖泊中，生命力强，可适应低温，分布很广。

繁殖方式：无性繁殖。

净化去污特性：狐尾藻具有净水能力，尤其冬季净水能力强，而且生长速度快。

5）苦草 *Vallisneria natans*

分类地位：苦草属于水鳖科苦草属。

生物学特性：多年生无茎沉水草本，有匍匐枝。叶基生，线形，长 30~40（50）cm，宽 5~10 mm，顶端钝，边缘全缘或微有细锯齿，叶脉 5~7 条，无柄。雌雄异株，雄

图 9-15　狐尾藻 *Myriophyllum verticillatum*

花小，多数（图 9-16）。喜温性沉水植物，不能越冬生长，在秋末冬初长出的分枝不再长成新苗，而是由枝尖膨大形成块状茎，植物体死亡后块状茎在泥中休眠越冬。

分布：全国都有分布。

繁殖方式：种子繁殖和无性繁殖。苦草在自然状况下多以块状茎进行营养繁殖，通过采集埋藏地下块茎实现，适宜栽种季节为 11 月至翌年 2 月；或者采取分苗移栽繁殖法，通过带根移栽幼苗实现，适宜季节为 3—5 月。

净化去污特性：苦草具有一定的净水能力。

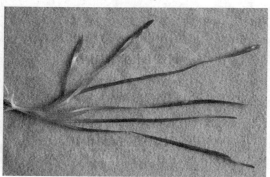

图 9-16　苦草 *Vallisneria natans*

9.2.4　水生植物净化污水功能

水生植物净化废水、污水功能见表 9-2。

表 9-2　水生植物净化功能

净化功能	植物名称	每种植物具体功效
1. 直接吸收利用被污染水中可利用的营养物质，减轻水体的营养负荷，有利于湖泊富营养化的防治。2. 能吸附重金属和一些有毒有害物质	菖蒲	其植被用来净化生活污水，同时可以用来观察和监测水体中的 COD（化学需氧量）和总氮的驱除效果
	蔍草	能够去除羟基化合物、病原体以及其他污染物的传播
	菹草	对氮、磷有较强的吸附能力
	香蒲	能吸收大量氮、磷、钾等营养元素——每年每公顷可吸收氮 2 630 kg，磷 403 kg，钾 4 570 kg
	水葱	能在两周内使食品工厂废水的生化需氧量降低 60%~90%
	芦苇	根系渗入的输氧作用能有效促进深层有机物的氧化分解
1. 能进行光合作用，吸收环境中的二氧化碳、放出氧气，改善水体质量。2. 能降解水体中的许多污染元素	水葱	能净化水中的酚类（100 g 植物在 100 h 内对酚的吸收为 202 mg/L）
	芦苇	具有净化水中的悬浮物、氯化物、有机氮、硫酸盐的能力，能吸收汞和铅，对水体中磷的去除率为 65%；可去除石油废水的有机物达 95% 以上
	菹草	对砷的净化能力很强，将其在含砷混合废水中栽培，体内可吸附砷的数量可超过原有水体含砷量的 4 倍
	金鱼藻	对砷的净化能力很强，将其在含砷混合废水中栽培，体内可吸附砷的数量可超过原有水体含砷量的 2 倍

9.2.5　水生植物综合评价

按照水生植物生物学特征为基础，从 5 个方面进行评定，即本地生存能力、生态位、净水能力、景观价值、经济效益。其中，本地生存能力是首要的标准，本地种的生存能力是最高的；生态位主要体现各种植物的适应能力，虽然与本地生存能力存在一定的关系，但是两者并不能等同；净水能力主要考虑对氮、磷营养元素的净化净力；景观价值包括叶、芽、花、果、姿、影等方面；经济效益注意考虑其引种难易，是否易发病虫害及是否易管理。详见表 9-3。

表 9-3　水生高等植物综合利用价值评定

植物名称	本地生存能力	生态位	净水能力	景观价值	经济效益
芦苇	* * * * *	* * * *	* * * *	* * * *	* * * *
水葱	* * * *	* * * *	* * * *	* * * *	* * * *
茭白	* * * *	* * * *	* * *	* * *	* * * *
香蒲	* * * *	* * * *	* * * *	* * * *	* * * *
千屈菜	* * *	* * * *	* * * *	* * *	* * * *
荷花	* * * * *	* * *	* * *	* * * * *	* * *

植物名称	本地生存能力	生态位	净水能力	景观价值	经济效益
水生鸢尾	＊＊＊＊	＊＊＊＊	＊＊＊＊	＊＊＊＊＊	＊＊＊
凤眼莲	＊＊＊＊	＊＊＊＊	＊＊＊＊＊	＊＊＊＊	＊＊＊
大藻	＊＊	＊＊＊	＊＊＊＊	＊＊＊	＊＊＊＊
睡莲	＊＊＊＊	＊＊＊＊	＊＊＊＊	＊＊＊＊＊	＊＊＊
伊乐藻	＊＊＊＊＊	＊＊＊＊＊	＊＊＊＊＊	＊＊＊＊	＊＊＊＊＊
菹草	＊＊＊＊＊	＊＊＊＊＊	＊＊＊＊	＊＊＊	＊＊＊＊＊
金鱼藻	＊＊＊＊＊	＊＊＊＊	＊＊＊＊	＊＊＊	＊＊＊
狐尾藻	＊＊＊	＊＊＊＊	＊＊＊	＊＊＊	＊＊＊＊
苦草	＊＊＊	＊＊＊	＊＊＊	＊＊＊	＊＊＊＊

注：5 颗 ＊ 代表较好；4 颗 ＊ 代表好；3 颗 ＊ 代表一般；2 颗 ＊ 代表较差；1 颗 ＊ 代表差。

根据建立湖泊水生生态系统的目的以及实际操作需要，可用以下公式对各种水生植物评分：

$$W=0.4B+0.2S+0.2J+0.1G+0.1X$$

式中，W 代表综合得分；B 代表本地生存能力；S 代表生态位；J 代表净水能力；G 代表景观价值；X 代表经济效益。

表 9-4 为拟采用的水生植物综合得分，基本可以反映其综合应用价值的高低。

表 9-4　水生高等植物综合得分

植物	芦苇	水葱	茭白	香蒲	千屈菜	荷花	凤眼莲	大藻	睡莲	伊乐藻	菹草	金鱼藻	狐尾藻	苦草	水生鸢尾
得分	4.4	4.1	3.7	4.0	3.6	4.0	4.1	3.0	4.1	4.7	4.6	4.4	3.1	3.1	3.9

沙湖挺水植物、浮水植物和沉水植物引种、保护增殖。在引种初期，首先要引入先锋种，因为其生存能力强，可以很快适应环境，为其他物种的引进提供条件，改善生境。挺水植物的先锋种为芦苇，浮水植物的先锋种为凤眼莲，沉水植物的先锋种为金鱼藻。

先锋种引入后，待生境有所改善即可引种其他植物，根据以上植物应用价值及沙湖自然条件，挺水植物群落为芦苇、水葱、香蒲和荷花组成的以芦苇为建群种的植物群落，其生物多样性高，净水能力强且能构成协调的水景；浮水植物群落应为凤眼莲和睡莲组成的以凤眼莲为建群种的植物群落，其净水能力强且景观价值很高；沉水植物应为伊乐藻、菹草和金鱼藻组成的以伊乐藻为建群种的植物群落，具有较强的净水能力，尤其是冬季净水能力更强，且冬季景观价值高。

因此，所选用的水生高等植物为挺水植物的芦苇、水葱、香蒲、荷花、水生鸢尾，浮水植物的凤眼莲、睡莲，沉水植物的伊乐藻、菹草、金鱼藻。

9.3　水生动物的选择

9.3.1　水生动物的生态功能

　　水生动物是生态系统的消费者，离开它，整个生态系统的物质能量就不能很好地循环流动，而其数量也是影响整个生态系统的关键，如果过多将导致生态系统中的生产者（水生植物）大大减少，食物链出现断裂；如果过少，生产者（水生植物）就会大量泛滥，生态系统也不会稳定。

　　水生动物包括鱼类、贝类、各种浮游动物等。水生动物的种类数量一定要经过科学地计算，并结合实践经验确定。首先必须考虑到它们能否适应当地的环境，其次要考虑和水生植物的配比问题，因为鱼类的食性不同，如草鱼是植食性的，青鱼是动物食性的，鲫鱼是杂食性的。而同一种鱼在不同的生长期，它的食性也会有所改变，如青鱼幼鱼以浮游动物为食，当体长达到 15 cm 左右时，开始摄食螺蛳、蚬，而成鱼主要以软体动物、底栖性的虾、水生昆虫为食。除了食性不同，相同食性的鱼，摄食强度也不尽相同，如草鱼的食量较大，日食量可达体重的 40%~70%。同一种鱼，在不同季节的摄食量也不同，如团头鲂，一年中摄食量 4—11 月最大。不仅如此，鱼类的滤食特性，也会影响水质状况，所有这些都需要综合考虑。

　　水生动物除了在水生生态系统中具有的生态作用外，在水体中放置适当的水生动物还可以有效去除水体中绿藻等浮游植物，使水体的透明度增加。

9.3.2　水生动物的选择原则

　　沙湖水生动物的选择，主要考虑以下原则：

　　（1）水生动物要符合沙湖的自然条件，在当地可以成活；

　　（2）具有较宽的生态位和适宜的生活习性；

　　（3）能够与水生植物构成适合的食物链，这样才能保证整个水生生态系统的健康运行；

　　（4）具有一定的景观效果，可以与水生植物构成协调的水景，为整个增色。同时不会对水体形成强烈的搅动，甚至影响其他水体景观；

　　（5）易放养，生长力强，但是又不能大量的繁殖，甚至失控。

　　结合宁夏当地资料及整个沙湖水质改善规划构想，水生动物拟选用鲢鱼、草鱼、鲫鱼、鲤鱼、鳙鱼 5 种鱼类。

9.3.3　沙湖部分鱼类的生物学特征

　　1）鲢 *Hypophthalmichthys molitrix*

　　鲢的头和口腔较大，主食是水中植物性浮游藻类，有时也食草鱼粪便，生长快，最大个体可达 30 kg。鲢是中上水层的鱼类，但越冬期要进入水体的最深处。

135

鲢全身银白色，个头肥大，体厚侧扁，腹下呈尖锐的棱状，鳞片细小，鳃盖和鳍部一般有红色润斑，各鳍色灰白。性急躁，善跳跃（图9-17）。

鲢繁殖期为4—7月，年平均能长3~4 kg，而其每生长1 kg，需要吞食蓝藻40~50 kg，一尾鲢鱼年平均能吞食蓝藻150 kg，以达到净水的目的。还可以蚕食蚊的幼虫，从而灭蚊。

图9-17　鲢 *Hypophthalmichthys molitrix*

2）草鱼 *Ctenopharyngodon idellus*

广泛分布于我国除新疆和青藏高原以外的平原地区，以其独特的食性和觅食方式，被称为"水中的拓荒者"，俗名鲩、油鲩、草鲩、白鲩等。草鱼一般喜栖居于江河、湖泊等水域的中下层和近岸多水草区域，常成群觅食，性贪食，为典型的草食性鱼类。其鱼苗阶段摄浮游动物，幼鱼期兼食昆虫、蚯蚓、藻类和浮萍等，体长达10 cm以上时，完全摄食水生高等植物，其中尤以禾本科植物为多。草鱼摄食的植物种类随着生活环境里食物基础的状况的不同而有所变化。

草鱼体较长，略呈圆筒形，腹部无棱。头部平扁，尾部侧扁。口端位，呈弧形，无须。背鳍和臀鳍均无硬刺，背鳍和腹鳍相对。体呈茶黄色，背部青灰略带草绿，偶鳍微黄色。性情活泼，游泳迅速（图9-18）。

草鱼繁殖季节和鲢相近，较鳙稍早。繁殖期为4—7月，比较集中在5月间。生长迅速，就整个生长过程而言，体长增长最迅速时期为1~2龄，体重增长则以2~3龄最为迅速。

草鱼还能清除水体中及沿岸的草，开荒除草。草鱼常与鲢、鳙混养在一起，投入青草饲养草鱼，而遗留在水中的饲料和草鱼排出的废物，可培养浮游生物，作为鲢、鳙的饲料。

图9-18　草鱼 *Ctenopharyngodon idellus*

3）鲫 *Carassius auratus*

分布广，对环境的适应能力很强，并且耐低氧，耐寒。杂食性鱼，但成鱼主要以植物性食物为主，水草的茎、叶芽和果实是鲫的喜食饵料。在生有菱和藕的水域，鲫易获得各种丰富的营养物质。硅藻和一些丝状藻类也是鲫的食物，小虾、蚯蚓、幼螺、昆虫等它们也喜食。鲫采食时间依季节不同而不同。春季为采食旺季，昼夜均在不断采食；夏季采食时间为早、晚和夜间；秋季全天采食；冬季则在中午前后采食。

鲫体型略似鲤鱼，但吻部无须，背部深灰色，体侧和腹部银白或略带淡黄色（图9-19）。在水中投放鲫鱼，它可摄食蚊子的幼虫及其他昆虫的幼虫，避免了水域对周围环境造成的危害。

繁殖能力强，产卵力强。

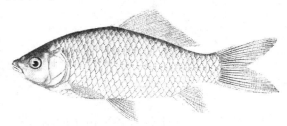

图 9-19　鲫 *Carassius auratus*

4）鲤 *Cyprinus carpio*

体大，善游好动，喜弱光。觅食主要靠触觉和嗅觉，水底层栖息，是杂食性鱼类，在鱼苗鱼种阶段主要摄食浮游动物和轮虫等，成鱼阶段食各种螺类、幼蚌、水蚯蚓、昆虫幼虫和小鱼虾等水生动物，也食各种藻类、水草和植物碎屑等。生长迅速，耐低氧，耐高温，耐污染。

鲤体呈纺锤形，稍侧扁，多为青黄色，尾鳍下叶为红色，锦鲤的观赏性很强，易饲养，对水温适应性强，可生活于5~30℃水温环境，生长水温21~27℃（图9-20）。

养殖鲤鱼各种饲料均食，自然水体中鲤鱼不偏食。

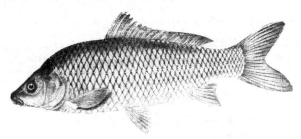

图 9-20　鲤 *Cyprinus carpio*

5）鳙 *Aristichthys nobilis*

栖息在水的中上层，冬季入深水处越冬。杂食性，以水中的浮游动物，如轮虫、枝角类、桡足类和原生动物为食，也食用多种浮游藻类。鳙性情温顺，喜肥水。

鳙头大，鳞细小，背及两侧青黑色，具有不规则深色斑块，腹部灰白，腹棱不完整，鳃盖及鳍部均有红色润斑。性情温和，不善跳跃（图9-21）。

鳙生长迅速，在人工饲养条件下，1龄鱼可重达0.8~1 kg。

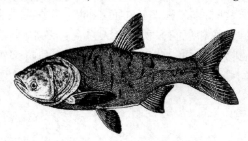

图9-21 鳙 *Aristichthys nobilis*

9.3.4 水生动物综合评价

根据5种鱼类的特征，从4个方面来分析各种鱼类的综合利用价值，即本地生存能力、生态位、景观效果、经济效益。其中，本地生存能力是决定鱼类价值的首要条件；生态位强调其适应能力；景观效果涉及鱼类的色、形、态及与水生植物是否协调；经济效益指鱼类的放养难易程度及生长过程中的管理、与水生植物的配比及对蚊虫的控制作用。具体见表9-5。

表9-5 5种鱼类的综合利用价值评定

种类	本地生存能力	生态位	景观效果	经济效益
鲢	＊＊＊＊	＊＊＊＊	＊＊＊	＊＊＊＊＊
草	＊＊＊＊＊	＊＊＊＊＊	＊＊＊＊	＊＊＊＊＊
鲫	＊＊＊＊＊	＊＊＊＊＊	＊＊＊	＊＊＊＊＊
鲤	＊＊＊＊＊	＊＊＊＊＊	＊＊＊＊＊	＊＊＊＊＊
鳙	＊＊＊＊	＊＊＊＊	＊＊＊	＊＊＊＊

注：5颗＊代表较好；4颗＊代表好；3颗＊代表一般；2颗＊代表较差；1颗＊代表差。

根据沙湖规划目标及实际条件，利用以下公式对鱼类进行评分：

$$W=0.4B+0.2S+0.2J+0.2U$$

式中，W 代表综合得分；B 代表本地生存能力；S 代表生态位；J 代表景观效果；U 代表经济效益。

5种鱼的综合得分情况见表9-6，结合沙湖当地条件，湖泊水体应放养鲢、草鱼、鲤和鲫，但在实际应用中，还需根据水体的时空差异，控制养殖密度，合理选用养殖模式，以使水体形成合理的食物链，在保证沙湖水质的基础上，适度发展渔业生产。

表9-6 5种鱼类综合得分

项目	鲢	草鱼	鲫	鲤	鳙
得分	4.0	4.6	4.6	5	3.8

9.4 氮、磷营养元素转化模型

湖泊面临的最大生态风险是富营养化。防止富营养化现象，最主要的就是控制水中氮、磷元素的含量。对于景观湖采取生物控制法来维持水体的水质，利用一些不生植物和水生动物对于氮、磷的吸收和固定，将水体里的氮、磷元素含量降低，从而消除富营养化的威胁。

基于前面选择的水生植物（芦苇、水葱、香蒲、荷花、水生鸢尾、凤眼莲、睡莲、伊乐藻、菹草、金鱼藻）和水生动物（鲢、草鱼、鲤、鲫），根据它们对于营养元素的转化模型和转化参数计算出合适的水生植物栽培数量以及水生动物投放数量，以构建科学、合理、可持续的水生生态系统。

9.4.1 水生生态系统模型结构

水生生态系统模型结构，见图9-22。

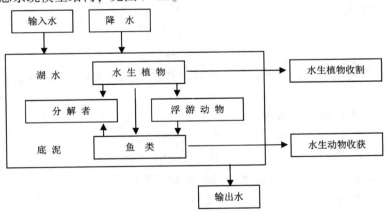

图9-22 水生生态系统中营养物质的循环

1）湖泊中营养元素的输入来源

（1）初期湖泊水体（主要来自地下水）中含有的营养元素；

（2）降水带来的营养元素，如氮沉降，磷沉降；

（3）为保证湖泊水量和水的流动性，向湖泊输入灌溉回归水含有的营养元素；

（4）湖泊底泥中的营养元素的释放。

2）湖泊中元素的输出去向

（1）为保证湖泊水的流动性，湖泊水向外输出的水中含有的营养元素；

（2）供水生生物生长所需并固定在其上，过量的生物由人工收获；

（3）湖水中的营养元素向底泥沉积。

9.4.2　营养元素转化模型构建

湖泊营养物质平衡模型构成，见图9-23。

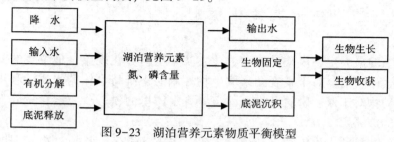

图9-23　湖泊营养元素物质平衡模型

营养元素输入 = 营养元素的输出 + 目标营养元素含量

1）营养元素输入

（1）初期湖泊水体中氮、磷含量：

$$N_1 = V_L \times N_1\%$$
$$P_1 = V_L \times P_1\%$$

式中，$N_1\%$、$P_1\%$分别为初始阶段水体氮、磷浓度；V_L为湖泊的容量。

（2）补充水氮、磷含量：

$$N_2 = V_N \times N_2\%$$
$$P_2 = V_N \times P_2\%$$

式中，V_N为需要补充水量；$N_2\%$、$P_2\%$分别为补充水氮、磷的浓度；V_N是每年进入湖体的补充水量。

（3）降雨带来的氮、磷含量：

$$N_3 = V_R \times N_3\%$$
$$P_3 = V_R \times P_3\%$$

式中，V_R为降雨量；$N_3\%$、$P_3\%$分别为雨水中氮、磷的浓度。

（4）底泥挥发氮、磷：

$$N_4 = f(T, N_4\%)$$
$$P_4 = f(P, N_4\%)$$

式中，$f(T, N_4\%)$是关于时间和氮浓度的函数；$f(P, N_4\%)$是关于时间和磷浓度的函数。

2）营养元素的输出

水生生物固氮：$N_5 = \sum M_i \cdot N_i\%$

水生生物固磷：$P_5 = \sum M_i \cdot P_i\%$

式中，M_i代表单位时间内生物的生长量；$N_i\%$、$P_i\%$代表氮、磷的转化率；i代表生物类型。

3）目标营养元素含量

$$N_6 = V_L \times N_6\%$$
$$P_6 = V_L \times P_6\%$$

式中，$N_6\%$、$P_6\%$ 分别为目标水体氮、磷的浓度；V_L 为湖泊的容量。

9.4.3　模型参数代入与求解

9.4.3.1　湖泊目标水质标准

依据沙湖水质改善目标，执行地表水 Ⅲ 类标准，根据《地表水环境质量标准》GB 3838—2002，湖泊总氮改善控制目标为不大于 1.0 mg/L，总磷控制目标为不大于 0.05 mg/L（见表 9-7）。

表 9-7　湖泊氮、磷营养物质输入输出情况

项目		总氮浓度（mg/L）	总磷浓度（mg/L）	水量（×10⁴ m³）	总氮总量（kg）	总磷总量（kg）
目标		1.0	0.05	2 967	29 670	1 484
初始值		1.21	0.077	2 967	35 900	2 285
输入	生态补水	0.76	0.065	1 600	12 160	1 040
	农田退水	2.0	0.4	1 609	32 180	6 436
	雨水	进入雨量太小，而且雨水中营养元素浓度较小，可以忽略				
	生物残体分解	对湖泊进行科学管理，生物残留在水中的残体量太小，可以忽略				
	底泥挥发	风浪、船舶曝气复氧，水体相对较浅，水中溶解氧充分，水体处于富氧状态，底泥挥发营养元素含量小，可以忽略				
输出	出水	同目标值：1.0	同目标值：0.05	724	7 240	362
	水生生物固定	每年需要生物固定的氮为 43 330 kg，固定的磷为 7 915 kg				

9.4.3.2　氮、磷营养元素的输入

湖泊水体中氮、磷元素的输入主要有以下 5 个来源（见表 9-7）。

1）湖泊初始水体氮、磷量分析

综合 2009—2013 年各监测点各月度总氮测定指标值，取平均值 1.21 mg/L，作为湖泊初始水体总氮指标。

综合 2009—2014 年各监测点各月度总磷测定指标值，取平均值 0.077 mg/L，作为湖泊初始水体总磷指标。

湖泊初始水体体积以沙湖正常水位主体湖泊容积计算，水域面积 1 348.52 hm²，平均水深以 2.2 m 计，水体总容量为 2 967×10⁴ m³。

2）进水

需要满足湖泊基本需水量和生态需水量要求。

（1）基本需水量。

根据相关资料（参考《银川湖泊湿地水生态恢复及综合管理》，银川市三区两县单位面积湖泊湿地年基本需水量），得出沙湖单位面积年基本需水量为 $0.993×10^4$ m^3/hm^2，计算沙湖年基本需水量为 $1\,339×10^4$ m^3。

（2）生态需水量。

包括植被需水量、土壤需水量、栖息地需水量、地下水需水量、换水需水量，参考阅海湖、鸣翠湖生态需水量（《银川湖泊湿地水生态恢复及综合管理》，阅海与鸣翠湖生态需水量），确定沙湖单位面积（hm^2）植被需水量为 $0.194×10^4$ m^3，土壤需水量为 $0.050×10^4$ m^3，栖息地需水量为 $0.599×10^4$ m^3，地下水补给需水量为 $0.007×10^4$ m^3，换水需水量为 $0.537×10^4$ m^3。

计算得出：沙湖生态需水量为 $1\,870×10^4$ m^3。

（3）进水组成。

沙湖年基本需水量与生态需水量合计为 $3\,209×10^4$ m^3，进水总量应满足湖泊基本需水量和生态需水量要求，湖泊进水主要为农田沟道退水、生态补水与季节性洪水。

生态补水：根据上报自治区水利厅的 2014 年取水计划，生态补水（黄河水）取水许可证允许取用水是 $1\,600×10^4$ m^3，年生态补水量按 $1\,600×10^4$ m^3 计算。

农田沟道退水：年需要适时补充沟道来水 $1\,609×10^4$ m^3。

（4）进水氮、磷量分析。

综合 2009—2013 年东一支渠总氮测定指标值，取平均值 0.76 mg/L，作为生态补水的总氮指标。

2009 年、2011 年艾依河补水总氮测定指标值，平均值为 1.72 mg/L。由于艾依河、三排主要来源为农田退水，因此，按照地表水 V 类水质标准，艾依河、三排补水的总氮指标值取 2.0 mg/L。

综合 2009—2013 年东一支渠总磷测定指标值，取平均值 0.065 mg/L，作为生态补水的总磷指标。

取 2009 年、2011 年艾依河进水总磷测定指标值，平均值为 0.065 mg/L。由于艾依河、三排主要来源为农田退水，因此，按照地表水 V 类水质标准，艾依河、三排补水的总磷指标值取 0.4 mg/L。

3）降水

本区域年降水量不足 200 mm，以沙湖湖面为汇水面积，则每年从降水中得到的营养元素含量相对非常有限，可以忽略不计。

4）生物残体分解

在维持湖泊水生生态系统健康运行时，人工辅助设施和手段是必不可少的。其中，打捞水中的枯枝落叶和死去的水生动物（主要是鱼）是必需的一项维护措施。因此，对于具有充分人工管理措施的湖泊而言，生物残体的分解对湖泊营养元素影响很小，初期计算生物量的投放时可以不予考虑。

5）底泥挥发

研究表明，底泥中营养元素的挥发与水中溶解氧含量、pH 值、温度、水动力条件等相关。对于水流平缓的景观湖泊，水中溶解氧的含量决定了底泥中营养元素的挥发程度。实验表明，厌氧条件下底泥中的营养元素向水体释放，好氧条件下非但没有向水体释放，反而从水体中吸附营养元素，呈"负释放"状态。在维持湖泊水生生态系统正常运行时，水中溶解氧含量高，所以可以认为湖泊水体处于好氧状态，底泥与水体之间的营养元素交换达到相对平衡，在计算水体中营养元素的输入时可以忽略不计。

9.4.3.3　氮、磷的输出

湖泊水体中氮、磷的输出主要有 3 个去向：①为了保持水量和水的流动性，湖泊要保持着一定量的水交换，从湖泊流出的水中含有的氮、磷含量；②水生植物生长过程中吸收和固定的营养元素；③水生动物生长过程中吸收和固定的营养元素。

1）出水

在考虑沙湖水体容量一定的基础上，出水量依据换水量计算。按照满足基本需水量与生态需水量的要求，年换水需水量为 $724×10^4$ m³，那么每年输出的水量为 $724×10^4$ m³。认为出水中含有营养元素的浓度值与湖泊水体中的浓度值相同，此处假设湖泊水体已经达到改善治理目标标准，以水质改善目标浓度为出水中营养元素的浓度值，即总氮为 1.0 mg/L，总磷为 0.05 mg/L（表 9-7）。

2）植物生长固定

植物生长固定与植物生长率、生物量、组织含氮含磷率、吸收氮率和吸收磷率有关。表 9-8 为各种水生植物的参考数据，其中部分数据来自控制性实验研究，其余数据根据植物相关生物量和生长率推算。

表 9-8　水生植物和鱼类吸收和固定营养元素参数

生物类型		生长率 [t/(hm²·a)]	组织含氮量 [g/kg（干重）]	组织含磷量 [g/kg（干重）]
植物	芦苇	10~70	18~21	2.0~3.0
	*水葱	10~40	15~20	1.2~1.8
	香蒲	8~61	5~24	0.5~4.0
	*荷花	20~60	20~30	1.5~8
	水生鸢尾	20~40	20~30	1.5~6
	凤眼莲	60~110	10~40	1.4~12.0
	*睡莲	10~50	20~50	20~50
	*伊乐藻	10~80	20~80	20~50
	*菹草	10~80	20~70	20~40
	*金鱼藻	10~60	20~70	20~40
鱼类	鳙	0.7~1 kg/a	2.4%~3.2%	0.113%
	鲢	0.8 kg/a		
	鲫	0.2~0.5 kg/a		
	鲤	0.5~0.75 kg/a		

说明：①植物干重按其生物量的十分之一估算；②注 * 为根据生物量和吸收性能相对而言于其他已知植物相比较而估算的数值；未注 * 的为实验测得值。

3）动物生长固定

动物生长固定与动物生长率、生物量、组织含氮含磷量、吸收氮和吸收磷的速率等有关。表9-8表示各种鱼的参考数据。

当水生动、植物过度生长，即某种水生生物的生长超过了合适的范围，水生生态系统食物网的某个节点出现过剩，从而导致生态系统失衡时，需要采取恰当的人工干扰手段，取走过量的植物或动物。在水生生态系统构建的初期，可以按照理论最优模型投入恰当比例的各类水生生物，因此不考虑过量水生动、植物的收获。在后期水生生态系统的维护阶段会考虑取走多余的水生生物，使生态系统处于健康状态。

9.5 水生动、植物的类型和数量

根据氮、磷转化模型和选定的动、植物种类计算得到各种水生生物的投放量。先估算沙湖水生动物的投放量，因其与水体体积和浮游植物生物量相关，可以根据现状水体参数计算。在水生动物确定之后，根据营养元素转化模型，计算水生植物的投放量。

9.5.1 水生植物的类型和数量

沙湖中栽培的水生植物包括挺水植物、浮水植物和沉水植物。可选用的种类包括芦苇、水葱、香蒲、荷花、水生鸢尾、凤眼莲、睡莲、伊乐藻、菹草和金鱼藻。各种植物的植被恢复面积见表9-9。

表9-9 沙湖水生植物、鱼类种类和数量估算

种类	生长率 [t/ (hm² · a)]	组织氮含量干重 (g/kg)	组织磷含量干重 (g/kg)	年吸收固定氮 [g/ (m² · a)]	年吸收固定磷 [g/ (m² · a)]	植被面积 (×10⁴ m²)	投放数量 (万尾)	固氮 (kg)	固磷 (kg)
芦苇	60	20	2	120	12	40	—	48 000	4 800
水葱	30	15	1.5	45	4.5	1	—	450	45
香蒲	40	15	2	60	8	2	—	1 200	160
荷花	50	15	2	75	10	15	—	11 250	1 500
水生鸢尾	50	14	2	70	8	0.2		140	16
凤眼莲	100	30	6	300	60	2		6 000	1 200
睡莲	10	15	2	15	2	3		450	60
伊乐藻	10	20	2	20	2	2		400	40
菹草	10	20	2	20	2	3		600	60
金鱼藻	10	10	1	10	1	3		300	30

续表

种类	生长率 [ν/ (hm² · a)]	组织氮 含量干重 （g/kg）	组织磷 含量干重 （g/kg）	年吸收 固定氮 [g/ (m² · a)]	年吸收 固定磷 [g/ (m² · a)]	植被面积 （×10⁴ m²）	投放数量 （万尾）	固氮 （kg）	固磷 （kg）
鳙	1.0（kg/a）			26.0（g/a）	1.0（g/a）	—	4	1 040	40
鲢	0.8（kg/a）	2.60%	0.10%	20.8（g/a）	0.8（g/a）	—	5	1 040	40
鲫	0.1（kg/a）			2.6（g/a）	0.1（g/a）	—	6	156	6
鲤	0.5（kg/a）			13.0（g/a）	0.5（g/a）	—	2	260	10

9.5.2　鱼的种类和数量

沙湖主要投放 4 种鱼类（鳙、鲢、鲫、鲤）。为了充分利用水中食物和溶解氧，建议湖泊投放 17 万尾鱼（有效成活），平均每公顷水面鱼类有效放养数量为 127 尾。投放的鱼种数量见表 9-9。

水生生物一年的固氮能力为 71 286 kg，大于每年需要生物固氮的 43 330 kg。水生生物一年的固磷能力为 8 007 kg，大于每年需要生物固磷的 7 915 kg。所以水生生态系统不会出现营养元素富集而造成水体的富营养化，能够维持水体的目标水质。

9.6　本章小结

通过分析沙湖水生生态系统的构成与食物网关系，构建水质改善水生生态系统方案，主要考虑高等水生植物和水生动物的投放、养护和管理。水生植物投放数量的主要限制因素是营养元素，水生动物的投放按生态系统的能级原理，根据已经计算得出的水生植物生物量为基础计算出理论上合适的水生动物量。

根据水生植物的生物学特征、生态功能、净水功能及沙湖水域特点，从本地生存能力、生态位、净水能力、景观价值、经济效益方面进行评定，选用挺水植物的芦苇、水葱、香蒲、荷花、水生鸢尾及浮水植物的凤眼莲、睡莲和沉水植物的伊乐藻、菹草、金鱼藻。根据水生动物的生物学特征、生态功能、沙湖水域特点，从本地生存能力、生态位、景观效果、经济效益方面进行评定，选用滤食性的鲢、鳙及杂食性的鲤、鲫。

根据沙湖营养元素的输入、输出，构建了氮、磷营养元素转化模型。按照沙湖水质改善目标，分析了氮、磷营养元素输入量（本底、进水、降水、生物残体、底泥）和输出量（出水、植物生长、动物生长），基于选择的水生植物和水生动物，以它们对于营养元素的转化模型和转化参数估算，可投放鳙、鲢、鲫、鲤鱼种 17 万尾，恢复栽培水生植物面积 71.2×10⁴ m²（其中沉水植物为 8×10⁴ m²），合适的水生植物栽培数量以及水生动物投放数量，以构建科学、合理、可持续的水生生态系统。

第10章 沙湖水质改善水生生态系统的构建

10.1 沙湖水质改善系统的构建内容及规模

10.1.1 进水沉淀净化区

在沙湖西侧东一支渠入湖口，引水通过引水渠进入沉砂池和沉淀—净化区，对渠道来水进行悬浮物沉淀净化。

引水渠长度 200 m，宽 3~5 m，自然布置引入沉淀—净化池。建设沉沙池 1 处，将引水中的泥沙进行沉淀后进入湖泊，以减少入湖的泥沙量，泥沙定期移出。沉沙池容积 $5×10^4$ m³，建设 2 座，每座容积 $2.5×10^4$ m³，规格 200 m×80 m×1.5 m。沉砂池底部和四周局部进行防渗砌护处理。沙湖湖泊西部从东一支渠入湖口引入的水通过沉沙池后进入沉淀—净化区。沉淀—净化区长 200 m，宽 80~100 m，面积 $2×10^4$ m²，以人工湿地和自然湿地相结合的方式布局。

10.1.2 人工湿地水质异位改善区

采用垂直流湿地、水平流湿地和垂直流—水平潜流复合人工湿地工艺，在第三排水沟与运河之间规划人工湿地总面积 $2×10^4$ m²，种植多种水生植物，包括挺水植物、浮水植物等。自然恢复和人工种植水生植物，形成水面水生植物景观，对农田退水和沟道来水的水源进行异位处理与改善。

10.1.2.1 沙湖垂直流湿地

介质系统：从上到下依次为粗砂层、砾石、碎石。
植物配置：芦苇、菖蒲、水葱。
垂直流植物组合：芦苇+菖蒲+水葱。
结构构造：垂直流湿地池上部设有布水管，池底设有泄流槽，泄流槽上部为透水板，泄流槽下部为防水层。

10.1.2.2 沙湖水平流湿地

介质系统：两侧为石英石区，中间为基质区，基质区从上到下依次为粗砂层、砾石、粗砂层。

植物配置：蘸草、芦苇，香蒲。

水平流植物组合：蘸草+芦苇+香蒲。

结构构造：池底部设有泄流槽，泄流槽槽底设有防水层，泄流槽槽顶位于砾石区的出水口部位设有透水板。

10.1.2.3 沙湖垂直流—水平潜流复合人工湿地

垂直流湿地池在上，水平潜流湿地池在下，经垂直流湿地池处理的水通过回流池流入水平潜流湿地池；垂直流湿地池内添加的基质从上到下依次为粗砂层、砾石、碎石，砾石栽植有浅根系植物，垂直流湿地池上部设有布水管，池底设有泄流槽，泄流槽上部为透水板，泄流槽下部为防水层；水平潜流湿地池两侧为石英石，中间为基质区，基质区从上到下依次为粗砂层、砾石、粗砂层，设置的导流隔板将基质区分割成蛇形的水流通道，人工混合层种植有深根系植物，池底部设有泄流槽，泄流槽槽底设有防水层，泄流槽槽顶位于砾石区的出水口部位设有透水板。本实用新型污水净化效率高、占地小。

10.1.2.4 植被选择原则

（1）植物的适应性。植物耐受微咸水和富营养化水体的能力强，抗逆性强（抗冻、抗热和抗病虫害能力强），以乡土植物为主。

（2）植物的生长力强。在湿地环境中，植物能够繁殖、建群、扩展，生物量较大，生长周期长，根系发达。

（3）景观性。选择的植物应与周围的景观融合一体，具有观赏价值。

（4）多样性。尽量设计多种植物组合去富营养化，做到物种间的合理搭配。

（5）经济性。栽种成本低、经济价值高的植物。

（6）易于管理。选用易于管理的植物，避免造成二次污染。

基于上面的原则，在沙湖水平表面流湿地中采用的植物组合有蘸草、芦苇、香蒲等；沙湖垂直流湿地采用的植物是芦苇、菖蒲、水葱等。

10.1.3 人工生态浮床原位水改善区

在湖泊深水非航道水域、运河与艾依河口交汇水域、运河与三排口交汇水域，规划人工生态浮床 $4×10^4$ m²，分 20 处，每处 $0.2×10^4$ m²，由面积 $25 \sim 100$ m² 的浮床组成，运河水域的单个人工生态浮床面积可小些。在原位净化改善水质的同时，形成水面水生植物景观。

10.1.4 湖滨水生植被重建水质改善区

规划恢复和建设湖滨植物带，在沙湖大湖周边地表水径流流向区域恢复和建设湖滨植物带 $30×10^4$ m²，宽度因地制宜，大致为 $5 \sim 15$ m，由水向陆的植物排列为浮水植物、挺水植物、湿生植物，以控制农业面源和地表径流对湖泊的污染，防止水土流失。

10.1.5 浅滩水生植被恢复水质改善区

主要在沙湖现有芦苇分布的浅滩水域，对芦苇等挺水植物进行增殖保护，规划实施面积植物 100 hm²，以增强湖泊水体的净化能力，丰富植物物种。

10.1.6　深水沉水植物重建水质改善区

在远离航道的深水水域，选择湖泊西南部、西部、西北部，引进种植、恢复重建各类沉水植物区 100 hm²，对湖泊水体进行水质净化。

10.1.7　大型水生动物（鱼类）生态调控水质改善区

在保持水体质量良好、恢复生物群落完整性的前提下，适度发展沙湖优质水产种类的放养增殖，建立起对环境无害的鱼类增养殖新模式，恢复土生的渔业资源，发挥湖泊渔业类群对富营养化水质的生态调控作用。

实施区域为沙湖非水草区的湖泊水域，规划面积为 1 100 hm²。

10.2　沙湖水生植被重建与水质改善

10.2.1　水生植物增殖保护的种类与数量

10.2.1.1　挺水植物

（1）芦苇。增殖保护，面积为 100×10⁴ m²。

沙湖现有芦苇面积为 422.93×10⁴ m²，有湖泊中大小不等的苇岛、沿岸芦苇带、运河两岸芦苇带。水体能充分循环交换的区域主要在苇岛、苇带边缘部分。因此，按芦苇面积的 25% 估算。对现有芦苇主要进行保护和增殖。

（2）水葱。恢复重建，面积为 1×10⁴ m²。

体现景观和水质改善功能，沿湖岸进行恢复重建，带宽 2 m，镶嵌排列，总计带长 5 000 m。

（3）香蒲。恢复重建，面积为 2×10⁴ m²。

主要沿湖泊北岸、西岸浅水区进行恢复重建，呈斑块状分布，单片面积控制在 200 m² 以下。

（4）荷花。恢复重建，面积为 15×10⁴ m²。

主要在三排与运河环湖路之间区域，恢复重建并形成规模的人工自然湿地。

10.2.1.2　浮叶、漂浮植物

（1）睡莲。恢复重建，面积为 3×10⁴ m²。

在三排与运河边环湖路之间区域，恢复重建并形成规模的人工自然湿地。

（2）水生鸢尾、美人蕉。引进种植，面积为 0.2×10⁴ m²。

作为生物浮岛主要种植植物，用于湖泊水体中。

（3）凤眼莲。引进种植，面积为 2×10^4 m^2。

作为生物浮岛主要种植植物，用于湖泊水体中。

10.2.1.3　沉水植物

（1）伊乐藻。引进种植，面积为 2×10^4 m^2。

选择在湖泊西南侧水域，远离正常的船舶航道。

（2）菹草。恢复重建，面积为 3×10^4 m^2。

选择在湖泊西侧水域，远离正常的船舶航道。

（3）金鱼藻。恢复重建，面积为 3×10^4 m^2。

选择在湖泊西北侧水域，远离正常的船舶航道。

10.2.2　水生植物恢复技术

10.2.2.1　水生植物群落的物种配置

根据前面水生植物的选择原则和各种水生植物的权重，选取芦苇、水葱、香蒲、荷花、凤眼莲、睡莲、伊乐藻、菹草和金鱼藻这些水生植物构建景观湖水生生态系统。芦苇、水葱、香蒲和荷花均为挺水植物，它们构成人工湖水生生态系统的挺水植物群落，这样的群落构成比较稳定。在这个群落中，芦苇属于先锋种和建群种，它的生存能力极强。凤眼莲和睡莲是浮水植物，它们构成了湖泊水生生态系统的浮水植物群落。凤眼莲生存能力极强，是这个群落的建群种，并且凤眼莲对水体的净化功能十分显著，能吸收水体中大量的氮、磷。伊乐藻、菹草和金鱼藻均为沉水植物，它们对于这个水生生态系统有着非常重要的作用。在水生生态系统构建初期，首先应该引入每个群落中的先锋种或者建群种，然后再引入其他水生植物，以保证水生植物的成活率。

10.2.2.2　水生植物群落的空间配置

群落的空间配置不仅要考虑群落的生活型，而且还要考虑湖泊的景观规划。根据湖相生态系列在空间生境梯度上的变化，按水生植物生活型配置群落是群落配置的基本出发点。对沙湖而言，沿浅岸到湖心方向依次是挺水植物群落、浮水植物群落和沉水植物群落。但在具体配置时，还要考虑沙湖的深浅情况。

10.2.2.3　水生植物群落的节律配置

由于各生态因素（水温、水量、水体营养状况）的季节性变化以及水生植物物种适宜生态条件的差异，水生植物配置除了要考虑空间上的镶嵌外，还应考虑时间上的节律配比，以保证所建水生植物群落具有较强的生态环境功能和周年连续性。在沙湖水生生态系统中，有比较耐旱的香蒲、芦苇，有喜温的睡莲、水葱、荷花、凤眼莲和金鱼藻，还有耐寒的伊乐藻和菹草。这些植物的配置使植物种群在生长期上密切衔接，形成生长期和净化功能的季节交替互补。

10.2.2.4　水生植物引种的栽培方法

对于水生植物的栽培，除了要考虑每种水生植物的生活习性外，还要考虑以下一些因素。对于挺水植物，在开始引种阶段建议使用盆栽技术，在植物生长较为茂盛时才引入浅水中进行栽培。对于浮水植物，建议使用金属网围栏进行栽培，这样便于管理，尤其是凤眼莲，由于它的繁殖能力极强，可以用金属网控制其生长范围，防止过度"疯长"。对于沉水植物，应在它最适应的生长阶段进行引种栽培，以提高其存活率。

10.2.2.5　水生植物的布局和造景

水生植物的布局和造景必须与沙湖周围的环境相协调，配合周围的陆地植物、建筑物、护岸以及整个湖泊的主题和气候特点，恰如其分地设计。在配置水生植物的构图上，应要考虑色彩的调和。清澈泛绿的水色是整个水景的底色，根据水生植物的生长特性和观赏期，以及观赏部位不同（如观叶、观花等），错落有致，绿色叠荡，或红或黄的花丛点缀，四季呈现色彩变化，充满韵律感。就沙湖水景而言，在遵从水生植物群落配置空间原则的基础上对湖泊水生植物进行布局和造景。

芦苇：芦苇茎秆直立，花形为大型圆锥花序，分枝稠密。秋季芦花雪白，"夹岸复连沙，枝枝摇浪花"描述的就是秋季芦苇美景。根据沙湖实际情况，芦苇可以种在湖心岛上、岸边的浅水地带。

水葱：是一种高大的水生植物，外形像葱，茎秆修长，且挺拔翠绿，使水景朴实自然，富有野趣。水葱可以少量地分布在湖心岛周围及岸边。

香蒲：香蒲种植在沙湖岸边清水地带和湖东湿地的部分地区。

荷花：荷花叶清脆而洁净，波状叶缘更增添几分潇洒丰姿，表面的一层蜡质，落在上面的水滴更有动势感。花色艳丽，香气袭人，具有很高的观赏价值。沙湖湖东湿地应合理规划和种植荷花，采取成片栽培而且不与其他水生植物混栽。

水生鸢尾：鸢尾花大，花色明亮，形似蝶和鸾，雅致奇特。叶丛青翠碧绿，剑形线形等，秀丽美观，是著名的观赏植物。种植在沙湖岸边和湖东湿地的部分地区。

凤眼莲：叶柄中部膨大如葫芦，在密集生长时呈纺锤形。凤眼莲叶柄奇特，叶色翠绿，花色蓝紫，异常艳丽。可以种植在湖东湿地和沙丘南侧湿地，但是种植面积不宜过大。

睡莲：叶卵圆形，幼叶暗红色，成叶绿色。花粉红色，有浓香。同凤眼莲一样，种植面积不宜过大。而且应该和凤眼莲分开种植，形成对称景观效果。规划种植在湖东湿地荷花园内。

金鱼藻、菹草和伊乐藻均是沉水植物，宜种植在大湖深水处，而且分开种植。

10.2.2.6　水生植物群落恢复的围隔处理

围隔有生态保护膜、过滤、导流、生物工程框架，具有限定湖水滞留时间等作用，同时，围隔内部湖水的动力扰动减小，水体浊度低，有利于水生植物的恢复。沙湖水生植物群落恢复的过程中，可以考虑在个别地区实行围隔处理，提高水生植物群落恢复的速度。

10.2.2.7　水生植物群落恢复的鱼类控制

大量研究及实践证明，草食性鱼是水生植被破坏的主要因素之一。许多原来水草丰富的湖泊，由于强调发展渔业，增加鱼产量而使水生植物被严重破坏。因此，在沙湖部分地区重建水生植被时，必须清除草食性鱼。此外，滤食浮游动物和摄食底栖动物的鱼类，虽然对水生植物没有直接的破坏，但由于会使食物链中浮游藻类的生物量增加，应该控制其生物量。底栖性鱼类，会扰动水体，增加混浊度，对沉水植物的定植不利。因此，在重建植被时，要尽可能地去除重建水域的鱼类，为植被恢复创造条件。

10.2.3　沙湖水生植物生态修复模式

沙湖水生植物生态修复模式可根据需要修复区的实际情况，选用以下修复模式。

模式一：水生植物群落的物种配置技术+水生植物群落的空间配置技术+水生植物的布局和造景技术+围隔技术+水位调控技术+水体水生生态系统维护技术+不利于水生植物生长恢复的鱼类控制技术。

模式二：水生植物群落的物种配置技术+水生植物群落的空间配置技术+水生植物的布局和造景技术+基生物浮床技术+水位调控技术+水体水生生态系统维护技术。

模式三：水生植物群落的物种配置技术+水生植物群落的空间配置技术+水生植物的布局和造景技术+人工自然湿地技术+水位调控技术+水体水生生态系统维护技术。

10.3　沙湖人工生态浮床与人工湿地应用

10.3.1　人工生态浮床原位改善水质

10.3.1.1　技术特点

（1）要求浮床结构形式在水面可升降，在冬季便于集中保存。

（2）要求模块化装置，安装和运输方便，不需在湖面、运河内实施其他辅助工程即可施工，投资省，建设周期短。

（3）浮床水生、湿生植物通过直接吸收营养物质，达到去除水体污染物的目的，可通过植物体的收割将污染物从水体中移出，实现对水体的净化，水生植物的生长为低成本、高效率的水体净化提供条件。

（4）水生、湿生植物通过光合作用和输氧过程将氧气释放到水体中，增加水体中的溶解氧含量，提高水体的自净能力。

（5）水生、湿生植物通过化感作用和营养物质的吸收，抑制藻类生长，防止水体富营养化。

（6）浮床床体升降通过调节装置实现，操作要方便，自动化程度相对高，便于后期的植物维护和管理。

10.3.1.2　浮床植物的选择

截至目前，已有80余种高等植物用于净化富营养化水体的研究，主要是一年生或多年生草本植物和花卉等。已用于或可用于生物浮床净化水体的植物主要有美人蕉、芦苇、水生鸢尾、荻、黑麦草、水稻、香蒲、石菖蒲、水浮莲、凤眼莲、水雍菜、旱伞草、灯心草等。

由于不同植物的生理特性不同，净化富营养水体的效果不同，收获物的用途或经济价值存在差异，因此选择适合环境特点、具有较高净化能力，又有一定经济、景观价值的浮床植物或植物组合是需要解决的关键问题。沙湖水体富营养化程度在夏、秋季相对较高，考虑沙湖水体的景观功能及植物特性，建议浮床植物为美人蕉、芦苇、凤眼莲。

10.3.1.3　浮床面积

（1）美人蕉、芦苇浮床，浮床植物面积 $0.2 \times 10^4 \ m^2$。

（2）凤眼莲浮床，浮床植物面积 $2 \times 10^4 \ m^2$。单个浮床床体规格一般为 2 m×1 m，长方形，通过连接装置组合成一定形状的模块。

10.3.1.4　浮床设置水域

（1）湖泊水体非航道水域。

（2）运河与艾依河口交汇水域。

10.3.2　人工湿地异位改善水质

10.3.2.1　湿地植物的选择

根据沙湖水体的景观功能及植物特性，建议选用湿地植物为芦苇、莲花、睡莲。

10.3.2.2　湿地植物面积

（1）莲花+芦苇，面积为 $15 \times 10^4 \ m^2$。

（2）睡莲+芦苇，面积为 $3 \times 10^4 \ m^2$。

10.3.2.3　人工湿地位置

艾依河（第三排水沟）与运河之间。

10.3.2.4　人工湿地类型

根据沙湖实际情况和费效比，建议采用表面流湿地。

10.4　沙湖渔业结构调整与生态调控

鉴于湖泊渔业发展与水环境质量之间存在相互影响、相互制约的复杂关系，一般不主张在湖泊中发展生产性渔业。在大水面渔业的可持续利用研究中，有三方面值得注意：一是鱼类对湖泊生态系统下行效应已见成效，即通过改变鱼类群落结构，进而调节其他水生生物群落结构，如在湖泊中放养凶猛性鱼类控制食浮游动物种类，最终控制浮游植物的生长，即发展了优质的经济鱼类，又保护了水质；二是强调天然水域生态系统的完整性，如湖泊鱼类活动规律与湖泊之间的营养状态以及初级生产力变化规律等密切相关；三是近年对大型浅水湖泊进行恢复生态学研究，将藻型湖泊恢复为草型湖泊，在这方面已进行了成功的尝试。

沙湖是鱼类的天堂，曾是宁夏著名的"鱼湖"。沙湖渔业结构调整的关键是解决渔业发展与水环境保护的矛盾，建立起对水环境无害的渔业新模式。总趋势是在保持水体质量良好、恢复生物群落完整性前提下，适度发展沙湖优质水产种类的放养增殖，恢复土生的渔业资源，渔业种群从过去的几个发展到整个鱼类群落、经济虾和贝类，提高湖泊的放养效益。沙湖渔业结构调整与生态调控技术路线如图 10-1 所示。相应地，在渔业管理布局上，应加强渔业生态系统管理，使原来单纯的商业渔业发展到综合渔业。

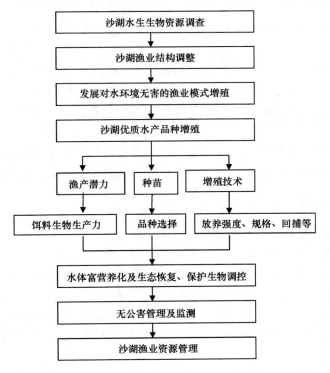

图 10-1　沙湖渔业结构调整与生态调控技术路线

10.4.1　沙湖重要放养鱼类的渔产潜力

10.4.1.1　草食性鱼类渔产潜力

自沙湖开展鱼类放养以来，草鱼曾是主要的放养对象之一。草鱼的过度放养，导致了水草资源，尤其是沉水植物资源的锐减甚至消失。沉水植物的消失导致藻类生物量增加，敞水区湖体由草型湖泊转变为藻型湖泊，水质质量下降。因此，草鱼的合理放养问题一直是沙湖湖泊渔业的重要问题。

估算湖泊草食性鱼类渔产潜力及合理放养量，可根据草食性鱼类的渔产潜力（F）：

$$F = B \times P / K$$

式中，B 为湖泊中水草（以沉水植物计）的最高生物量；P 为计划利用的饵料植物占水草最高生物量的比例；K 为草鱼摄食水草时的饵料系数（生产 1 kg 鱼需要消耗的水草量）。P 一般为 60%，K 为 120。

目前，沙湖水生植物以挺水植物的芦苇为主，分布有少量的香蒲。草鱼的放养，其摄食作用会对芦苇的正常生长造成损害，不利于芦苇的保护与景观利用。因此，应合理控制放养草鱼，待水生植物种类及数量得到恢复时，可适当放养适量的团头鲂。

10.4.1.2　底食性鱼类渔产潜力

底食性鱼类渔产潜力的估算需要底栖动物生产量、生产量中有多少可被鱼类直接利用、饵料系数等参数。

沙湖底栖动物现存量主要由摇蚊科幼虫的多寡与种类所决定，根据调查结果，底栖动物生物量为 6 g/m²。根据沙湖水域条件及气候特点，底栖动物生产量的 P/B 系数按 4 估算；鱼类对底栖动物生产量的利用率按 30% 估算；天然饵料的饵料系统，沙湖底栖动物以 6 估算。

对沙湖底食性鱼类渔产潜力估测，每公顷可生产底食性鱼类（鲤、鲫）12 kg [6（g/m²）×4×30%÷6×10 000（m²）]，全湖由底栖动物可每年提供生产鲤、鲫 16 000 kg。

10.4.1.3　滤食性鱼类渔产潜力

1）应用能量转换法

第一步，计算浮游植物对鲢鳙的供饵能力（F_{SC}）

F_{SC} = 湖区浮游植物年产量（t 氧）$\times P_{Na}/P_{Ga} \times$ 鱼类对浮游植物利用率（a）×氧的热当量

式中，P_{Na}/P_{Ga} 为浮游植物单位面积净产量（P_{Na}）与毛产量（P_{Ga}）之比，据资料的计算结果，P_{Na}/P_{Ga} 约为 0.8；a 为鱼类对浮游植物的利用率，该利用率与放养密度、管理水平有直接关系，放养密度大的水体其最大利用率约为 0.5。1 g 氧的热当量为 14.686 kJ。

将上述参数代入式中，得

$$F_{SC} = 湖区浮游植物年生产量（t 氧）\times 0.8 \times 0.5 \times 14.686$$

$$= 5.874 \times 湖区浮游植物年生产量（t 氧）$$

第二步，估算鲢、鳙渔产潜力（F_{Hy}，F_{AR}）

$$F_{Hy} = F_{SC} \times E_{Hy} \times Hy/C$$

$$F_{AR} = F_{SC} \times E_{AR} \times AR/C$$

式中，Hy 和 AR 分别为鲢、鳙相对比例，建议 Hy = 0.7，AR = 0.3。C 为鲜鱼肉的热当量。据资料的测定结果，1 g 鲢或鳙鲜肉所含热当量约为 5.021 kJ。E_{Hy} 和 E_{AR} 分别为鲢和鳙对浮游植物的转化效率。

$$E_{Hy} = 鲢全年增肉量 \times 鱼肉热当量/鲢全年摄食量 \times 鲜藻热当量$$

$$E_{AR} = 鳙全年增肉量 \times 鱼肉热当量/鳙全年摄食量 \times 鲜藻热当量$$

以国内鲢和鳙生长参数为依据，求出 $E_{Hy} = 0.032$，$E_{AR} = 0.072$。将以上常数值代入上式，上式可进一步简化为

$$F_{Hy} = 0.026\ 2 \times 湖区浮游植物生产量（t）$$

$$F_{AR} = 0.025\ 3 \times 湖区浮游植物生产量（t）$$

然后以浮游植物水柱氧气日产量（$g/m^2 \cdot d$），求出其水柱氧气年产量 $[P_{Ga}，（g/m^2 \cdot a）]$，乘以湖泊敞水水域面积，即可求出浮游植物年产量，代入上述简化式，即可分别求出全湖鲢和鳙渔产量，两者之和为全湖鲢和鳙渔产潜力。

沙湖浮游藻类初级生产量为 0.60 mg/（L·d），水深以 2.2 m 计，估测全湖鲢生产潜力为 47 100 kg，全湖鳙渔产潜力为 45 500 kg，鲢、鳙渔产潜力为 92 600 kg。

2）浮游生物生产量估算。

综合沙湖浮游生物调查，浮游植物平均生物量为 5 mg/L，浮游动物平均生物量为 2 mg/L；浮游植物 P/B 系数按 50、浮游动物 P/B 系数按 20 估算；饵料生物的利用率，浮游植物按产量的 30%、浮游动物按产量的 40% 估算；天然饵料的饵料系数，浮游植物按 40 计算，浮游动物按 9 计算。

根据以上参数，估算沙湖全湖鲢渔产潜力为 46 800 kg，全湖鳙渔产潜力为 44 400 kg，鲢、鳙渔产潜力为 91 200 kg。

10.4.2　增养殖鱼类选择及其搭配

10.4.2.1　增养殖鱼类选择

（1）根据水体饵料基础进行增养殖鱼类选择。

（2）根据饵料生物与水层空间进行增养殖鱼类选择。

（3）根据生态位进行增养殖选择。

沙湖属浅水型湖泊，浮游生物资源丰富，生产量大而且敞水区比例大，沿岸浅水区相对比例小。鲢、鳙为敞水性鱼类，栖息于水的中上层，以浮游生物为食，又可利用腐屑和细菌，其生物学特点与水域渔产性能相适应。鲢、鳙是利用浮游生物效率最高，生长速度快的大型鱼类。

10.4.2.2　增养殖主体鱼选择及搭配

（1）根据饵料基础与水域特性选择主体鱼。

（2）根据鱼类生物学特性选择主体鱼。

（3）根据水质、放养密度确定主体鱼搭配比例。

根据饵料基础与水域特性、鱼类特性、水质、生物操纵技术要求，确定主体鱼为鳙、鲢，由于是大水面粗放增养殖，放养密度相对比较低，因此，鲢、鳙比例为1∶（0.8~1）。

10.4.2.3　增养殖配养鱼选择及配养

（1）草食性鱼的选择及配养。

（2）杂食性鱼的选择及配养。

（3）刮食性鱼选择及配养。

根据沙湖水体功能及水生态系统特点，草食性鱼类不放养；根据水体饵料特点，不配养刮食性鱼类。配养鱼类选择杂食性的鲤、鲫。

10.4.2.4　放养比例确定

（1）主体鱼放养比例确定。主体鱼为滤食性的鳙、鲢，按放养个体数计，放养比例确定为60%。

（2）配养鱼放养比例确定。配养鱼为杂食性的鲤、鲫，按放养个体数计，放养比例确定为40%。

10.4.3　鱼种放养规格选择和质量控制

10.4.3.1　鱼种放养规格选择

（1）大规格鱼种的确定。根据传统经验，大规格鱼种一般为体长13 cm以上、体重50 g以上的鱼种。

（2）主体鱼鱼种适宜放养规格确定。根据沙湖的基本条件与饵料基础，主体鱼鲢、鳙确定为体长17 cm以上、体重150 g以上；搭配鱼鲤为体长13 cm以上、体重100 g以上，鲫为体长10 cm以上、体重50 g以上。

10.4.3.2　鱼种质量控制

（1）鱼种的遗传性状。

（2）鱼种的健壮程度。

（3）鱼种在生态上的健全性。

10.4.4　鱼种合理放养密度确定技术

10.4.4.1　确定依据

（1）水域估测渔产力。

（2）鱼种的养殖成活率（回捕率）。

（3）养殖期间的计划平均增重。

10.4.4.2　单位水域放养量

根据以上要求及条件，确定沙湖每公顷鱼类放养量为 127 尾，其中鳙 30 尾、鲢 37 尾、鲤 15 尾、鲫 45 尾。

10.4.4.3　总放养量

根据单位水域鱼类放养量，确定沙湖水域鱼类总放养量为 17 万尾（有效成活数），其中鳙 4 万尾、鲢 5 万尾、鲤 2 万尾、鲫 6 万尾。

10.4.4.4　放养密度调整

根据多年渔业生产量，对放养密度进行适当调整。

10.4.5　养殖周期制定技术

10.4.5.1　确定养殖周期的依据

（1）养殖鱼类生长特性。

（2）水域中生态环境的分化程度。

（3）经营管理条件。

10.4.5.2　养殖周期确定

（1）2 年以上养殖周期：放养 1 龄鱼种，在大水域中养 2~3 年，捕 3~4 龄鱼。

（2）2 年周期：放养 1 龄鱼种，在大水域中养 1 年，捕 2 龄鱼。

（3）分级养殖：是 2 龄鱼与高龄鱼分养，养殖周期较长，整个养殖过程由不同的水域分级饲养，共同完成。

10.5　本章小结

沙湖水质改善水生生态系统主要由进水沉淀净化区与人工湿地异位、人工生态浮岛原位、湖滨水生植被重建、浅滩水生植被恢复、深水沉水植物重建、大型水生动物（鱼类）生态调控水质改善区构成，主要实施了水生植被重建、生物浮床与人工湿地应用、湖泊渔业结构调整与生态调控等水质改善技术。

沙湖水生植被重建与水质改善技术：根据现状调查及水质改善要求，挺水植物增殖保护面积为 $100×10^4$ m^2、恢复重建面积为 $18×10^4$ m^2，浮叶、漂浮植物恢复重建面积为 $5.2×10^4$ m^2，沉水植物重建面积为 $8×10^4$ m^2；植被恢复技术措施主要包括水生植物群落的物种配置、空间配置、节律配置和引种栽培、布局造景、围隔处理、鱼类控制。

沙湖生物浮床与人工湿地应用技术：考虑沙湖的影响功能及植物特性，选择浮床植物为美人蕉、芦苇、凤眼莲，浮床面积为 $2.2×10^4 \, m^2$，主要设置在湖泊非航道水域、运河与艾依河口交汇水域、运河与三排口交汇水域。选择湿地植物为芦苇、莲花、睡莲，浮床面积为 $2.2×10^4 \, m^2$，人工湿地面积为 $18×10^4 \, m^2$，设置于第三排水沟与运河之间；对比不同类型人工湿地的特点，选择表面流人工湿地，分析提出湿地的总体布局、工艺参数、布水方式、土建结构、植物配置。

沙湖渔业结构调整与生态调控技术：对主要放养鱼类的渔产潜力进行估算，鲢、鳙渔产潜力为 $9.12×10^4 \, kg$，鲤鲫渔产潜力为 $1.60×10^4 \, kg$；增养殖主体鱼为鲢、鳙，配养鱼为鲤、鲫；主体鱼放养规格为 17 cm 以上；放养量为 127 尾/hm²，其中鳙 30 尾、鲢 37 尾、鲤 15 尾、鲫 45 尾；鱼类总放养量为 17 万尾（有效成活数），其中鳙 4 万尾、鲢 5 万尾、鲤 2 万尾、鲫 6 万尾。

第11章 沙湖水生生态系统的维护

11.1 水利联合调度的活水维护

立足于水资源总量以及水权分配比例的基础上，测算与实际补水相结合确定沙湖水资源需求量。

根据沙湖水资源来源以及水的来源方式，建设必要的水利调控设施，以维系湖泊生态系统的所需水位和水量。进水和排水系统是水位、水质调控的组成部分，应统筹考虑。为应对沙湖特殊状态下的应急处理，水位调控设施必须完善、可靠。

采取多水源方式进行水利联合调度活水维护：一是利用现有的农灌渠道（东一支渠）引黄河水向湖泊进行生态水补给；二是自然补水，主要是艾依河和农业灌溉的沟道（八一支渠）排水向沙湖补水；三是合理利用7月、8月、9月的集中降水对湖泊进行补水。

11.2 人工辅助手段维持沙湖水生生态系统的正常运行

人工辅助手段维持沙湖水生生态系统的平衡有两种方法：一种方法是利用仪器设备来控制水生生态系统的某个环节，如向水中曝气复氧增加水中的含氧量，通过搅动加快水体的流动和循环；另一种方法主要通过一些人为的措施来"合理干扰"水生生态系统的运行。

11.2.1 人工曝气复氧

溶解氧在湖水自净过程中起着非常重要的作用，水体的自净能力直接与复氧能力有关。湖水中的溶解氧主要来源于大气复氧和水生植物的光合作用，其中大气复氧是湖泊或者河流水体溶解氧的主要来源之一。大气复氧是指空气中的氧气溶于水中的气—液相传质、扩散过程。水体的溶解氧主要消耗在有机物的好氧生化降解、氨氮的硝化、底泥的耗氧、还原性物质的氧化、水生生物和植物生长等化学、生化及生物合成等过程中。如果这些耗氧过程的总耗氧量大于复氧量，水体的溶解氧将会逐渐下降，乃至消耗殆尽。当水中的溶解氧耗尽之后水体处于无氧状态，有机物的分解就会从好氧分解转为厌氧分解，水生生态系统遭到严重破坏。

曝气复氧对消除水体黑臭的良好效果已被实验室所证实。因此，向处于缺氧状态的水体进行曝气复氧可以补充水体中过量消耗的溶解氧、增强水体的自净能力，改善水质。

由于沙湖水生生态系统非常复杂，在正常充氧时间的基础上，还要考虑一些特殊情况的充氧以保证景观水体的水质和水生生态系统的健康运行。

11.2.2 活水维护

由于沙湖所在区域的年蒸发量达到 1 200 mm 以上，而降雨量大约只有 200 mm，而且集中在夏季和秋季，况且大湖和湖东湿地水体必然向地下渗漏，这些因素都会导致湖水量越来越少。如果不引入清洁水体来补充蒸发和下渗的水量，那么沙湖水生生态系统势必会受到破坏，不能健康地运行，更不用说维持景观水体的水质。根据经验，对于一个封闭的湖泊水体来说，每天都应该进入一定体积的水量以维持由于湖面蒸发和湖底渗漏而损失的水，况且还需一部分水来维持水体的循环。根据沙湖的水容量和引水的成本，建议每天输入水量 $7 \times 10^4 \sim 10 \times 10^4 \ m^3$。多雨季节可少一些，而干旱季节则多一些。

建立大湖和湖东湿地有效的水循环流动体系是维持沙湖湿地水生生态系统的有效措施。由于大湖和湖东湿地海拔高度的差异，大湖的水无法自然流动到湖东湿地，因此，合理规划，开挖水道，建设堤坝，打通大湖和湖东湿地水系，促进沙湖湿地由"死水"向"活水"转变。

11.3 水生植物的管理

沙湖水生植物管理方案应根据沙湖水生植物现有生物量、沉水植物的生物量以及水生植物种类等具体情况分别对待，采取不同的管理方案，建立适宜于不同水域类型湖泊的优化管理模式。

11.3.1 水生植物过量生长的湖泊水域（湖东湿地）

根据调查研究，沙湖湖东湿地属于水生植物过量生长的湖泊水域。相关研究表明，当水深 1 m 左右时，湖泊大型水生植物最佳保有生物量为 3 kg/m^2，当水深大于 1 m 时，湖泊大型水生植物最佳保有生物量应保持在 2 kg/m^2。当湖泊富营养化达到一定程度时，有可能出现水生植物的过量生长。大型水生植物过量生长，如果不加以控制，会导致湖底淤积抬升，加速湖泊沼泽化，应采取有效措施，减少过多的生物量。

（1）水生植物生物量输出。水生植物生物量输出的主要手段是收割。工具主要有推刀、镰刀、竹竿及相关机械。

（2）生物操纵。基于下行效应原理，即指食物链顶层生物对食物链底层生物量的限制及影响，下行效应食物链越短，效果就越显著。对于湖东湿地，可在湖内放养草食性鱼类摄食水草。按照湖泊养鱼的经验，水草的饵料系数为 100 : 1，根据所放养湖泊水草生物量的 50% 计算放养草食性鱼类的数量。

（3）发展饲料产业。沙湖东部和东北部多建有鱼塘，使用饵料为人工配合饲料，既浪费资源，又增加生产成本。在湖东湿地水生植物管理中，可鼓励引导投资，发展水草饲料产业，将湖内过量水草收割捞出，加工后投塘养鱼。这样，不仅可以从水体移出部分水草、转移部分营养盐、防止水草死亡沉落湖底带来二次污染，还可以产生一定的经济效益。

11.3.2　水生植物适量生长的湖泊水域（沙湖大湖）

沙湖大湖属于水生植物生物量维持在最佳保有生物量的湖泊水域，对该水域应重点保护和维持现有水生植物生物量，并尽可能保持物种的多样性。

11.3.2.1　湖内水产品种增养殖管理

（1）严格控制草食性鱼类。草食性鱼类对水草的摄食具有选择性，因此会破坏湖泊水生植物群落多样性，影响水体正常功能。因此，对于草食性鱼类的数量，必须严格控制在一定范围内，对汛期该类鱼种的逃逸也应有预防措施。

（2）控制养鱼的数量及面积。具体来说，应在整个湖泊生态系统营养平衡的基础上，通过实验研究确定其允许的最大增养殖规模，以防止全湖或局部性环境和水生植物退化。

（3）改变传统养殖模式。在有条件的时期，应在水域渔产潜力调查研究基础上，进行优质的肉食性鱼类增殖放养，适当发展河蟹增殖放流。

（4）提倡轮渔轮休的生态养殖模式。大湖生态系统应该保持如下良性循环：水生植物养鱼，养鱼又不过分消耗水生植物。水生植物、鱼和水中营养物质之间形成合理比例。轮渔轮休可以使得水生植物在被利用之后能得到休养生息和自然恢复的机会。轮渔轮休的生态模式，既发展了经济，又实现了自然资源的永续利用。

11.3.2.2　水生植物保护与生态管理

针对湖内渔业与水生植物保护矛盾的局面，应划出专门的水生植物自然资源保护区。保护区呈多块镶嵌式，可设置成保护区在外、增养殖区在内的格局，保护区内严格禁止养殖。这种方法对湖中濒临消亡的水草有较好效果。也可选择适当湖区，以对难以实施禁渔区和禁捕期的湖区进行补救，一方面保护水生植物资源；另一方面也可维持渔业资源的可持续发展。在水生植物的生长期内，通过相应地补种或收割措施，使湖泊内的水生植物量保持在合适的生物量范围之内，并保持水生植物群落结构的稳定和协调。

11.4　沙湖增养殖鱼类管理技术

11.4.1　鱼种放养时间和方法

11.4.1.1　放养时间

根据鱼种生长发育特性确定放养时间。

11.4.1.2　鱼种暂养管理

根据鱼种生长发育特性及养殖条件确定。

11.4.1.3　放养地点、方法

根据鱼种生长发育特性及养殖条件确定。

11.4.1.4　注意事项

根据前面水生动物选择的标准和权重，选择鲢、草鱼、鲤、鲫等作为水生生态系统的水生动物。在投放这些水生动物时一定要注意以下几点。

（1）投放的鱼种不宜过小，因为过小的鱼种生存能力不是很强。投放的鱼种也不宜过大，因为大鱼种的活动范围很大，会对刚刚建立的水生生态系统造成破坏，尤其是对水生植物的正常生长造成影响。

（2）投放鱼种的时间最好是在水生植物生长两个月后，这时水生生态系统的平衡已经建立起来。

（3）投放鱼种应该分批分量进行，不宜一次投完。中间的时间间隔最好是半个月。这种投放方式有利于水生动物生长情况的多样化。

11.4.2　杂野鱼的控制管理技术

适量投放食鱼性鱼类，如鲇、红鳍原鲌，摄食水域中大量的无经济价值的小杂鱼，但应正确估测小杂鱼的生产量，确定食鱼性鱼类的合理放养量。

11.4.3　安全管理和越冬管理技术

安全管理的主要工作是防逃、防盗。沙湖水域的进出口都要建设拦鱼设施，定期检查维修；行洪及大风前后，及时检查、加固。要建立必要的治安机构，维护好渔业秩序，禁止非法捕鱼。

越冬管理是沙湖生态系统维护的重要内容。沙湖冰封期长，冰层较厚，而且一般腐泥层相对较厚，冬季水中溶解氧往往降得很低，二氧化碳积累过多，加重了缺氧对鱼类的危害，严重时可导致鱼类大量死亡。沙湖在越冬前应尽可能地保持较高水位，亦可采取措施进行生物增氧；越冬期应及时清除冰上积雪，以改善水中的溶解气体状况，确保鱼类安全越冬。

11.4.4　捕捞管理

捕捞管理总的要求是将达到捕捞规格的鱼及时捕起，使增养殖水域不论在生态上还是在经济上都取得明显效益。为此，应采用适宜的渔具渔法，以集中捕捞为主，集中捕捞与分散捕捞相结合。

11.5　生物浮床、人工湿地管理

11.5.1　生物浮床维护管理

沙湖可适当设置生物浮床进行水质改善和生态系统维护。生物浮床的维护管理应注意以下几点。

（1）生物浮床漂浮在水面上，日常的管理均在水面上完成，目前其管理操作大多采用人工完成，植物需要经常、及时采收。

（2）生物浮床一般采用现场制作及现场种植的模式。

（3）沙湖生物浮床上的植物大多数不能过冬，一般需要在翌年春天重新种植。

（4）一般难以抵抗极端的大风、大雨及大浪。

11.5.2　人工湿地维护管理

设置人工湿地是沙湖进行水质改善和生态系统维护的有效途径。人工湿地的维护管理应注意以下几点。

（1）防止杂草的大量生长。

（2）秋、冬季对湿地中的植物进行收割。

（3）湿地植物除虫应尽量少用杀虫剂。

11.6　沙湖水环境管理

11.6.1　水面保洁

沙湖的部分水域已开发为景观水域。景观水域水面上经常会有人随意丢弃垃圾。此外，植物的枯枝落叶也会飘落到水面上，这些垃圾和各种枯枝落叶与水面降尘粘附在一起，形成一层灰褐色污染层在水面上漂浮，极大地影响了水体的可瞻性。水面保洁可以有效避免垃圾和枯枝落叶等在水体中腐败，污染水质。对于沙湖，应要求管护人员用专门的工具将湖面漂浮物收集移走。另外，用告示牌进行提醒也是一种减少水面污染的好办法。

11.6.2　水质监测

水生生态系统建立 3 个月后，必须每隔一段时间对水质进行监测。对于沙湖水体水质，其监测的内容主要包括水温（℃）、pH、电导率、透明度、叶绿素 a、溶解氧、高锰酸盐指数、化学需氧量、五日生化需氧量、氨氮、总磷、总氮、铜、锌、氟化物、硒、砷、汞、镉、铬（六价）、铅、挥发酚、石油类、阴离子表面活性剂、粪大肠菌群。采样点均匀分布于整个湖区。

11.7　应急处理

对于任何一个生态工程都有可能出现紧急情况，如果出现紧急情况，应该有很好的措施来应对。就水生生态系统而言，如果出现紧急情况那就是水体富营养化。所谓富营养化是指由于人类的活动，水体中营养成分（氮、磷等）增加，引起植物过量生长（尤其是水中的藻类）和整个水体生态平衡的改变，因而造成危害的一种污染现象。水体富营养化的一个特例就是"水华"。引起水体富营养化的因素很多，可能是大量的污染源进入水体，使水体的营养元素含量猛增造成水体中藻类的疯长，也有可能是水体中供氧不足而造成水体缺氧引发水体富营养化。

如果沙湖水体出现富营养化，可以采取以下措施来缓解水体的富营养化程度并最大限度地恢复水生生态系统的平衡。

（1）采用大量的引水换水方式。当水体中的悬浮物增多（藻类），水体的透明度下降，水质发浑时，可以通过大量换水、引水的方式来稀释水中营养元素的浓度，从而控制富营养化程度。

（2）循环过滤方式。利用仪器设备对水体进行长时间的循环过滤，控制水体中营养元素的含量。

（3）投加杀菌灭藻剂。当水体出现富营养化时，投加化学灭藻剂，效果很明显。投入的灭藻剂可以使大量的藻类死亡，从而可以控制水体的富营养化。

（4）投加微生物。在水体水质恶化的时候，投加适量的微生物（各种菌类），加速水中污染物的分解，可以起到水质净化的作用。

11.8　本章小结

研究在沙湖水生生态系统的运行中实施的人工干预手段，符合生态学原理的养护和管理将是必不可少的措施。

主要维护措施包括：采用多水源方式进行水利联合调度的活水维护；人工辅助手段（人工曝气复氧、持续的水输入和补充）维持水生生态系统的正常运行；水生植物管理；增养殖鱼类管理；生物浮床、人工湿地运行管理；水面保洁和常规水质监测等日常水环境管理；在某些有害藻类水华发生时的应急处理。

根据沙湖水生植物现有量、沉水植物的生物量以及水生植物种类等具体情况，分别对水生植物过量生长、适量生长的湖泊水域，采取不同的管理方案，建立适宜于沙湖不同水域类型的水生植物优化管理模式。提出了沙湖鱼类增养殖管理的鱼种放养、野杂鱼的控制方法，以及安全管理、越冬管理和捕捞管理技术。

第 12 章　沙湖污染源系统治理与控制

12.1　沙湖点源污染控制

12.1.1　点污染源

12.1.1.1　点污染源污染特征和污染负荷调查

1）点污染源污染特征

点污染源是指有相对产生范围或位置并有固定排放点的污染源。它的特点是污染物排放地点固定，所排放污染物的种类、特性、浓度和排放时间相对稳定。由于污染物集中在很小的范围内高强度排放，故对局部水域影响较大。

对湖泊水环境造成影响的点污染源主要有两类——工业废水和生活污水。

（1）工业废水。工业废水是目前水体的主要污染源，它的特点是水量大、含污染物质多、成分复杂，有些废水中含有毒有害物质。不同的工业废水在水质特征、排放量、排放规律等方面存在着很大的差异，对水体的污染程度也各不相同。

（2）生活污水。生活污水是城镇居民的生活活动所产生的污水，其数量、成分、污染物浓度与居民的生活习惯、生活水平利用水量有关；生活污水的排放为不均匀排放，瞬时变化较大。生活污水的特征是水质比较稳定，有机物和氮、磷等营养物含量较高，一般不含有毒物质，污水中还含有大量的合成洗涤剂以及细菌、病毒、寄生虫卵，等等。

2）污染源调查

通过对沙湖汇水范围内的点污染源进行调查，掌握区域内各类污染源的污染物排放情况，确定湖泊污染与点污染源之间的对应关系，根据点污染源的影响大小，确定重点污染源及重点污染物，为制定沙湖污染综合防治方案与对策做准备。

（1）调查对象。包括沙湖汇水范围内的所有工业污染源、城市生活污染源及村落、集镇等中小型污染源，尤其应重视临湖点污染源的调查。

（2）调查内容。包括生活污水和工业污染源。

生活污水：生活区基本情况及发展规划调查；生活区给排水设施现状及规划资料收集；污水排放方式、排放口位置与入湖途径调查；污水排放量、污水水质调查（COD、BOD、SS、N、P 等各类污染物浓度）；污水处理状况调查。

工业污染源：企业概况；生产工艺、产品产量、产值；厂内用水排水情况与物料平衡情况；厂内各类废水排放量、排放方式、水质情况；废水治理情况（处理流程与治理程度等）；废水排放口位置、水质、排放量、排放去向与入湖途径等。

（3）主要污染物及重点污染源确定。在对污染源进行全面调查的基础上，根据污染源的污染排放量及对湖泊影响的大小，排列出现状以及未来 5~10 年的污染源次序，从而确定需要控制的重点污染源。

12.1.1.2 点污染源污染控制的排放标准

按照国家规定，所有点污染源的排污应符合《污水综合排放标准》（GB 8978—1996）。工业废水排放应符合《工业"三废"排放试行标准》，如有行业排放标准的应执行该行业的标准；排入地表水体的点污染源排污控制标准的制定应结合地表水水质标准。

12.1.1.3 目标总量确定与分配

首先要调查研究湖泊的污染现状和规律，计算水体的自净能力，即水体对某种污染物在不超过其规定的最大容许浓度条件下的极限容纳量。在此基础上，结合区域环境目标确定各种污染物的允许排放总量。然后根据入湖径流的水质现状和自净能力，将污染物削减量分配给各污染控制区及各个污染源。这一分配并非是均匀分配，而是根据所在控制区的规划指标，结合本地区的环境容量大小、经济发展水平、技术条件、以及污染源的具体情况等诸多因素，将削减量进行优化分配和分解，制定出该地区的优化控制方案。

12.1.1.4 处理方案优化

湖泊点污染源污染控制方案有多种，如：点污染源优先治理方案，污水集中处理工程方案，生产工艺改造、推行清洁生产，改变排污去向与排放方式方案，加强管理方案，等等。通过建立各控制方案的削减量与投资、效益的关系，优化比较不同控制方案组合后的成本效益比值，从而确定优化的处理方案组合；并按照区域排污总量控制目标制定处理方案实施的时间顺序等。

12.1.2 生活污水治理

针对污染源的排放途径及特点，采用污水集中处理、分散处理或二者相结合的方式。此处主要对分散式生活污水处理技术说明。

分散式生活污水处理可采用单独点污染源建污水处理厂的方案。此外，还可因地制宜，采取以下两种处理方法。

1）生物塘

生物塘是一种构造简单、管理维护容易、处理效果稳定可靠的污水处理方法。生物塘分为好氧塘、兼性塘、厌氧地、曝气塘等。污水在塘内经较长时间的停留、储存，通过微生物（细菌、真菌、藻类、原生动物等）的代谢活动与分解作用对污水中的有机污染物进行生物降解，同时对氮、磷等营养物质也有一定的去除作用。这种处理方法的缺点是占地面积大，可能产生臭气，处理效率受气候条件影响，等等。该法适用于有可供利用的土地、气温适宜、日照良好的地方。

2）生活污水净化槽

生活污水净化槽是将几个水处理单元集中在一台设备当中，相当于一座小型污水处理站。通常采用的处理工艺为较为成熟的生化处理工艺，处理后出水可达到排放标准，一些净化槽还具有较好的脱氮除磷效果。

净化槽的特点是占地少（可埋于地下）、安装简易、管理方便，出水效果好等。它既可用于无下水道地区的生活污水处理，也可作为宾馆、饭店、住宅小区等的污水处理设备。

3）临湖宾馆饭店污水处理技术

宾馆饭店所排污水为生活污水，污水中营养物质（氮、磷）含量比较高。由于点污染源位置临湖，对其排污应实行从严控制。

对于建有城市污水集中处理厂，且纳入市政下水系统的宾馆饭店，其污水可以经简单处理后排入下水道，这样不会给湖泊带来直接污染。有条件的宾馆饭店应考虑建中水回用系统。污水经二级处理达到回用水水质标准，再用于冲洗车辆、厕所及绿化等。采用中水回用方案不仅能够节约大量的水资源，而且有效地减少了排污量，其环境效益十分明显。若宾馆饭店位于无下水道系统的地方，其污水处理可采用净化槽设备，处理后出水可实现达标排放。

12.2　沙湖周边农田面源污染防治

12.2.1　农田面源污染产生过程及主要污染物

12.2.1.1　农田面源污染产生过程

种植业生产过程中为保证农作物生产和收获，经常使用大量肥料（化肥、有机肥）和农药等农用化学品，这些物质在土壤中累积，在降雨及灌溉的驱动下，肥料中的氮、磷以及农药中的有机组分等通过径流、淋溶、侧渗向水体迁移；肥料中的氮和农药中的有机成分通过挥发进入大气，随后又通过大气干湿沉降向水体迁移；农业废弃物如作物秸秆及蔬菜残体等腐烂产生的氮、磷及有机物质，随径流、淋溶、侧渗向水体迁移。

12.2.1.2　农田面源污染主要污染物

农田种植业产生的污染物主要包括氮、磷、地膜、农田废弃物和残留农药等。氮（氨氮、铵氮、硝态氮、有机氮）、磷（无机磷、有机磷）、农药等可溶于水，其主要以水为载体，通过径流、淋溶、下渗和侧渗等途径进入地表水和地下水，从而对水体造成污染。

12.2.1.3 农田面源污染产生规律

（1）降雨强度越大，径流量越大，农田向水体迁移污染量越多。
（2）施肥量越高，污染产生的风险越大，施肥一周内是农田面源污染的高风险期。
（3）农田面源污染发生受土壤类型、耕作方式以及肥料种类等的影响。

12.2.1.4 农田面源污染产生量

农田排水量（径流量、淋溶量）及水中污染物浓度是决定农田面源污染物产生量的重要因素，其共同决定农田向水体排放污染物通量。有些情况下，农田径流水有极高氮、磷浓度，氮浓度可大于几十毫克/升，磷浓度可大于几毫克/升，远大于水体发生富营养化氮、磷浓度临界值。

12.2.2 农田面源污染特征、控制原则与策略

12.2.2.1 农田面源污染特征

（1）农田面源污染控制的难度较大。
（2）农田面源污染难以治理。
（3）农田面源污染物具有量大和低浓度特征，难治理，成本高，见效慢。
（4）农田面源污染监管难。

12.2.2.2 农田面源污染控制原则与策略

1）农田面源污染控制原则
（1）遵循总量控制原则。
（2）采取源头控制、过程控制、末端控制相结合的原则。
（3）遵循污染中氮、磷与水的资源化利用原则。
（4）应与农村生态文明建设相结合的原则。
2）农田面源污染控制策略
对面源污水实行分区、分级、分时段综合处理和控制。分区控制即划分不同污染风险区进行控制，根据农田距离河湖的位置进行风险区的划分。分级控制即根据不同区域污染水体的重要性以及污染途径的贡献进行优先排序分级控制。分段控制即根据污染发生过程中污染的严重程度进行分段控制。

12.2.3 农田面源污染诊断方法与技术

12.2.3.1 农田面源污染物识别

通过采集典型时期农田径流水、沟渠水、淋溶水样，分析其污染物种类，监测从农田挥发的污染物种类，结合对污染收纳水体利用途径和对土壤性质、环境要素（降

水等)、施肥等的了解,综合判断区域内污染物种类。

12.2.3.2　污染物向水体迁移途径诊断

在获得农田面源污染物信息基础上,监测农田面源污染物通过径流、淋溶、挥发—沉降向水体迁移通量,估计其相对大小,并评判污染物向水体迁移主要途径。

12.2.3.3　农田面源污染优先控制物确定

在了解农田面源污染物种类、主要途径、通量基础上,结合对受纳水体污染物敏感性分析,以及水体利用途径等情况,确定农田面源污染优先控制物。

12.2.3.4　污染物向水体迁移关键时期诊断

根据观测不同时段(日动态、月动态、季动态等)的农田面源污染物通过径流、淋溶、挥发—沉降向水体迁移通量,评判污染物向水体迁移关键时期。

12.2.3.5　农田面源污染重点控制区识别与确定

在农田土壤污染物迁移因素差异较小的区域内,决定土壤污染物向水体迁移风险的主要因素为土壤污染物浓度。采集土壤样品,依据环境风险评价的土壤污染分析方法分析土壤污染物浓度,确定污染物迁移临界值,采用统计学方法制定区域土壤污染迁移风险图。污染迁移高风险区域即为农田面源污染重点控制区。

12.2.3.6　农田面源污染监测方法与技术

农田面源污染监测可以采用径流污染监测、淋溶污染监测、氨挥发—氮沉降通量监测等方法。

12.2.4　沙湖周边农田面源污染源头控制

12.2.4.1　土地利用规划与空间布局

在沿湖地区,建议划分为核心区、缓冲区、扩展区 3 个区域。不同类型区域采取不同的农业生产技术标准。在核心区内,禁止开发,禁止种植业。在缓冲区内限制开发,禁止传统农业,可发展有机农业。在扩展区内,优化开发,发展绿色种植业。

12.2.4.2　化肥减量化技术

(1)精准化平衡施肥技术。主要包括有机(有机肥)与无机(无机肥)配施技术;养分平衡施肥技术(氮、磷、钾大量元素,钙、镁、硫中量元素,以及微量元素之间平衡);实时因地按需施肥技术等。

(2)采取科学施肥方式。多种施肥方式(如叶面施肥、分次施肥、基肥与追施结合、化肥深施和定点施肥等)相结合;少施多次;不宜选择雨前表施化肥;不宜在中午施肥,减少氨挥发损失;提高氮、磷利用率,减少氮、磷流失风险。

（3）大力推广缓控肥料。缓控释肥料中养分的释放与作物养分需求比较吻合，养分的释放供应量前期不过多，后期不缺乏，具有"削峰填谷"的效果，可以大大降低养分向环境排放的风险。

12.2.4.3　种植制度优化

轮作制度或者耕作制度不同，化肥的投入量及水分管理方式也会不同，从而造成面源污染产生情况也不尽相同。

12.2.4.4　土壤调理剂施用

土壤调理剂，又称土壤改良剂，具有改良土壤质地与结构、提高土壤保水供水能力、调节土壤酸碱度、改良盐碱土、改善土壤的养分供应状况、修复重金属污染土壤等作用。根据其功能土壤调理剂可分为土壤结构改良剂、土壤保水剂、土壤酸碱度调节剂、盐碱土改良剂、污染土壤修复剂、锁磷剂等。

12.2.4.5　农药减量化与残留控制技术

（1）在沙湖流域的种植区，不宜使用易移动、难吸附、水中持留性很稳定的农药品种。

（2）推行农药减量增效使用技术、良好农业规范技术等。

（3）施用具有农药降解功能的微生物菌剂，使用生物农药。

（4）物理防控措施（如采用太阳能、频振式杀虫灯、性引诱剂等）。

（5）生态防控措施，引入天敌，提高生物多样性，种植具有驱—诱作用的植物等。

（6）科学控制农药使用量、使用频率、使用周期等，减少进入水体的农药总量。

（7）加强田间农艺管理措施，提高土壤对农药的环境容量。

（8）加强对农药废弃物的管理。

12.2.4.6　节水灌溉技术

节水灌溉是解决农作物缺水用水的根本性措施、缓解旱情和防止污染物迁移的有效措施，常见的节水灌溉措施有喷灌技术、微灌技术和低压管道灌溉技术。

12.2.4.7　氨挥发控制技术

氨挥发是肥料氮素损失的重要途径之一。施用缓控释肥或氮、磷、钾平衡施用或有机无机肥混施等，施肥后及时浇水、添加保水剂，根据不同农作物不同生长期内对氮肥的利用率来考虑施肥量，基于作物阶段氮素吸收增加追肥比例和施肥次数的优化施氮，避免在中午施肥等，有利于减少田间氨挥发损失。

12.2.5　沙湖周边农田面源污染过程阻断

农田面源污染物质大部分随降雨径流进入水体，在其进入水体前，通过建立生物（生态）拦截系统，有效阻断径流水中氮、磷等污染物进入水环境，是控制农田面源污染物的重要技术手段。

目前农田面源污染过程阻断常用的技术有两大类：一大类是农田内部的拦截，如稻田生态田埂技术、生态拦截缓冲带技术、生物篱技术、设施菜地增设填闲作物种植技术、果园生草技术（果树下种植三叶草等减少地表径流量）；另一大类是污染物离开农田后的拦截阻断技术，包括生态拦截沟渠技术、生态护岸边坡技术等。这类技术多通过对现有沟渠的生态改造和功能强化，或者额外建设生态工程，利用物理、化学和生物的联合作用对污染物主要是氮、磷进行强化净化和深度处理，不仅能有效拦截、净化农田氮、磷污染物，而且滞留土壤氮、磷于田内和（或）沟渠中，实现污染物中氮、磷的减量化排放或最大化去除以及氮、磷的资源化利用。

12.2.6　沙湖周边农田面源污染末端控制

农田面源污染物质离开农田、沟渠后的汇流被收集，再进行末端强化净化与资源化处理。

12.2.6.1　前置库技术

前置库技术因其费用较低、适合多种条件等特点，是目前防治面源污染的有效途径之一。前置库技术通过调节来水在前置库区的滞留时间，使径流污水中的泥沙和吸附在泥沙上的污染物质在前置库沉降；利用前置库内的生态系统，吸收去除水体和底泥中的污染物。前置库通常由沉降带、强化净化系统、导流与回用系统 3 个部分组成。

12.2.6.2　人工湿地技术

人工湿地具有投资和运行费用低，污水处理规模灵活，维护和管理技术要求低，占地面积较大等特点，适合在土地资源丰富的区域应用。人工湿地根据污水在湿地床中流动的方式又可分为表面流湿地、潜流湿地、垂直流湿地 3 种类型。湿地系统包括水收集沉降区和水净化植被过滤区两部分，湿地结构、长宽深比例，植物种类、密度、生长和植物配置影响湿地系统对水质净化效果。

12.2.7　维护管理

12.2.7.1　二次污染防治

水生植物死亡后沉积水底会腐烂，向水体释放有机物质和氮、磷元素，造成二次污染。为防止二次污染，应对农田面源污染防治工程内的功能植物进行定期收获、处置、利用。为便于利用，功能植被品种的选择，应尽量选择当地有经济效益的植被，从而提高功能植被回收的可操作性。

12.2.7.2　水生植被的交替

水生植物应选择具有适应性强、生物量大、景观性好、四季常绿或短休眠特性的土著种。由于各季节的温差及不同植被习性的差异，农田面源污染生态拦截工程内必然出现植被季节上衔接的重大问题，因此，必须选择陆生和水生生长期和实际应用周期长的植物优良品种。

12.2.7.3 防止淤积问题

一般生态沟渠底淤积物超过 10 cm 或杂草丛生，严重影响水流的区段，要及时清淤，保证沟渠的容量和水生植物的正常生长。农田排灌沟渠清理不要彻底清理沟渠，要保留部分植物和淤泥。

12.3 沙湖周边畜禽养殖业污染治理

12.3.1 畜禽养殖业污染特征

近年来，随着人民生活水平的提高，畜禽养殖业迅猛发展。但畜禽养殖业快速发展带来的废物和污水排放量剧增，已成为农村三大面源污染之一，对农村生态环境造成了严重的破坏。如何整治畜禽养殖污染，促进畜禽养殖业可持续发展成为目前首要解决的问题。

畜禽养殖场排放的粪便、污水和恶臭气体对大气、水体、土壤、动物与人体健康以及生态系统都产生了直接或间接的影响。

畜禽养殖场未经处理的污水中含有大量的污染物质，污染负荷很高。畜禽养殖场废物排入水体，是引起水体富营养化的重要因子"磷"的来源之一。高浓度畜禽养殖污水排入湖泊中造成水质不断恶化，导致水体严重富营养化。一旦进入地下水中，可使地下水中溶解氧含量减少，水体中有毒成分增多。严重时使水体发黑、变臭，造成持久性的有机污染，使原有的水体丧失使用功能，且治理和恢复难度很大。富营养化的水体中含有大量藻类和其他水生生物，并且生物死亡会分解释放有毒物质并造成水体缺氧，使整个水体生态环境遭到破坏，丧失应有的功能，可导致人类因食用受污染的水产品而影响身体健康。

12.3.2 污染防治与废弃物控制技术内容

12.3.2.1 养殖场水污染物排放限值

《畜禽养殖污染防治技术指南》所列技术能够为养殖场解决环境污染问题，使其污染排放能够符合《畜禽规模养殖污染防治条例》及《畜禽养殖业污染物排放标准》的要求，从而为良好湖泊生态环境保护提供技术支持。其中，良好湖泊流域养殖污染排放标准应符合新修订的《畜禽养殖业污染物排放标准》（GB 18596—2012）的要求，其对污染物排放要求见表 12-1。

表 12-1　养殖场水污染物排放浓度限值及单位产品基准排水量

序号	污染物项目	排放限值		污染物排放 监控位置
		直接排放	间接排放	
1	pH 值	6~9	6~9	
2	悬浮物（SS）（mg/L）	70	300	
3	五日生化需氧量（BOD_5）（mg/L）	30	80	
4	化学需氧量（COD_{Cr}）（mg/L）	100	300	
5	氨氮（mg/L）	25	70	
6	总氮（mg/L）	40	100	养殖场废水 总排放口
7	总磷（mg/L）	3.0	8.0	
8	粪大肠菌群数（个/100）	400	400	
9	蛔虫卵（个/L）	1.0	1.0	
10	总铜（mg/L）	0.5	0.5	
11	总锌（mg/L）	1.5	1.5	
单位产品 基准排水量	猪 [m^3/（百头·d）]	1.2		排水量计量 位置与污染物排 放监控位置一致
	鸡 [m^3/（千只·d）]	0.3		
	牛 [m^3/（百头·d）]	15		

12.3.2.2　畜禽养殖业污染防治技术

1）畜禽养殖源头饲料无害化控制技术

目前，饲料中添加抗生素、激素及重金属的现象非常普遍。就现实情况而言，在实用日粮的配合中必须放弃常规的配合模式，降低日粮蛋白质和磷的用量以解决环境恶化问题。同时要添加商品氨基酸、酶制剂和微生态制剂，可通过营养、饲养办法来降低氮、磷和微量元素的排泄量，采用消化率高、营养平衡、排泄物少的饲料配方技术。其中，生产饲料应符合 GB 13078 的规定。

饲喂技术主要有：饲料原料型生态饲料饲喂技术、微生态型生态饲料饲喂技术、强化营养型生态饲料饲喂技术。

2）畜禽养殖过程污染发酵床控制技术

（1）生猪养殖污染发酵床控制技术。发酵床养猪技术是以发酵床为基础的粪尿免清理的新兴环保生态养猪技术。其核心是猪排泄的粪尿被发酵床中的微生物分解转化，无臭味，养殖过程污水零排放，对环境无污染。

主要技术环节有：发酵床猪舍结构、发酵床垫料的筛选、发酵床垫料的维护和管理。

（2）牛养殖污染发酵床控制技术。利用微生物的分解转化作用，对牛粪尿进行分解转化，降低牛舍氨气产生量，防止寄生虫的传染，减少牛的发病率，促进牛的健康生长。

主要技术环节有：牛舍的建造、垫料的制作、旧垫料的资源化。

（3）鸡养殖污染发酵床控制技术。运用土壤里自然生长的，被称为土著微生物的多种有益微生物，对鸡的排泄物进行降解、消化。

主要技术环节有：发酵床养鸡鸡舍结构、发酵床养鸡垫料池制作、养鸡发酵床制作、养鸡发酵床的管理和维护。

12.3.2.3　畜禽养殖废弃物污染控制技术

1）畜禽养殖厌氧沼液加异位发酵床控制技术

根据养殖场粪污的特性，其工艺流程可设计为：雨污分流—粪尿收集—固液分离—调节均质—厌氧发酵—异位发酵床—肥料化。

2）畜禽养殖废水异位发酵床控制技术

异位发酵床养殖废水处理模式是通过排污管收集废液，将其引入到高位收集池，利用高位差将废液均匀布设于生物异位发酵床，利用发酵床中的物料对粪污进行分解转化。

3）畜禽养殖粪便资源化利用技术

（1）畜禽粪便高值转化利用技术。利用畜禽粪便饲养蚯蚓、蝇蛆及水蛭等，能够规模化解决养殖场粪便的污染问题，并把粪便转化成动物蛋白饲料，这种饲料含有丰富的蛋白质（60%~63%）和脂肪（15%~29%），同时还含有畜禽所需的各种氨基酸，营养价值接近或高于鱼粉和豆饼，是一种高蛋白饲料，可用于水产、畜牧养殖。经处理后的畜禽粪便，含水率下降，无须添加任何辅料可直接堆肥并快速升温发酵，摆脱了高湿畜禽粪便堆肥升温慢，常规堆肥依赖于辅料的困惑。在辅料紧缺、价格大幅上涨的情况下，减少了有机肥生产成本，提高了有机肥的养分指标和质量，提升了有机肥自身的商品价值，使得堆肥周期可以显著缩短。因此，有效地转变现有的废弃物处理模式，通过循环经济的手段解决农业生产和发展中的污染问题，变废为宝，实现环境和资源的可持续利用，具有广阔的市场前景。

（2）畜禽粪便基质化利用技术。利用畜禽粪便（如牛粪）与其他物料一起制备食用菌生产基质，菌渣可参与堆肥再次发酵生产有机肥。

4）畜禽养殖垫料的资源化利用技术

废弃垫料是一种具有潜在价值的有机废弃物资源。其资源化的技术主要有：

（1）垫料肥料化技术。

（2）垫料基质化技术。垫料生产加工食用菌培养基、垫料生产加工育苗营养基。

（3）垫料转化为水产养殖调水剂技术。

（4）垫料能源化技术。利用垫料等废弃物燃烧产生的高温烟气，经转化可用来供热或发电，可达到能源化利用的目的。能源化处理应以焚烧发电为主，并推广利用先进的垃圾焚烧技术、设备和工艺，避免二次污染。

　5）畜禽养殖舍（场）恶臭控制技术

主要有物理除臭、化学除臭、生物除臭技术。

　6）畜禽养殖尸体生物安全处理技术

病死畜禽尸体的焚毁、掩埋及无害化处理须严格按照 GB 16548—2006 进行处理，不得随意丢弃，更不许作为商品出售。同时，也可利用生物发酵技术对病死畜禽尸体作发酵处理后转化为有机肥原料。

12.3.3　治理工程技术的选择原则与建议

12.3.3.1　原则

（1）基于目标污染负荷最大削减，即养殖过程污染物最小排放或废水零排放。

（2）污染控制要从源头饲料抓起，最大限度地减少饲料重金属和抗生素的添加，保证养殖废弃物资源化产品的安全性。

（3）污染控制过程要资源化利用，一般要求资源化产品高值化，使养殖顺延产业链效益最大化。

（4）养殖污染控制与治理技术要根据养殖规模、种类和地域、气候特点选择具体的技术和模式。

（5）治理技术要工程化，结合种植、加工和生活联合控制，做到物质养分循环、食物链循环。

（6）污染控制要从区域和规模角度出发，实现污染控制与经济效益统一，生态环境保护和食品安全统一。

（7）湖滨带范围内禁止畜禽养殖。

12.3.3.2　建议

（1）选择适用的畜禽养殖场和养殖区规模分级，见表 12-2 和表 12-3。

表 12-2　畜禽养殖场的适用规模（以存栏数计）

等级	猪/（头）（25 kg 以上）	鸡/（只）		牛/（头）	
		蛋鸡	肉鸡	成年奶牛	肉牛
I 级	≥3 000	≥100 000	≥200 000	≥200	≥400
II 级	500≤Q<3 000	15 000≤Q<100 000	30 000≤Q<200 000	100≤Q<200	200≤Q<400
III 级	<500	<15 000	<30 000	<100	<200

表 12-3　畜禽养殖区的适用规模（以存栏数计）

等级	猪/（头）(25 kg 以上)	鸡/（只）		牛/（头）	
		蛋鸡	肉鸡	成年奶牛	肉牛
Ⅰ级	≥6 000	≥200 000	≥400 000	≥400	≥800
Ⅱ级	3 000≤Q<6 000	100 000≤Q<200 000	200 000≤Q<400 000	200≤Q<400	400≤Q<800
Ⅲ级	<3 000	<100 000	<200 000	<200	<400

注：Q 表示养殖量。

（2）对具有不同畜禽种类的养殖场和养殖区，其规模可将鸡、牛的养殖量换算成猪的养殖量，换算比例为：30 只蛋鸡折算成 1 头猪，60 只肉鸡折算成 1 头猪，1 头奶牛折算成 10 头猪，1 头牛折算成 5 头猪。

（3）针对新建、改建及扩建养殖场，按照"减量化、资源化、无害化"原则，建议采用"三分离一净化"模式，即建设"雨污分离、干湿分离、固液分离、生态净化"处理系统，从而达到治理污染、开发综合利用的效果。

（4）在不同养殖规模范围内的畜禽养殖场和养殖区，建议不同的畜禽种类采用不同的畜禽养殖过程污染控制技术及畜禽养殖废弃物污染控制技术（表 12-4）。

表 12-4　不同畜禽种类在不同养殖规模范围内的污染控制技术

畜禽种类	养殖方式	规模分级	畜禽养殖过程污染控制技术	畜禽养殖废弃物污染控制技术	备注
猪	集约化养殖	Ⅰ级	生猪养殖污染发酵床控制技术	畜禽养殖厌氧沼气加异位发酵床控制技术；畜禽养殖废水异位发酵床控制技术；畜禽养殖粪便资源化利用技术；畜禽养殖垫料的资源化利用技术；畜禽养殖恶臭控制技术；畜禽养殖尸体生物安全处理技术	畜禽养殖舍冬季做好保温，养殖废弃物发酵处理过程在冬季要注意保温
		Ⅱ级	生猪养殖污染发酵床控制技术	畜禽养殖厌氧沼气加异位发酵床控制技术；畜禽养殖废水异位发酵床控制技术；畜禽养殖粪便资源化利用技术；畜禽养殖垫料的资源化利用技术；畜禽养殖恶臭控制技术；畜禽养殖尸体生物安全处理技术	畜禽养殖舍冬季做好保温，养殖废弃物发酵处理过程在冬季要注意保温
	分散式养殖	Ⅲ级	生猪养殖污染发酵床控制技术	畜禽养殖废水异位发酵床控制技术；畜禽养殖粪便资源化利用技术；畜禽养殖垫料的资源化利用技术；畜禽养殖恶臭控制技术；畜禽养殖尸体生物安全处理技术	畜禽养殖舍冬季做好保温，养殖废弃物发酵处理过程在冬季要注意保温

续表

畜禽种类	养殖方式	规模分级	畜禽养殖过程污染控制技术	畜禽养殖废弃物污染控制技术	备注
牛	集约化养殖	Ⅰ级	牛养殖污染发酵床控制技术	畜禽养殖厌氧沼气加异位发酵床控制技术；畜禽养殖废水异位发酵床控制技术；畜禽养殖粪便资源化利用技术；畜禽养殖垫料的资源化利用技术；畜禽养殖恶臭控制技术；畜禽养殖尸体生物安全处理技术	畜禽养殖舍冬季做好保温，养殖废弃物发酵处理过程在冬季要注意保温
牛	集约化养殖	Ⅱ级	牛养殖污染发酵床控制技术	畜禽养殖厌氧沼气加异位发酵床控制技术；畜禽养殖废水异位发酵床控制技术；畜禽养殖粪便资源化利用技术；畜禽养殖垫料的资源化利用技术；畜禽养殖恶臭控制技术；畜禽养殖尸体生物安全处理技术	畜禽养殖舍冬季做好保温，养殖废弃物发酵处理过程在冬季要注意保温
牛	分散式养殖	Ⅲ级	牛养殖污染发酵床控制技术	畜禽养殖废水异位发酵床控制技术；畜禽养殖粪便资源化利用技术；畜禽养殖垫料的资源化利用技术；畜禽养殖恶臭控制技术；畜禽养殖尸体生物安全处理技术	畜禽养殖舍冬季做好保温，养殖废弃物发酵处理过程在冬季要注意保温
鸡	集约化养殖	Ⅰ级	鸡养殖污染发酵床控制技术	畜禽养殖粪便资源化利用技术；畜禽养殖垫料的资源化利用技术；畜禽养殖恶臭控制技术；畜禽养殖尸体生物安全处理技术	畜禽养殖舍冬季做好保温，养殖废弃物发酵处理过程在冬季要注意保温
鸡	集约化养殖	Ⅱ级	鸡养殖污染发酵床控制技术	畜禽养殖粪便资源化利用技术；畜禽养殖垫料的资源化利用技术；畜禽养殖恶臭控制技术；畜禽养殖尸体生物安全处理技术	畜禽养殖舍冬季做好保温，养殖废弃物发酵处理过程在冬季要注意保温
鸡	分散式养殖	Ⅲ级	鸡养殖污染发酵床控制技术	畜禽养殖粪便资源化利用技术；畜禽养殖垫料的资源化利用技术；畜禽养殖恶臭控制技术；畜禽养殖尸体生物安全处理技术	畜禽养殖舍冬季做好保温，养殖废弃物发酵处理过程在冬季要注意保温

12.4　沙湖周边农村生活污水处理

　　农村生活污水指农村居民生活和经营农家乐产生的污水，包括冲厕、炊事、洗衣、洗浴以及家庭圈养畜禽等产生的污水。农村生活污水处理是指对不能纳入城镇污水管网的农村生活污水，采取就地或就近处理而建设的分散式的村庄生活污水处理设施进行处理。

12.4.1 农村生活污水水质水量

由于农村生活污水的特殊性，污水分布广而散、水量变化大，即使建设了收集管网设施，但由于收集范围及农村生活习惯等各方面的原因，仍有一部分污水未进入管网设施，因此在确定农村生活污水水质水量过程中，应综合考虑各种因素。

1）用水量的确定

主要参考地方用水定额确定用水量，农村居民生活用水、畜禽饲养用水、住宿业用水、餐饮业用水等。用水量定额按照区域社会经济发展水平和生活习惯、节水要求等来确定，如宁夏川区（县）居民生活用水定额为 100 L/（人·d）。

2）设计水量的确定

工程水量的设计值应把农户实际产生的污水排放量作为依据，没有实测数据的宜参照《用水定额》或相似工程经验，并考虑当地排水系统建设程度、用水习惯和用水条件等因素。考虑产污系数、排放系数、变化系数。

3）设计水质的确定

在实际工程设计中，水质的确定应进行实测，并要充分考虑各种引起水质变化的因素，包括外来（出）人口、用水习惯等。如为客观条件不能取实测数据的（新建项目等），可参考以下两种方法确定。

（1）参照《室外排水设计规范》GB 50014 的相关内容，结合工程设计水质取值惯例，农村生活污水水质参数可参照的主要指标为 COD_{Cr}：250~400 mg/L；BOD_5：120~200 mg/L；NH_3-N：30~60 mg/L；TP：2.5~5 mg/L。

（2）借鉴相似工程经验。

按照实际经验，污水进入处理系统前必须经过无害化处理；如有畜禽散养废水接入，当猪存栏量不超过两头时，设计应考虑到接入的水量水质对总体水质的影响，确保工艺满足处理要求；当猪存栏量超过两头时，畜禽散养废水必须经过处理达到 COD 含量小于 400 mg/L 后才能进入农村生活污水处理工程。

12.4.2 总体考虑

处理沙湖周边村落生活污水的系统可分为分散式、集中式和混合式 3 种。系统的选用原则为因地制宜，综合考虑技术经济性。

分散式污水处理系统适合于在没有管网且建设管网成本太高的地区，服务人口通常为 100 人以内；集中式污水处理系统适合于村落很集中而且地势比较平坦的地方，服务人口通常为 100 人以上。

（1）处理村落生活污水的人工湿地工程主要包括三大部分：预处理工程、人工湿地工程、辅助（附属）工程。

（2）处理村落生活污水的人工湿地工程应符合农村总体和环保规划、水污染防治、水资源保护和自然生态保护以及防洪、排水、交通、供电等方面要求，建设用地宜选用低洼地、盐碱地、沼泽、贫瘠地、废弃河道及经济价值低的荒地。

（3）处理村落生活污水的人工湿地工程应设在建设区域主导风的下风向和水源的下游，与居民住宅的距离应符合卫生防护距离的要求。

（4）处理村落生活污水的人工湿地工程的总体布置应遵循"布局合理并紧凑、排水畅通、管理、用电与交通简便、景观协调"的原则。平面布置应以污水水质净化系统为主体，其他各项设施按污水水质净化流程合理安排，生产管理建筑物和生活设施宜集中布置，可设置绿化带或人工湿地区，与处理构筑物保持一定距离，确保相关设备发挥功效，工程中各单元的景观协调（遵循统一、和谐、自然、均衡的原则），保证设施运行稳定，维修方便，经济合理，安全卫生。

（5）处理村落生活污水的人工湿地系统的辅助（附属）工程设施的建设内容和布设形式，可按同规模城市污水处理厂的要求，并结合工程实际需要来定。

（6）处理村落生活污水的人工湿地工程应利用原有地形，由高至低布局，尽量利用地势重力流过水。

（7）在低温期也需要考核，应启用增强净化效果的措施，宜设置污水储存设施、增加储存能力或其他强化措施。

（8）处理村落生活污水的人工湿地工程的景观建设应在满足水质改善的基础上，综合考虑各设施的形状、植物配置、水体景观、自然和谐。各设施造型应简洁美观，省料，适当选材，并应使建筑物和构筑物群体效果与周围环境协调。

（9）污水处理的工艺流程、竖向设计宜充分利用地形，符合排水通畅、降低能耗、平衡土方的要求。

（10）处理村落生活污水的人工湿地工程的建设规模应以近期规模为主，预留中远期扩建用地。小型工程可一次性建成辅助（附属）工程。

12.4.3　预处理

12.4.3.1　预处理总体设计

（1）预处理工程的主要功能有：去除来水中的悬浮物、漂浮物、油类等，以及专项污染物，改善污水的可生化性。

（2）预处理工艺应根据原水水质特征来确定。可选择常规一级处理工艺（格栅、沉砂、沉淀等）、强化一级处理与二级处理工艺（除油、混凝、水解酸化、膜生物处理等），也可选择针对专项污染物的预处理工艺。预处理设施出水水质必须满足人工湿地主体部分的要求。

（3）预处理工程宜采用污泥储存量大、不需频繁清除、建设与运行成本低的处理设施。

（4）处理村落生活污水的人工湿地工程在冬季运行时，应采取减轻湿地进水污染负荷，提高总体净化效果的措施，宜增加曝气、回流、覆盖、交替运行等强化型处理措施。

（5）进水中重金属和有害物质浓度可按城市污水处理工程的要求确定，出水水质可视后续处理设施的类型确定。

（6）对处理量小于等于 200 m³/d 村落生活污水的预处理设施，可降低污染负荷，或在其上面及周围设置吸收或隔离臭气功能强的植物；对较大型预处理设施，除应用降低污染负荷、植物吸收或隔离臭气设置外，宜采取全密闭收集和处理措施。

（7）预处理设施恶臭气体排放浓度应符合《城市污水处理厂污染物排放标准》GB 18918 的相应规定。

12.4.3.2 预处理塘工艺选择

（1）前处理塘处理工艺应根据进水水质水量、自然环境、气候特点、出水水质，结合可利用塘体的实际情况、建设投资、运行成本等条件，通过技术经济比较确定。

（2）污水前处理塘可自成系统，可由多种类型塘串联而成，也可采用同类型塘的串联或并联方式，亦可与其他污水处理设施相结合使用。

（3）当进水有机物浓度较高时，宜在前端设置厌氧塘和兼性塘，后端视需要设置好氧塘或曝气塘、水生植物塘。当进水有机物浓度较低时，宜在前端设置兼性塘或直接采用好氧塘、曝气塘、水生植物塘。

（4）在人口密集区不宜采用厌氧塘。

（5）曝气塘宜在土地面积有限的条件下或寒冷季节需要增强效果时使用。

（6）水生植物塘宜在气候条件适宜水生植物长时间生长的地区使用。

（7）深度处理塘应设在常规处理设施之后，可用于受有机污染较轻的地表水处理，深度处理塘宜采用好氧塘、曝气塘或水生植物塘。

12.4.3.3 预处理塘工艺设计

（1）前处理塘塘址应布置在居民区主导风向的下风侧，并应与居民区之间设置卫生防护带。前处理塘宜建在自然坡度不大于 2% 的场地。当自然坡度大于 2% 时，可采用分级阶梯连接方式保持水深。

（2）前处理塘表面积与有效容积可采用污染物负荷法计算确定。好氧塘、兼性塘、厌氧塘、曝气塘、水生植物塘按 BOD_5 面积负荷确定水面面积。完全曝气塘与厌氧塘亦可分别按 BOD_5 污泥负荷和 BOD_5 容积负荷设计。前处理塘表面积与有效容积应满足水力停留时间的要求。

（3）前处理塘的总深度包括安全超高、有效水深及泥深，安全超高应大于风浪爬高，还应考虑冰盖厚度。

（4）好氧塘可为单塘或由多个塘串联或并联构成。水生植物塘可选种浮水、挺水和沉水植物。水生植物应具有良好的水质净化耐污能力，且易于收割和具有良好的利用价值。

（5）生态塘水中溶解氧应不小于 4 mg/L，可采用机械曝气充氧，动、植物密度应由实验确定。

12.4.3.4 预处理塘进出水系统

（1）前处理塘的进出水宜充分利用自然地形高差。多塘系统应使污水在系统内自流，当污水需提升时，提升次数不宜超过 1 次。

（2）厌氧塘：进水口应高于塘底，且应低于水面。出水口应采用淹没式，设置除渣挡板，应在冰层厚度以下。

（3）对于多级塘，在各级塘的各进出口处均应设置单独的分流设施。进口和出口之间的直线距离应尽可能大。进口和出口可采用对角线布置。

（4）进水口宜采用扩散式或多点进水方式，最大程度地保持均匀进水，而避免短流和死水区。

（5）出水口应能适应塘内不同水深的变化要求，宜在不同高度断面上设置可调节的出流孔口或堰板。

（6）在前处理塘总出水口处，应采用溢流形式过水，并应设置浮渣挡板。

12.4.3.5　预处理的强化

（1）好氧塘应建在光照充分、通风条件良好的地方。可设置充氧机械设备、种植水生植物和养鱼等，也可回流处理水。

（2）厌氧塘可加设生物膜载体固体介质、塘面覆盖和在塘底设置污泥消化坑等。

（3）兼性塘内可加设生物膜载体固体介质、种植水生植物、机械曝气等，也可循环塘中水，循环率宜小于等于 0.2%。

（4）在前处理塘系统的总出水端可设置藻类过滤坝。

（5）水生植物塘可通过多种植物搭配、后端增加鱼类、蚌类数量等提高处理效果和效率的立体生态系统。

12.4.4　人工湿地主系统

12.4.4.1　工艺选择

（1）人工湿地处理工艺应根据污水水质、处理水量、自然环境、生态特点、景观要求、处理标准、建设投资、运行成本等条件确定。

（2）表面流人工湿地宜在有较大面积可利用、进水中悬浮物含量较高的情况下采用，应用时应考虑蚊蝇孳生、环境卫生等问题。

（3）潜流人工湿地宜在对处理水质要求较高的情况下应用，应用时应考虑固体介质的堵塞问题。

（4）复合型人工湿地和组合型人工湿地宜在污水中污染物浓度大、处理水水质要求高的条件下应用，应用时应注重各基本形式人工湿地处理单元的工艺特征。

（5）人工湿地处理系统可由一个处理单元或多个处理单元并/串联构成。

12.4.4.2　工艺设计

（1）人工湿地的工艺设计应包括表面积、水力负荷、水力停留时间、深度以及进出水系统、固体介质、植物、结构、防渗等内容。

（2）人工湿地的表面积设计可按 BOD_5、总氮、总磷等污染物面积负荷和水力负荷进行计算，并应取其设计计算结果中的最大值，同时应满足水力停留时间要求。

（3）人工湿地适宜在自然坡度小于等于3%的建设场地实施，表面流人工湿地底坡取值宜小于0.5%，潜流人工湿地底坡取值宜在0.5%~1%。

（4）人工湿地的总深度应为水深（表面流）或固体介质高度（潜流）加超高，超高可取300 mm。表面流人工湿地的水深宜控制在0.2~0.6 m，潜流人工湿地水深宜控制在0.5~1.5 m。

（5）人工湿地主要设计参数应通过试验或按相似条件下人工湿地的运行经验确定。

12.4.4.3 进出水系统

（1）人工湿地处理单元的进出水系统设计，应保证配水和集水的均匀性、可调性。应设置防止过大水量冲击人工湿地系统的溢流或分流设施；潜流人工湿地应设置防止进水端壅水、发生表面流的溢流或分流设施。湿地进、出水口固体介质要注意粒径。

（2）表面流人工湿地的进水、出水系统可采用一个或几个进出口的过水形式进行配水和集水。

（3）潜流型人工湿地宜采用可使进出水均匀的穿孔管、多管口并联、穿孔花墙、可调堰等形式。进水口和出水口的位置，应使水流从进口沿水平方向（水平潜流型）或垂直方向（垂直潜流型）方向均匀流过固体介质层，并应保持水位可调。

（4）人工湿地处理单元主体应设置放空阀或易于放空的设施。对寒冷地区，进、出水管的设置应采取防冻措施。

（5）人工湿地系统由多个处理单元并联时，应在进水处设置水量分配设施。

（6）人工湿地进、出水有较大高差时，应设置消能、防冲刷设施；人工湿地总排放管入地表水体时，应采取防止地表水体高水位倒灌的措施。

（7）人工湿地可采用PVC管或PE管，所用管材的类型、加工要求、防腐做法等应符合国家《埋地排污、废水用硬聚氯乙烯（PVC-U）管件》（GB/T 10002.4）和《给水用高密度聚乙烯（HDPE）管材》（GB/T 13663）的规定。

12.4.4.4 固体介质选择与设置

（1）人工湿地固体介质应能为植物和微生物提供良好的生长环境。并应具有一定的机械强度、孔隙率和表面粗糙率，较大的比表面积，以及良好的热力学、生物和化学稳定性。

（2）固体介质可采用沸石、火山岩、陶粒、石灰石、矿渣、炉渣、砾石等天然材料和人工材料加工制作，就近取材。

（3）人工湿地的固体介质层可采用单一材质或几种材质组合；可采用单一粒径的固体介质或多种粒径搭配的固体介质。固体介质层上应铺设适宜植物生长的土壤或沙石覆盖层。

（4）人工湿地固体介质水平潜流湿地的固体介质区域分为进水区、主体区和出水区，进水区和出水区长度宜为0.8~1.0 m。垂直潜流湿地按水流方向，固体介质依次为覆盖层、主体层、过渡层和排水层。

（5）在人工湿地滤料层、出口处等位置可填充吸磷功能的固体介质。吸磷固体介质级配应与主体固体介质级配一致。

（6）潜流人工湿地固体介质应采取防止固体介质堵塞的措施。在保证净化效果的前提下，宜采用直径相对较大的固体介质，进水端的设计形式应便于清淤。

（7）人工湿地固体介质层可按试验结果或按相似条件下实际工程运行结果进行设计。

12.4.4.5　植物选择、种植与设置

（1）人工湿地植物宜优先选择耐污去污能力强、根系发达、抗冻、输氧能力强、抗病虫害能力强、收割与管理容易，且经济价值和景观效果好的本土植物。

（2）人工湿地的植物可由一种或几种植物搭配构成。配置时应根据植物的除污特性、生长周期、景观效果、环境条件等因素确定其品种和空间分布。

（3）人工湿地常用的植物可采用沙湖周边农村常见植物如芦苇、香蒲、菖蒲、美人蕉、荷花、水葱、灯心草、慈姑等挺水植物。在表面流湿地还可选浮萍、睡莲等浮水植物和金鱼藻、黑藻、茨藻、伊乐藻等沉水植物。

（4）人工湿地植物的种植时间应根据植物生长特性确定，宜选择在春季或初夏，也可在夏末或初秋。种植时要避免直接踩踏人工湿地。植物种植时池内应保持一定水深，植物种植完成后，逐步增大水力负荷使其驯化适应处理水质。

（5）人工湿地植物的插植密度不应小于 3 株/m²（芦苇为 4~6 株/m²），潜流人工湿地植物的种植密度宜为 9~25 株/m²。

（6）人工湿地植物应每年收割两次，收割时间宜选择在植物休眠期或枯萎后。

（7）人工湿地植物可采用幼苗移植、盆栽移植或收割植物移植等方式栽种，不宜采用种子繁殖或移植苗龄过小的植株。

12.4.4.6　附属与辅助设施

1）污水收集系统

单户收集系统：单户收集系统一般污水量不大于 0.5 m³/d，服务人口 5 人以下，服务家庭户数 1 户。化粪池上清液、厨房、洗衣洗浴间污水收集排至设在房屋内或周边的污水处理设施。

多户收集系统：分散收集系统一般污水量不大于 5 m³/d，服务人口 50 人以下，服务家庭户数 2~10 户，污水处理设施布置在村落中。在单户收集系统基础上，将各户的污水用管道或沟渠引入污水处理设施。

2）充氧设施

充氧形式除自然充氧外，可采用跌水曝气、陡坡充氧、机械曝气等工程措施。充氧位置宜位于需氧主体处理单元的进水端、中间段。机械充氧应依据处理单元对水中溶解氧含量的要求，确定充氧时间及充氧设备功率等。

3）消毒设施

处理村落生活污水的人工湿地工程的出水中，粪大肠菌群超过城镇污水处理厂相

应排放标准时，应设置消毒设施。消毒剂应根据技术经济分析选用，可使用氯气、二氧化氯、次氯酸钠、液氯、紫外线和臭氧等。采用含氯消毒剂消毒时，消毒接触池接触时间应大于等于 1 h。当污水直接排入地表水体时，应进行脱氯处理。

12.5 沙湖湖内污染源控制

湖内污染源指湖内旅游、船舶、增养殖、污染底泥以及大气干、湿沉降等与湖泊直接接触，排放形成的污染物，不经过输移等中间过程而直接进入湖泊（水体）的湖泊污染源。其中大气的干、湿沉降过程在湖泊污染控制中属不可控因子。

12.5.1 湖内污染源的分类及特征

根据污染物的来源及污染源的特性，沙湖湖内污染源大致可分为污染底泥、湖泊养殖、湖内旅游、湖内船舶以及大气干、湿沉降 5 类。

12.5.1.1 污染底泥

作为沙湖湖内污染源的底泥指能够向湖泊（水体）释放污染物的湖泊沉积物的表层（近湖水层），即通常所说的污染底泥。其污染物来源主要是入湖径流输入所带来的泥沙，以及其他污染物等的沉积和湖内死亡生物体及其他悬浮物的沉降。

底泥中污染物进入水体即污染物的释放过程与湖泊水环境状况以及底泥的特性等密切相关，在沙湖的点源与非点源得到有效控制后，这一过程一般都会加快，即底泥的释放速率会明显增加。因而，这时底泥往往是沙湖水质改善的主要制约因素之一。

底泥污染控制一般可从两个方面考虑：一是阻止底泥中污染物的释放，如底质封闭；二是清除污染底泥，如底泥疏浚。

12.5.1.2 水产增养殖

湖泊增养殖所形成的污染物主要有养殖鱼类的排泄物、剩余残饵、施肥。由于污染物直接进入，因而湖泊增养殖，对水质往往具有很大影响。

网箱养鱼所形成的污染物的量主要取决于养殖密度、饵料的种类及投放量、鱼种等。湖泊增养殖中，网箱养鱼的污染尤为突出，对于沙湖而言，应禁止网箱养鱼。

12.5.1.3 湖内旅游

湖内旅游的污染主要包括旅游、娱乐过程中产生的废水、固废污染以及旅游船只运行中的油污染。

由于沙湖生态旅游规模较大，旅游常是沙湖的主要污染源之一，一般影响到整个湖泊，旅游路线附近水域往往要承受较重的旅游污染。此外，在沙湖污染控制中应考虑到较为分散的湖岸旅游与较为集中的湖面（船舶上）旅游不同的污染特点。

湖内旅游污染的控制主要包括废水的控制、固废的控制、油污染的控制、旅游污染的管理等。

12.5.1.4　船舶

船舶污染主要指湖内除旅游船只以外以运输、渔业等为主要功能的机动船舶对湖泊水环境的污染。污染物主要包括船上人员的生活废水和固体废物、船舶运行过程中产生的含油废水以及散漏的运送物资等。

由于含油废水易于在水面迅速扩散形成油膜，不易清除，对湖泊大部分水域都有较大影响，因而对沙湖船舶油污染的控制应予以重点考虑；相对而言，这些船上人员较少，航线较短，产生的生活废水、固体废物量往往不大，影响的水域一般也仅在航道（线）附近。

湖内船舶污染的控制一般应包括将燃油船只更换为电驱动船只、油污染控制、生活废水处置、运送物质的防散漏措施、湖内船舶污染的管理技术等。

12.5.1.5　大气干、湿沉降

大气的干、湿沉降过程（即降尘、降水）可以将大气中的污染物输送到湖泊中。湖泊中的污染物的量及种类取决于降尘、降水量与大气质量状况。

由于沙湖周边大气污染相对严重，因此沙湖大气干、湿沉降污染应引起高度重视。

12.5.2　沙湖底泥环境疏浚技术

沙湖污染底泥的环保疏浚应坚持局部重点区域疏浚的思想，以污染底泥有效去除和水质改善为工程直接目的，以疏浚后促进生态修复为间接目的。在设计环保疏浚方案时，应当考虑与其他相关工程措施的协调配合，综合设计，分步实施。环保疏浚与安全处理处置并重，避免重疏挖，轻处理处置。同时，综合考虑工程效益与投资。

12.5.2.1　底泥勘察与污染状况调查

对沙湖底泥进行物理、化学指标分析，查明沙湖底质土层性质。物理指标包括：底泥物理状态、底泥常规的物理力学性质；化学指标包括：营养盐、重金属及有机类污染物的含量及分布规律等，以了解工程区底质的污染程度和污染底泥的分布情况，为工程区污染底泥疏浚范围、疏浚深度以及挖量等的确定提供基础资料。

12.5.2.2　污染底泥分类及等级划分

1）底泥分类

根据底泥中污染物类型和含量情况，大致可以将污染底泥分为营养盐污染底泥、重金属污染底泥和有毒有害有机污染底泥 3 类。

2）等级划分

工程区污染底泥的等级划分应与相关环境保护政策法规、技术导则和标准指标体系相结合；充分考虑环保疏浚工程的实际需求，在充分调查的基础上，重点解决关键问题，尽量保证评估结果的可比性。保证用于底泥疏浚的污染底泥划分技术方法具有

科学性、合理性和可操作性。

　　3）营养盐污染底泥环保疏浚技术要求

　　环保疏浚前需制定必要的环境监测方案，对全湖底泥污染状况进行鉴别和勘测，确定该类底泥的疏浚区域、面积、深度。考虑到疏浚过程中污染底泥因扰动产生的再悬浮、泥浆输送过程中各种泄漏问题，应采取相应的防污染扩散保护措施。

　　底泥堆场应采取隔离措施防止污染物质渗透而产生二次污染。采用绞吸挖泥船等泵类设备清淤时，堆场余水需进行收集处理，其处理工艺应简单可行，经济有效，适合大流量的泥浆操作，处理后余水需达到《污水综合排放标准》（GB 8978—1996）中规定的二级排放标准。疏浚后的底泥经过脱水干化处理后，可用于农田、菜地、果园基肥，或用于道路、土建基土等资源化途径。疏浚后的底泥堆场可结合周边的整体景观规划，建设成景观绿地或湿地。

12.5.2.3　环保疏浚范围确定

　　疏浚范围的确定以工程区底泥调查结果为基础，利用底泥污染物的分类标准对底泥的污染状况进行全面评估，同时从经济可行性以及安全性的角度进一步确定环保疏浚范围。

　　疏浚范围确定的具体步骤如下：

　　（1）对工程区底泥中总氮进行空间插值分析，确定总氮含量大于等于营养盐污染底泥疏浚氮控制值的区域；

　　（2）对工程区底泥中总磷进行空间插值分析，确定总磷含量大于等于营养盐污染底泥疏浚磷控制值的区域；

　　（3）对工程区底泥中重金属生态风险指数进行分析，确定重金属生态风险指数大于等于 300 的区域；

　　（4）对使用总氮、总磷、重金属的所控制区域进行叠加，控制指标为总氮、总磷和重金属生态风险指数的所控制区域的并集；

　　（5）采用空间插值分析，扣除底泥厚度小于 10 cm 的区域；

　　（6）根据安全性控制指标，扣除水利工程实施、取水口以及沙湖自然保护区核心区。

　　经过上述步骤得到的区域即为工程区域污染底泥环保疏浚范围。

12.5.2.4　营养盐污染底泥疏浚深度确定

　　沙湖营养盐污染底泥疏浚深度确定采用分层释放速率法。具体步骤包括：① 对各分层底泥中氮、磷含量进行测定，了解氮、磷含量随底泥深度的垂直变化特征，重点考虑氮、磷含量较高的底泥层；② 进行氮、磷吸附—解吸实验，了解各分层底泥氮、磷释放风险大小，找出氮、磷吸附—解吸平衡浓度大于上覆水中相应氮、磷浓度的底泥层；③ 确定氮、磷含量高，且释放氮、磷等风险大的底泥层作为疏浚层次，相应的底泥厚度作为疏浚深度。

12.5.2.5 疏浚设备和疏浚施工方式

1）疏浚设备

应根据工程的施工环境、工程条件和环保要求，通过技术经济论证，综合比较，选择环保性能优良、挖泥精度高、施工效率高的疏浚设备。

对于氮、磷污染底泥，一般选用环保绞吸挖泥船，也可选用气力泵等环保疏浚设备；对于含有重金属污染底泥，一般选用环保绞吸挖泥船，也可选用气力泵和环保抓斗等环保疏浚设备；对于含有毒有害有机物的污染底泥，宜选用环保抓斗挖泥船。

2）疏浚施工方式

一般情况下根据不同条件采用分段、分层、分条施工的方法。

对于环保绞吸式挖泥船，当挖槽长度大于挖泥船浮筒管线有效伸展长度时应分段施工；当挖泥厚度大于绞刀一次最大挖泥厚度时应分层施工；当挖槽宽度大于挖泥船一次最大挖宽时应分条施工。

对于环保斗式挖泥船，当挖槽长度大于挖泥船抛一次主锚所能提供的最大挖泥长度时应分段施工；当挖泥厚度大于泥斗的一次有效挖泥厚度时应分层施工；当挖槽宽度大于挖泥船一次最大挖宽时应分条施工。

对环保疏浚工程，应先疏挖完上层流动浮泥后再疏挖下层污染底泥。对于近岸水域部分，为保护岸坡稳定，可采用"吸泥"方式施工。

12.5.2.6 环保疏浚施工工艺流程

选用环保绞吸式挖泥船施工时，其主要施工工艺流程根据输送距离长短分为如下两种。

（1）短距离输送：挖泥船挖泥→排泥管道输送→泥浆进入堆场→泥浆沉淀→余水处理→余水排放。

（2）长距离输送：挖泥船挖泥→排泥管道输送→接力泵输送→排泥管道输送→泥浆进入堆场→泥浆沉淀→余水处理→余水排放。

选用环保斗式挖泥船施工时，其主要施工工艺流程根据输送方式分为如下两种。

（1）陆上输送：挖泥船挖泥→泥驳运输→污泥卸驳上岸→封闭自卸汽车运送→污泥倒入堆场或二次利用。

（2）水上输送：挖泥船挖泥→泥驳运输→泥驳卸驳→堆场存放。

12.5.2.7 堆场选择

符合国家现行有关法律、法规和规定；符合地方总体规划和湖泊河流总体治理规划要求；符合沙湖环境保护要求；满足工程要求，包括堆场面积和容积是否满足工程要求，堆场排水是否可行等；尽量选择低洼地、废弃的鱼塘等，少占用耕地；尽量选择具有渗透系数小或对污染物有吸附作用土层的场地。

12.5.3 沙湖湖内旅游污染控制

沙湖湖内旅游污染主要指湖内旅游等的污染。

湖内游船行程一般较短，船上人员密度大，其污染特征明显不同于江、河、海中的长途游轮的污染。在湖内旅游污染控制方案中应尽量遵循如下原则。

（1）旅游沿线分段设置垃圾分类收集箱并定期清理。

（2）旅游区卫生设施齐备，高效运转，废物集中回收，定期运出沙湖定点无害化。

（3）严禁开设一些对水体及周边环境产生污染或潜在污染的旅游项目，如海狮、海豹表演类项目。

（4）进一步强化和规范旅游区环保队伍建设。

（5）管理系统完善。

污染控制要做好以下工作：湖内旅游废水收集系统设计，湖内旅游垃圾收集系统设计，湖内旅游废水储存、运输和处理方案设计，湖内旅游垃圾储存、运输和处理方案设计。

12.5.4 船舶污染控制

船舶污染控制主要是针对湖内旅游船只以外的如运输、渔业等船舶的污染，应有计划采用以清洁能源为动力的非燃油船，替代原有的燃油动力船舶，同时，在控制方案设计中应考虑如下几点。

（1）由于船上人员较少，湖内航线较短，一般不在船上安装污染物处理装置，但应配备污染物的收集、储存系统。

（2）收集、储存设备应轻便、标准化。

（3）含油废水与生活废水应分开。

（4）码头配备相应的中转（储存、运输、管理）系统。

（5）一般考虑与湖内旅游船只共用污染物的储存（岸上）、运输、处理系统。

（6）防止船舶运送物资散漏入湖中。

污染控制要做好以下方面：船舶垃圾收集、储存、运输、处理系统设计；船舶生活废水收集、储存、运输、处理系统设计；船舶含油污染物收集、储存、运输、处理系统设计。

12.6　本章小结

从点源污染控制、流域农田面源污染防治、流域畜禽养殖业污染治理、流域农村生活污水处理、内污染源控制等方面，阐述了沙湖污染源系统治理与控制的主要内容。

流域农田面源污染防治：明确了农田面源污染控制原则与策略，提出了农田面源污染诊断方法与技术，介绍了化肥减量化、种植制度优化、节水灌溉等源头控制技术和生态拦截带、生态沟渠等过程阻断技术以及前置库、人工湿地等末端强化技术内容。

　　流域畜禽养殖业污染治理：从畜禽养殖污染特征、养殖过程及其废弃物污染防控、治理工程技术的选择原则与建议、建设规模、工程技术实施建议等方面提出了技术要求。

　　流域农村生活污水处理：介绍了农村生活污水水质水量确定方法，因地制宜选择处理村落生活污水系统，阐述了预处理总体设计、预处理塘工艺选择和设计及其进出水系统、预处理的强化，对人工湿地主系统的工艺选择、工艺设计、进出水系统、固体介质选择与设置、植物选择种植与设置、附属与辅助设施提出了技术要求。

　　沙湖内污染源控制：沙湖内污染源大致可分为污染底泥、湖泊养殖、湖内旅游、湖内船舶以及大气干、湿沉降 5 类。从底泥勘测与污染状况调查、污染底泥分类及等级划分、环保疏浚范围确定、环保疏浚控制深度确定、环保疏浚施工方案、堆场选择与设计、堆场余水处理等方面对湖泊环保疏浚过程进行了阐述并提出技术方法。介绍了湖内旅游、船舶污染的控制方法。

第 13 章　沙湖区域生态恢复

13.1　沙湖水资源管理

13.1.1　湖泊水量调控

13.1.1.1　水量调控目的

水量调控是沙湖污染控制、保护沙湖生态环境质量的手段之一，其目的是通过入湖、出湖及湖泊蓄水量的合理调控，以减轻湖泊的污染程度，保证湖泊达到使用功能。

沙湖水量调控技术主要包括以下 3 个方面。

（1）污水截排技术，通过截排流域内的农田沟道退水，直接减少入湖污染负荷。

（2）调水技术，通过引黄河生态水，冲刷、稀释湖泊水体，直接提高湖泊环境质量。

（3）控制外排水量维持沙湖水位技术，通过制定一系列湖泊运行水位，维持沙湖生态平衡。

这 3 个方面的技术既互相联系，又各有侧重，其核心是以水量调节为手段保护沙湖的生态环境。

13.1.1.2　水量调控技术方案制定原则

（1）统一规划，有机结合。就水量调控本身而言，技术是多方面的，然而对沙湖而言，水位调控是基础，其他各项技术应当统一安排，有机结合。另一方面，水量调控还受沙湖周围及本身水资源量、用水要求的制约。因此，应统一规划，统一实施，各项工程有机结合，以达到保护沙湖环境的目的。

（2）因地制宜，措施有力。污水截排、引水冲湖是一个投资巨大的环境工程，必须因地制宜、选择合适的技术措施，解决重点问题，使其获得最大的环境效益。

（3）近期和长远兼顾、分期实施。与沙湖保护目标相一致，水量调控工程应本着从长远出发，近期着手，近远期相结合，分期实施的原则，使有限的投资发挥最大的效益。

13.1.1.3　水量调控工程技术路线

水量调控工程技术措施的制订，首先，要全面掌握沙湖水环境质量及其演变趋势、沙湖污染特征、时空分布，以及湖区周围社会经济、水资源利用情况。其次，为确保沙湖水资源合理利用和湖泊生态趋向良性循环，制订优化的沙湖运行水位。这是以运行管理为主的水量调控技术，是沙湖水量调控不可缺少的措施。最后，制订沙湖的污染治理方案，若需要采取水量调控措施则可选用污水截排工程，引水或补水工程。这是工程措施为主的水量调控技术，应因地制宜，谨慎从事。

13.1.2　沙湖水利调度

13.1.2.1　调度原则

（1）自然型原则：沙湖补水重点考虑水生态系统平衡、保护生物多样性以及维持水生态基本功能，不宜人为改变沙湖水生态状况，以至于破坏了沙湖生态平衡。

（2）优先性原则：在水的来源有限条件下，以及考虑补水的时序性，都应该优先保护珍稀、濒危动物（尤其是鸟类）及其栖息地。

（3）可操作性原则：应充分利用现有的补水渠道、沟道、补水设施、补水时间、补水方式及现行有效的补水机制。

13.1.2.2　调度方式

（1）生态水。主要利用现有农业灌排沟渠向湖泊补水，包括截引沟道水量、利用渠道退弃水补水等。由于宁夏在水资源利用规划中提高了生态用水的比例，通过水资源配置和调度，有计划地通过渠道向湖泊进行生态补水，这可能是未来沙湖的一个主要补水方式。

（2）沟道水。主要是农业灌溉的排水向湖泊补水，每年灌溉期约 120 天，农业灌溉水剩余的尾水通过排水沟道进入湖泊，部分再通过湖泊排出进入排水沟道，最终排入黄河。这部分补水对湖泊是一个重要的补水水源。由于宁夏规划发展和实行节水农业，将逐步改变原有的农业灌溉方式，从未来发展预测，通过农业排水对湖泊补水可能要受到一定影响。

（3）大气降水。合理利用 7 月、8 月、9 月的集中降水对沙湖进行补水，沙湖流域连续最大 4 个月降水量基本上都集中在 6—9 月，甚至占全年降水量的 70%～80%。降水集中时期，沙湖水位有明显提高，因此应采取多种措施，充分利用降水对沙湖补水。

13.1.2.3　调度时间

补水时间与沙湖流域农业灌溉时间联系紧密，农业灌溉每年有两个高峰：第一个高峰是 4 月下旬到 8 月上旬，是主要灌溉期，也是通过渠道和农田退水向湖泊补水的主要时间；第二个高峰是 11 月上、中旬期间的冬灌，这个过程较短，湖泊尽量多补水。为避免生态补水和农业灌溉用水争水，利用灌溉空闲期对湖泊补水。宁夏近几年提高对湖泊生态用水开闸放水，应建立机制，尽量在这个阶段多向湖泊补水。

每年 7—9 月汛期的降水可以有效地对湖泊补水，一般水位可升高 30 mm 以上。为合理利用降水，应通过相应工程措施等引导降水进入湖泊。

13.1.2.4　调度水量

根据估测，沙湖年基本需水量与生态需水量合计为 $3\,209×10^4\ m^3$，进水总量应满足湖泊基本需水量和生态需水量要求，湖泊进水主要为农田沟道退水、生态补水与季节性洪水。

生态补水：根据上报自治区水利厅的 2014 年取水计划，生态补水（黄河水）取水许可证允许取用水量是 $2\,000×10^4\ m^3$，年生态补水量按 $2\,000×10^4\ m^3$ 计算。

农田沟道退水：年需要适时补充沟道来水 $1\,609×10^4\ m^3$。

13.1.3　沙湖水位控制

13.1.3.1　沙湖水位控制优化的一般原则

湖泊水位的变化将直接引起水环境的变化，如水位太低，影响湖周工农业取水，导致水体环境容量降低，水质下降，岸边湿地消失，水生生态环境恶化等；水位太高，导致湖周淹没，破坏某些水生植物的生长条件，生物量减少，而这些水生植物又能净化水质，削减风浪；等等。总之，湖泊水位应调控合适，这对改善湖泊环境具有重要作用。湖泊水位控制应遵循以下原则。

（1）满足湖泊主要功能要求，确定湖泊的最高、最低限制水位。

（2）根据湖泊的功能要求，确定湖泊需控制的主要环境目标。

（3）减少入湖污染物量，并尽可能排出湖内污染物。

（4）根据水量平衡计算确定水利上的最大过流能力。

（5）制定水利工程的优化调度方案，控制湖泊达到相对最优水位。

13.1.3.2　沙湖水位控制优化设计的方法

根据湖泊的蓄水量、湖水交换周期，确定水利工程调度周期和调度时段，根据湖泊功能要求及主要环境问题，确定调度时段的水质控制指标，作为调度时段优化调度目标函数，将湖体水位为决策变量，出入湖渠道、沟道的调度流量为子优化问题，约束条件除湖水位必须介于实际允许的最高（满足防洪要求）和最低水位（满足旅游等要求）水位之间外，尚有出入湖径流过流能力的限制条件。根据沙湖湖底最深处、最高处及不同湖面海拔高程对应的水量、面积关系的初步测量，结合湖泊形态和湖泊内敏感水生生物所需最低水位等，要求沙湖湖泊水位为海拔 $1\,099.2\ m$，湖泊水位变化幅度控制在 400 mm 左右。

13.2　沙湖水生植被恢复与管理

水生植被的恢复是湖泊环境和生态综合整治的一个重要环节，是总体治理效果的最后实现过程，如果缺少这个环节，总体水环境管理效果将会受到很大的限制。国内许多城市湖泊、游览型湖泊和水源型湖泊已经过治理，但尚没有一个湖泊脱离富营养水平，关键问题在于缺少了水生植被恢复这一重要环节。因此，在沙湖水环境综合管理中必须重视生态恢复问题，水生植被恢复作为生态恢复的核心应该列入湖泊综合管理方案。

13.2.1　沙湖水生植被恢复技术

水生植被恢复是一项系统工程，需要科学的设计，巧妙利用各种环境工程技术和生态工程技术。恢复水生植被是一个十分严谨的过程，它包含了目标水生植被的优化设计、适宜环境条件的创建、一系列的水生植物引种栽培与种类更替、植被管理等环节，任何一个环节的疏忽都有可能导致全面失败，造成巨大损失。

13.2.1.1　水生植被的优化设计

1）先锋物种的选择

先锋物种的选择是在对水生植物生物学特性、耐污性、对氮、磷去除能力及光补偿点的研究基础上，筛选出几种具有一定耐受性的，能适应湖泊水质现状的物种作为恢复的先锋物种，同时为水生植物群落的恢复提供建群物种。

物种选择原则：① 适应性原则，所选物种应对湖泊流域气候水文条件有较好的适应能力；② 本土性原则，优先考虑采用湖内原有物种，尽量避免引入外来物种，以减少可能存在的不可控因素；③ 强净化能力原则，优先考虑对氮、磷等营养物有较强去除能力的原则；④ 可操作性原则，所选物种繁殖、竞争能力较强，栽培容易，并具有管理、收获方便，有一定经济利用价值等特点。

根据上述基本原则，在广泛调查的基础上，结合原有水生生物种类，进行恢复先锋种的选择。近年来，国内外有关水生植物的生理生态特性及其在湖泊治理中的许多研究为物种选择提供了可能。

2）群落配置

群落配置就是通过人为设计，把欲恢复重建的水生植物群落，根据环境条件和群落特性按一定的比例在空间分布、时间分布方面进行安排，高效运行，达到恢复目标，即净化水质，形成稳定可持续利用的生态系统。一般来说，水生植物群落的配置应以湖泊历史上存在过的某营养水平阶段下的植物群落的结构为模板，适当引入经济价值较高、有特殊用途、适应能力强及生态效益好的物种，配置多种、多层、高效、稳定的植物群落。人工植物群落的配置主要包括两方面：湖泊不同的受污水域或湖区上配置不同植物群落的水平空间配置和适应不同水深的垂直空间配置。

在进行群落的配置时，除考虑湖区的水质、水深等条件外，还需考虑底质因素，如底质是泥沙质还是淤泥质，根据不同植物对底质的喜好性在不同的底质上配置的群落也不同。

13.2.1.2　恢复水生植被的技术途径

1) 恢复水生植被基本条件的创建

将污染负荷（包括内、外源）控制在湖泊生态系统的承受范围之内，这是恢复水生植被的先决条件。但在污染源得到有效控制之后，湖泊内水质的改善仍然是一个相当缓慢的过程，藻类水华问题可能会延续相当长的时间。同时，由于湖泊周围水利设施（比如出进水口上的水闸、环湖人工堤岸等）的兴建，适合水生植物生长的原有环境条件已经遭到一定程度的破坏。因此，在拟恢复水生植被的湖区内创建适合水生植物生长的基本环境条件是恢复水生植被的首要任务。

（1）藻类水华的控制。沿岸带是恢复水生植被的核心区，也是藻类水华聚集的场所。藻类水华能降低湖水的透光率，减少水下可供水生植物利用的光资源；同时藻能粘附在水生植物表面，不仅会严重妨碍光合作用和水生植物与湖水间的物质交换，还能导致微生物的大量繁殖，严重时会引起水生植物的腐烂死亡。藻类水华的控制可以采取两种方式：一种是全湖性控制。即对全湖藻类总量进行控制，防止在沿岸带形成藻类聚集，此方式在小型湖泊中比较容易实现；另一种是局部湖区的藻类控制，利用围隔技术将需要恢复水生植被的湖区与大湖面隔离开来，在隔离区内控制藻类，在大的湖泊中采取这种方式比较合理。控制技术通常有机械捕捞、生物控制、药物控制等，如何经济有效地使用这些技术可视具体情况确定。

（2）风浪的控制。强烈的风浪能造成水生植物的机械损伤，影响水生植被恢复的进程。风浪扰动湖底能引起沉积物再悬浮，污染水质，降低湖水透明度，并容易在植物表面形成附着层。对风浪的控制可以采取适当的消浪措施，用漂浮植物网制成的大型"浮毯式"消浪带是比较经济有效的，一般在湖湾内比较适用。在湖泊中风浪比较大的湖区，可以将众多的消浪"浮毯"以弹性方式固定在水生植被恢复区外侧，织成阵列，也有很好的消浪效果。

（3）沿岸带浅滩环境的创建。湖泊沿岸带的浅滩环境是水生植物的"大本营"或"避难所"，尤其对于水位或水质波动比较大的湖区，水生植物的稳定生存是离不开浅滩环境的。挺水植物和浮叶植物只有在浅滩上能够生存，当遇到水质污染时，深水区的沉水植物有可能死亡，但在浅水区仍然可以保留一定数量的沉水植物，一旦水质好转，浅水区的沉水植物就会向深水区发展，形成一种自动恢复机制或"缓冲机制"。要是没有沿岸带的浅滩环境，就只可能恢复沉水植物，这种由单一生态型植物组成的水生植被不但景观功能比较差，而且很不稳定，遇到较大的环境波动时就有可能全军覆没，这就是"用人工堤岸包围起来的水体"在生态上的脆弱性。恢复沿岸带浅滩环境的方式要具体问题具体分析，不可一概而论，生搬硬套。

（4）污泥的清除。在有机污染比较严重的湖区，湖底沉积物表面往往被一层有机质含量很高的污泥覆盖。这种污泥密度很小，呈半流体状态，水生植物难以在这种污泥中扎根；遇到风浪时容易发生再悬浮，引起水质污浊和营养盐释放，影响水生植物的生长；其中的微生物活性比较高，一般处于缺氧状态，容易引起水生植物烂根；在水生植被恢复区清除这种污泥是完全必要的，但在清除技术方面还有一定的难度。最有效的方法当数直接抽吸法。如果存在有毒物质的污染，清除受到污染的底泥就显得更加重要。在湖水偏深的湖区，清除污泥可能会增加湖水深度，更加不利于水生植物的生长，此时可以考虑用干净的泥土覆盖受到污染的底泥。

（5）水位的调控。适当降低水位可以减小水生植被恢复区的湖水深度，改善水下光照条件，促进水生植物繁殖体的萌发和幼苗的生长。因此，在开始种植沉水植物时，如果条件许可，可以将工作区水深控制在 1 m 以内，这样将有利于沉水植物的成活和群落的发育。

（6）水质的改造。这里的水质改造有两方面的含义：一方面在于提高湖水的透明度，改善水下光照条件；另一方面在于降低湖水中有机污染物的含量。在需要恢复水生植被的湖区，湖水透明度必须大于水深的 2/5 才能保证沉水植物和浮叶植物的需求，湖水高锰酸盐指数一般要求小于 3 mg/L。影响湖水透明度的因素有三类：第一类是由于风浪扰动引起的沉积物再悬浮；第二类是浮游生物（主要是藻类）死亡分解形成的有机污染物，包括有机碎屑和溶解态有机物；第三类是外源性污染物。对于由风浪引起的水质浑浊问题可以考虑采取适当的消浪措施。

2）恢复水生植被的技术途径

恢复水生植被是一个从无到有、从有到优、从优到稳定的逐步发展过程，其中包含了水生植被与环境的相互适应、相互改造和协同发展。在没有人为协助的条件下，要完成这一自然发展过程至少需要十几年甚至几十年的时间。人工恢复水生植被则利用不同生态型、不同种类水生植物在适应和改造环境能力上的显著差异，设计出各种人为辅助的种类更替系列，并且在尽可能短的时间内完成这些演替过程。

（1）挺水植物的恢复。挺水植物的恢复一般无须任何演替过程，在确定目标植被的空间分布和种类组成之后，可以直接进行种植。芦苇、香蒲等挺水植物种类大多为宿根性多年生，能通过地下根状茎进行繁殖。这些植物在早春季节发芽，发芽之后进行带根移栽成活率最高。在湖水比较深的地段也可以移栽比较高的种苗，原则是种苗栽植之后必须有 1/3 以上挺出水面。

（2）浮叶植物的恢复。浮叶植物对水质有比较强的适应能力，它们的繁殖器官如种子（菱角、芡实）、营养繁殖芽体（莕菜莲座状芽）、根状茎（莼菜）或块根（荷花）通常比较粗壮，储存了充足的营养物质，在春季萌发时能够供给幼苗生长直至到达水面。它们的叶片大多数漂浮于水面，直接从空气中接受阳光照射，因而对湖水水质和透明度要求不严，可以直接进行目标种的种植或栽植。

种植浮叶植物可以采取营养体移栽、撒播种子或繁殖芽、扦插根状茎等多种方式。究竟哪一种最为简捷有效，应根据所选植物种的繁殖特性来决定。

（3）沉水植物的恢复。沉水植物与挺水植物和浮叶植物不同，它生长期的大部分时间都浸没于水下，因而对水深和水下光照条件的要求都较高。沉水植物的恢复是湖泊水生植被恢复的重点和难点。沉水植物恢复时，应根据湖区沉水植被分布现状、底质、水质现状等因素，选择不同生物学、生态学特性下先锋种进行种植。在沉水植被几乎绝迹、光效应差的次生裸地上，应选择光补偿点低、耐污的种类构建出先锋群落；同时，先锋植物还需能产生大量种子，植株分生能力强，有利于扩大分布。在光效应较好，尚有一定面积沉水植被残存的湖区，可选择具有中等耐污和较高光补偿点的种类作为先锋种。湖泊水质较硬时，应当选择易于扎根的种类进行种植。湖区污染严重，直接种植沉水植物难以存活时，可先移植漂浮植物或浮叶植物对湖水先进行净水，待透明度提高后再种植沉水植物，建立先锋群落。

沉水植物恢复时，应从水浅的岸边开始，并在低水位季节进行。

13.2.1.3 水生植物引种栽培技术

在自然条件下，水生高等植物通过种子或营养繁殖体进行繁殖，并以营养繁殖较为普遍。在水生植被的引种栽培时，既可采用种子繁殖，也可采用营养繁殖的方法。

1）种子种植技术

某些水生植物可用种子繁殖的方法进行种植。沉水植物中有一部分是种子植物，可适时采收种子，在种苗基地繁殖。种子繁殖的难点是种子的采收。种子种植的理想季节为春季，因为秋季播种后的种子往往会由于水流、波浪等原因流失或被迁移的水鸟摄食。当底质条件合适时，苦草的种子撒播后，2~5周后就可发芽。

2）快速营养繁殖技术

在富营养化湖区中，由于缺乏种源和水下光照、氧气供给等环境条件不适宜，不可能实现水生植被的自动恢复。在富营养化湖区水生植被人工协助恢复中，需要在短期内建成大面积的植物群落，以便形成对藻类的竞争优势，实现较高的群落稳定性。种子繁殖往往受到季节的严格限制，并且水生植物的种子很难大量采集，这就需要快速方便的水生植物繁殖与栽培技术。

在自然条件下伊乐藻等7种沉水植物均以营养繁殖为主要繁殖方式，在人工辅助下，可对它们进行快速营养繁殖和栽培。黑藻、金鱼藻和菹草都能在枝尖产生大量特化的营养繁殖体，但依赖于繁殖体的繁殖和栽培受到季节的严格限制。伊乐藻、黑藻和金鱼藻的插枝繁殖不仅简单易行，可以大面积操作，而且种源充足，栽植期长、适合于大规模繁殖和栽培。苦草、微齿眼子菜和马来眼子菜的营养繁殖能力相对较差，必要时分苗移栽是一种有效的繁殖与栽培方式，但效率较低，操作比较困难。苦草地下块茎和马来眼子菜根状茎的采集和栽植更加困难，除非特殊需要，不宜采用这种繁殖与栽培方式。

3）冬芽种植

冬芽种植是许多水生植物如金鱼藻常用的种植方法。冬季是采收冬芽的季节，一般来说，小的冬芽产生小的植物体，大的冬芽产生大的植物体，因而在采收冬芽时要采集大的冬芽。采集冬芽时可采用搅动底泥的方法得到，当底质被搅动时，冬芽常常从底泥中漂浮到水面上来，经筛滤后收集得到。

由于冬芽不能长期存放，所以最好在种植前收集，并置于低温水中，以防枝条伸长。冬芽需在4月中旬到5月初移植，移植时最理想的是埋于底泥下5~10 cm，水位低时可直接用手种植，水位高时将有冬芽的袋子直接放入水中种植。

4）芦苇栽培技术

芦苇因具较强的水质净化能力，有较好的经济利用价值，对环境有较强的适应能力及易于栽培和管理，因而常在湖泊水生植被恢复中被作为主要考虑的挺水植物。

芦苇为宿根性多年生植物，可直接移苗栽种。芦苇的栽植一般用带泥穴放法。这样种植的芦苇成活率较高，当年就能长至一定高度。在有草被覆盖或有残遗芦苇根茬的地段，可以直接栽培；在坚硬底质或粗砂砾底质上则需铺约 20 cm 厚的细土，然后栽种芦苇，同时配合其他速生草种。种植芦苇的时间以春季低水位时为宜。种植方法主要有：

（1）移根法。春季在老苇田挖掘并选择优良根状茎，裁成每段长 30~50 cm。一般栽在湖岸边或运河、沟道两侧。按行、株距各 1 m 挖沟埋下或斜插入泥中。上部留有 5 cm 以利于出苗和分技，并保持土壤潮湿或浅水以促发芽生长。

（2）移墩法。春季待芦苇长高至 30~40 cm 时，选择茎秆粗壮并带有 2~4 个分芽的苇苗，将其整墩挖取，连根带土在新移栽地按株行距各 1 m 掘坑栽植，栽后供水，水位宜浅。让顶露出水面。

（3）插秆法：7—8 月，芦苇生旺盛时选择粗秆，用快刀贴地面割下削去嫩梢，在移植地将苇秆斜插入泥中，若秆顶部露出水面，不久在叶部即可长出腋芽。

（4）苇种繁殖。秋季收集穗头，第二年春季将穗头取出，拌上小粒状泥土，撒入平整潮湿的新苇田中，使种子入土 0.5 cm，不久即可萌发，长到一定高度即可移栽。

（5）栽种密度，以 8 株/m² 为宜。

5）水生植物的栽种时间

一般来讲，水生植物的栽种以春季为最好，春季气温升高，种子萌发，同时春季往往是低水位季节，有利于栽种成活。如菹草、伊乐藻春季种植长势最快，到了夏季由于高温而死亡，其他沉水植物一般也是以春季栽种为好。

在沙湖水生植被恢复中，水生植物的种植技术是植物能否成活的关键。在实际种植时，应根据植物的生物学特性和湖底底质状况，采用全株、断枝、球茎、殖芽或种子作为繁殖体，采用竹叉插入法、裹泥抛入法或吊笼栽培法等进行种植。

13.2.2　沙湖大型水生植物资源的管理与利用技术

大型水生植物与人类的生产生活关系密切，它们为人类提供丰富的粮食、蔬菜、医药、造纸、手工艺品、包装等原料、畜牧业饲料、种植农作物的肥料；在湖泊生态系统中，它们吸收氮、磷等营养盐及其他污染物质，起到净化水质、抑制藻类的作用，并且为鱼类提供产卵场所及饵料等。

大型水生植物有经济价值的种类很多，例如，芦苇是优良的护堤植物和经济植物，多种沉水植物全草都可以用作猪、鱼、家禽饲料及绿肥，有的还可以入药治病。

大型水生植物如果不加以适当开发利用将会导致如下后果。

（1）对湖泊起填平作用，加速湖泊沼泽化。

（2）对水中的溶解氧和 pH 值产生影响。大型水生植物过量生长，占据水体空间，使鱼类的生活活动空间减少，觅食困难，在阴雨天气鱼类在有限水体空间与水生植物互相争夺水中溶解氧，出现大量死鱼现象。仲夏季节，在水草繁茂的水域内于光合作用强烈，水中二氧化碳被大量消耗，造成湖水 pH 值骤然上升现象，容易造成大面积死鱼现象。

（3）湖水二次污染。大量水草死亡沉落水中，腐败分解不仅会消耗水中的溶解氧，使溶解氧浓度下降，而且会释放出大量有毒有害物质，如氨、硫化氢等，会使湖水变黑变臭，特别是秋冬季和春夏季之交，这种作用相当强烈，常常造成大量死鱼现象。

因此，合理开发利用大型水生植物资源对保护和治理湖泊十分必要。

1）收割利用技术

收割利用大型水生植物有手工收割和机械收割两种方法。手工收割法用推刀收割，适用于1~2 m水深的水草收割。机械收割法有机拖收割、机械收割、水草联合收割机收割。

2）渔业利用技术

适于草食性鱼类饵料的有眼子菜、大茨藻、小茨藻、菹草、金鱼藻等。在沙湖的沿岸带附近建设的鱼塘，可开发利用水草资源，将湖内水草收割起来、投喂养鱼。这样，可以从水体中转移部分营养盐，防止水草死亡沉落湖底带来的二次污染。水草通过不断收割后，它们也会不断生长更新。也可将水草加工生产饲料。饲料加工方法有机械加工和生物学加工。机械加工包括切碎、打浆、混合等。具体操作是先将水草洗净，加入约40%水草量的水，用饲料打浆机打浆，在打好的草浆中加入2%的食盐，就可作为饵料投入鱼塘喂鱼。生物学加工方法有酒曲发酵法、青饲料青储发酵法等。

3）畜牧业利用技术

眼子菜等水生植物可直接用于喂鸭、鸡等家禽。茨藻、浮萍、金鱼藻、菹草等可直接用生料饲喂。不能直接用于饲料饲喂的，可制成发酵饲料，还可在水草中掺入秸秆、秕壳等粗料进行混合发酵。

生产加工饲料的方法是将水草洗净，经自然干燥后，用饲料粉碎机粉碎制成优质草粉，添加某些必需的高能源饲料可制成各种配合饲料。经过喂养试验，水草制成的草粉和配合饲料可用于喂养养殖动物，适用性和育肥效果均能满足饲养要求。

4）环保管理技术

从环保管理的角度出发，对大型水生植物的开发利用应掌握以下几个原则。

（1）保护好湖泊原有的植物群落结构。

（2）大型水生植物在湖泊中的覆盖面积在30%以上。

（3）浅水湖区大型水生植物的生物量保持在3 kg/m² 左右；水深大于1 m的大型水生植物生物量保持在3 kg/m² 以下。

（4）收割应间断分块收割，防止剃头式收割。

（5）在大型水生植物即将沉落的秋冬季，采取全部收割的方式将其地上部分清除干净。

13.3 沙湖湖滨带生态恢复

13.3.1 湖滨带的功能

湖滨带是湖泊水陆生态交错带的简称，是湖泊水生生态系统与湖泊流域陆地生态系统间一种十分重要的生态过渡带，是湖泊的天然保护屏障，与湖泊水体唇齿相依。没有湖泊也就没有湖滨带，失去湖滨带的湖泊其生态系统是不完整的，极容易受到外界的损害。湖滨带的特征由相邻生态系统之间相互作用的空间、时间及强度所决定。

湖滨带的功能可以分为 3 个方面：环境功能、生态功能和经济美学功能。

环境功能包括湖滨带的截污和过滤功能，改善水质功能，控制沉积和侵蚀的功能。

生态功能包括湖滨带保持生物多样性功能，鱼类繁殖和鸟类栖息的场所，稳定相邻的两个生态系统的功能。

经济美学功能包括湖滨带为人类生产再生资源，改善环境；种类丰富的资源给人们带来的独特的娱乐、美学、教育和科研价值；湖滨带的管理给人们带来的经济效益。

13.3.2　沙湖湖滨带生态恢复目标、原则和主要内容

13.3.2.1　湖滨带生态恢复的基本目标

1）湖滨带生态恢复的目标

（1）要建立过渡带结构。

（2）实现地表基底的稳定性。

（3）恢复湖滨带的生态环境及栖息其间的动、植物群落。

（4）保持湖滨带尽可能高的多样性。

（5）减少或控制环境污染。

（6）增加视觉和美学享受。

2）湖滨带生态恢复要满足的条件

（1）维持湖泊与陆地系统间某一规模以上尽可能大的过渡带规模。

（2）尽可能发挥湖滨带的截污和过滤功能，使湖滨带的水质净化潜能达到最大值，为防治湖泊的水质污染和富营养化做出贡献。

（3）为土著动、植物物种提供合适的生态环境，同时也应允许因某些特殊需求而引进的外来物种在特定地点生存。

（4）对湖滨带群落的生物生产过程进行控制，维持在某一水平上的动态平衡，满足人们多方面的愿望。

（5）尽可能与普遍接受的土地利用和湖泊功能保持一致。

13.3.2.2　湖滨带生态恢复的基本原则

（1）设计要求因地制宜，生态恢复设计必须紧紧围绕当地的自然、社会和经济条件进行，设计的创新性不在于组成的各单项技术，而在于因地、因类的优化组合。

（2）设计的系统有多个目标，其中至少确定一个主要目标，其余为次要目标。

（3）设计着眼于系统的功能，特别是环境功能，而不是形式。

（4）设计的系统必须与周围的景观相协调，而不能与之对抗。

（5）设计的系统的维护需求应该很少，能够充分利用自然能。

（6）设计的系统应该具有生态交错带特征。

（7）系统的结构功能应达到整体优化。

13.3.2.3　湖滨带生态恢复的主要内容

1）物理基底设计

地表物理基底（地质、地形、地貌）是生态系统发育与存在的载体，物理基底设计主要包括物理基底稳定性设计和物理基底地形、地貌的改造。物理基底设计必须满足水利防洪的要求。

2）湖滨缓冲带的宽度

考虑湖泊的面积、周边环境、开发情况等因素，结合多指标综合评价确定。一般情况下，根据缓冲带的不同功能，按照陡坡、缓坡特征，要求缓冲带宽度达到 15 m 以上，这是提供保护功能的下限。

缓冲带的实际宽度应根据植被、土壤类型、地貌、气候、水道宽度以及周边土地利用方式确定，可按表 13-1 中的建议值进行设计。

表 13-1　沙湖缓冲带宽度建议设计标准

堤岸坡度	建议保留的缓冲距离（从河岸/湖岸最高处计算）（m）		
	土壤分类		
	沙土	淤泥	黏土
非常陡峭（>2∶1）	30	24	18
陡峭（>4∶1）	24	18	12
平缓（>6∶1）	18	12	9
非常平缓（<10∶1）	12	9	6

3）生物种群选择

生物种群是构成生态系统的重要组分之一，选择适宜的生物种群是建立高效、和谐的生态系统的关键。

生物种群的选择必须满足两个条件：一是必须满足湖滨水陆生态交错带的自然环境特征；二是在满足湖滨带生态恢复的主要功能的前提下，生物种群选择必须尽可能满足湖滨带的其他功能。

4）生物群落结构的设计

按照湿地植物分带模式，选择由水生植物—湿生植物—陆生植物植被带类型：湿地植被模式及配置为乔木层、灌木层、草本层、浮水—挺水植被层。筛选出的适宜沙湖湿地生长的植物种类主要有芦苇、香蒲、莲花、柽柳等及沉水植物金鱼藻、眼子菜类。湖滨植被带配置按照坡度分为两种类型，新恢复的湖滨带为坡度 1∶5 或 1∶6，宽度 10~20 m。坡度较陡的湖坡从水生到陆生的植被配置为莲花—香蒲—芦苇—柽柳群丛、香蒲—芦苇—柽柳群丛等。坡度较缓的湖坡从水生到陆生的植被配置为莲花—香蒲—芦苇—柽柳—紫穗槐群丛、芦苇—香蒲—柽柳群丛等类型，可参考表 13-2。

200

表 13-2　适用沙湖的植物群落带植物名称

植物群落带	植物名称
乔木林带	杨树、柳树、沙枣等
灌丛带	紫穗槐、柳条、柽柳等
草带	狗尾草、拂子茅、苜蓿等
近岸湿地、水沟湿地	芦苇、香蒲、慈姑等挺水植物和莲、莕菜等浮叶植物的水生植物群落及浮萍、槐叶萍等浮水的水生植物群等

5）景观结构设计

景观是由相互作用的景观元素（斑块、廊道和模地）组成的，是具有高度空间异质性的区域，并以相似的形式重复出现。斑块、廊道、模地在景观中的分布是非随机的，具有多种景观构型。景观结构设计就是通过对原有景观要素的优化组合或引入新的成分，调整或构造新的景观格局，从而创造出优于原有景观生态系统的生态环境效益和社会经济效益，形成新的高效、和谐的人工—自然景观。

13.3.3　沙湖湖滨带生态环境调查

13.3.3.1　调查范围

湖滨带调查范围包括陆向辐射带（岸上带）、水位变幅带（包括受湖浪影响的区域）和水向辐射带（近岸带）及其相关区域。

13.3.3.2　调查内容

（1）湖滨带内各区段现有功能调查。

（2）湖滨带内土地利用类型、各类土地面积和隶属关系调查。

（3）湖滨带内现有工程状况调查，包括各类护堤、护岸、公路等现有防护工程和污染控制工程。

（4）湖滨带破坏程度调查。

（5）湖泊水位变化情况调查。

（6）湖滨带内植被现状调查，包括植物种类、分布、覆盖度。

（7）现有的具有法律效力的湖滨带保护与利用规划调查。

（8）湖滨带内污染源调查。

（9）详细调查湖滨带内的污染源（点源、面源）、输入湖滨带的污染负荷量、输出湖滨带的污染负荷量。

13.3.4　沙湖湖滨带生态恢复工程技术

13.3.4.1　湖滨湿地工程技术

根据湖滨湿地等地形条件，人工恢复或建设半自然的湿地系统，截留入湖地表径流中的颗粒物，净化入湖水质，为动物植物提供栖息和生存环境，为鱼类产卵、孵化、觅食提供场所，改善湖滨景观。

适用于入湖沟道口的三角洲地带，要求必须提供足够的过流面积，保证水流顺畅。主要工程为整理地形、引种培育湿地植被，采用的湿地植物主要是挺水植物，如芦苇。

13.3.4.2　水生植被恢复工程技术

水生植被在湖滨带中占主要地位，水生植被的恢复对湖滨带的恢复至关重要，湖滨带的所有功能都与水生植被有关，同时水生植被还能提高水体透明度，抑制藻类暴发。在湖滨带内应尽可能创造条件，按照湖滨带的结构，通过多种技术手段，适度恢复水生植被，优化水生植被的群落结构。

水生植被恢复工程技术适用于整个湖滨带。

13.3.4.3　人工介质岸边生态净化工程技术

在湖岸比较陡峭，侵蚀比较严重，基质贫瘠、植被难以恢复的湖滨带或者不宜采用其他恢复技术的特殊用途地带，把人工介质（如底泥烧结体、陶瓷碎块、大块毛石、多孔砼构件等）随意地或以某种方式堆放在岸边，既可减少湖浪冲刷，又可在人工介质体内和之间营造适于微生物、底栖附着生物生存的环境，达到净水和护岸目的。

13.3.4.4　沟道廊道水边生物恢复技术

入湖沟道两岸水边生物的恢复可以截留两岸进入沟道的地表径流中的污染物，净化沟道水，防止沟道岸堤侵蚀，保护岸边水生生物栖息繁育场所。入湖沟道堤岸主要为近自然堤岸，水边生物的结构基本为湿生植物、挺水植物、沉水植物，水流缓慢的沟道尚有浮叶植物、漂浮植物。

13.3.4.5　湖滨带的管理技术

（1）强化湖滨带的环境管理，禁止重点湖滨带的任何生产生活活动。

（2）逐步恢复湖滨带的保护功能。

（3）划定湖滨带保护区，实行污染物总量控制，减少湖滨带污染物的交换，控制湖滨区污染。

13.4　沙湖入湖沟道生态修复

主要为沙湖第三排水沟入湖沟道与艾依河入湖沟道。

13.4.1　沙湖入湖沟道岸坡带植被修复

沟道岸坡是指沟道陆域侧岸坡边线和沟道水域侧岸坡边线之间的范围。

13.4.1.1　植物栽种时间

（1）一般陆生植物、宿根植物的最佳种植时间为植物休眠期。

（2）水生湿地植物种植的最佳时间一般是春夏或初夏，设计时应考虑各种配置植物的生长旺季以及越冬时的苗情，防止在栽种后出现因植株生长未恢复或越冬植物弱小而不能正常越冬的情况出现。

（3）耐水性差的种类宜在生长期种植，耐寒性强的种类一般可在休眠期种植，耐寒性差的种类不宜在休眠期种植。

13.4.1.2　水生植物

沟道有通航、行洪排涝的要求时，一般不宜在河道岸坡带修复沉水植物和浮水（叶）植物。岸坡带水生植物选择主要为挺水植物和湿生植物。

13.4.1.3　水生植物栽种水深

（1）水深大于 110 cm 时，除部分荷花品种外，不适宜布置其他挺水植物。

（2）水深 80~110 cm 时，适宜布置的植物有荷花、芦苇等。

（3）水深 50~80 cm 时，适宜布置的植物有芦苇、香蒲、水葱等。

（4）水深 20~−50 cm 时，适宜布置的植物有芦苇、香蒲、水葱、菖蒲等。

（5）水深小于 20 cm 时，适宜生长的植物较多，除上述植物外还有千屈菜等。

13.4.1.4　植物种植方式

（1）挺水植物一般可以采用裸根幼苗移植、收割大苗的移植以及盆栽移植方法栽种，一般选择前两种。

（2）浮叶植物可采用先放浅水进行栽种，再逐渐加深的方法，如睡莲、荇菜等。

（3）浮水植物（漂浮植物）一般采用打捞引种法，并注意控制生长范围，如槐叶萍、浮萍。

13.4.1.5　植物种植密度

植物种植的设计密度根据植物类型、生长特性、成活率等要求，按有关标准确定。

（1）一般情况下，若时间充裕，湿地植物施工密度可以适当小于设计密度。

（2）分生能力强的植物一般可以稀植。种植密度从分蘖特性大致可分三类：第一类是不分蘖，如慈姑；第二类是一年只分蘖一次，如黄花鸢尾等；第三类是生长期内不断分蘖，如水葱等。针对不同的植物，种植密度可有小范围的调整。

13.4.1.6　植物品种的选择

（1）岸坡带水生、湿生植物宜选择沙湖流域的适宜品种。一般情况下，岸坡带水深变化范围在 0~60 cm，可选择芦苇、千屈菜、菖蒲、水葱、香蒲等植物。

（2）陆缘植物主要为乔、灌木，可根据沟道所在区域的盐碱情况、土壤、地下水及项目建设要求，宜首先选择本地成熟品种，并考虑植物的耐水湿性，如柽柳、杨柳科等物种。

（3）岸坡带的野生植被也可达到良好的护坡和生态效果，宜进行利用和自然恢复，维持野生植被的自然演替状态。

13.4.2 沙湖入湖沟道缓冲带植物配置及栽种

沟道缓冲带是指沟道陆域侧岸坡边线以外由树木（乔木、灌木）及其他植被组成的缓冲区域，是为保持沟道生态环境健康而划定的、具有一定宽度的范围，具有防止地表径流、废水排放、地下径流等所带来的养分、沉积物、有机质、杀虫剂及其他污染物进入沟道的功能。

13.4.2.1 缓冲带植物配置原则

沟道缓冲带植物配置应结合生态恢复、功能定位等要求进行综合分析，一般宜遵循以下原则。

（1）适应性原则，植物配置应适应沟道缓冲带的现状条件，且宜首先选择土著种，进行因地制宜布置。

（2）强净化原则，宜选择对氮、磷等营养性污染物去除能力较强的物种。

（3）经济性和实用性原则，宜选择在沟道所在区域具有广泛用途或经济价值较高的生物种。

（4）多样性或协调性原则，应考虑沟道缓冲带生态系统的生物多样性和系统稳定性要求，选择相互协调的物种。

（5）观赏性原则，宜结合沟道部分区段的观赏和休闲需要，综合考虑工程投资、维护管理方便、易于实施的要求，选择部分适宜的观赏性物种。

13.4.2.2 缓冲带植物栽种技术要求

（1）沟道缓冲带植物一般由林地、草地、灌木、混合植被和沼泽湿地等组成，不同植被类型配置应满足沟道缓冲带的功能需求。一般情况下，河道缓冲带植物按以下要求配置：

① 植物恢复初期的建群种，宜选择具有较大生态耐受范围及较宽生态位的物种，以适应初期的生境状况；

② 沟道缓冲带植物群落破坏较为严重、生态位存在较多空白沟段，宜进行人工恢复，引入合适的物种，填补空白的生态位，增加生物多样性，提供群落生产力；

③ 植物配置在水平空间格局和垂直空间格局上，应重视人工恢复和群落自然建立的结合；

④ 针对沙湖流域的特点，通过论证分析，进行生态型植物群落和经济型植物群落的结合布置；

⑤ 应对缓冲带土壤的 pH 值、盐碱度、疏松状态、透水性、肥沃性等进行分析，研究确定是否采取置换或回填种植土、施肥、浇水灌溉等要求。

（2）河道缓冲带植物配置的一般程序可参照图 13-1。

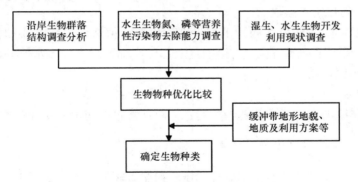

图 13-1　缓冲带植物配置一般流程参考示意

（3）沟道缓冲带的植物栽种应制订详细的栽种计划，确保植物种植满足设计要求。一般情况下，应编制种植计划和进度表，乔木和灌木应在休眠期栽种。草本植物栽种宜结合成活率或草籽发芽要求，择时栽种或撒播草籽。

13.4.3　沙湖入湖沟道生态多样性修复

13.4.3.1　水生植物群落多样性修复技术

水生植物群落多样性修复适用流速缓慢、沟道岸带缓坡、水深小于 1 m、岸线复杂性高的沟道段。

1）设计要求

基于物理基底设计，选择对应植物种类、生活型，设计植物群落结构配置、节律匹配和景观结构，实现净化功能。采用生境和生物对策，因地制宜，设计以挺水植被为主、沉水植被为辅，结合少量漂浮植被的全系列生态系统修复模式。

2）工艺原理与技术参数

挺水植物选择沙湖流域常见植物，如香蒲、芦苇，种植面积占沟道岸带恢复区水面的 20%，沉水植物选择不同季相的种类来恢复疏浚后的沟道生态系统，约占恢复沟道水面的 10%，挺水植物一般以 2~10 丛/m²，沉水植物以 30~100 株/m²的密度种植。

3）注意事项

注意恢复早期的水体光和流速的稳定，同时注意进行防浪隔离和鱼类隔离。

13.4.3.2　沉水植物优势种定植技术

沉水植物优势种定植技术适用流速缓慢、沟道岸带缓坡、水深小于 1 m、岸线复杂性高的沟道段。

1）设计要求

基于物理基底设计，选择对应沉水植物种类、生活型，设计优势物种结构配置、节律匹配（季节）和景观结构，实现稳定群落功能。采用生境和生物对策，因地制宜，设计定植优势物种的种类和生长时期。

2）工艺原理与技术参数

定植物种密度参考环境优势种平均丰度。快速定植选取生长旺盛的种类，株高通常 20～30 cm，用固定物如石块、竹竿固定上部与底部，垂直插入水体底部基质中，待生长稳定后取出固定物。

3）注意事项

注意定植早期的水体光和流速的稳定；同时注意进行防浪隔离和鱼类隔离。

13.4.3.3　沉水植物模块化种植技术

沉水植物模块化种植技术适用流速缓慢、河岸带缓坡、水深小于 1 m、岸线复杂性高的沟道段。

1）设计要求

在沉水植物种植上，以集中种植最适宜，这样可以使种植的沉水植物形成一个群体，增强个体的存活能力。由于沉水植物物种的不同，因此在种植方式上存在草甸种植、播撒草种、扦插等工作方式，这些可以在优质土层回填时同步完成。

2）工艺原理与技术参数

采集肥沃湖泥、黏土及可降解纤维，按比例配制培养基质，并填入可拆卸模具中；将模具放入光照条件良好、可调节水位的小型水体中；培养基质中按一定密度种植植物种子，并随着生长高度适时调节水位，使其能快速生长，结成草甸。在沉水植物草甸种植上，先通过细绳将多块草甸联结在一起，通过河段两岸将绳索两端带入水体，分别向两个方向伸展，将草甸完全拉平后将两端固定，或者先将一端固定在水底，通过向另一端拉直，这样就完成了一条草甸的种植工作，然后再将其他草甸按照顺序种植。在草甸的联结间距及两条草甸间的间距上，可根据种植密度的需要进行调整。在沉水植物扦插种植方式上，可一次扦插数十根水生植物，效率较高。在播撒草种的种植方式上，可直接播种在淤泥层上，这样可以避免草种可能悬浮在水体中而影响种植效率。

3）注意事项

注意模块化种植早期的水体光和流速的稳定；同时注意进行防浪隔离和鱼类隔离。

13.4.3.4　水生动物群落多样性修复技术

适用流速缓慢、河岸带缓坡、水深小于 1 m、岸线复杂性高的沟道段。

1）设计要求

水体生态水生动物的修复应当遵循从低等向高等的进化缩影修复原则去进行，避免系统不稳定性。当水体沉水植物生态修复和多样性恢复后，开展水系现存物种调查，首先选择修复水生昆虫、螺类、蚌类、杂食性虾类，待群落稳定后，引入本地肉食性的凶猛鱼类。

2）工艺原理与技术参数

底栖动物选择沙湖流域常见动物，投放面积占沟道岸带恢复区水面的 10%，动物选择不同季相的种类，水生昆虫、螺类一般以 50~100 个/m² 为宜。

　　3）注意事项

注意流速的稳定；同时注意进行防浪隔离和杂食性鱼类隔离。

13.4.4　沙湖入湖沟道水质原位净化技术

13.4.4.1　生物膜技术

　　1）一般生物膜技术

　　（1）技术特点。

生物膜技术结合沟道污染特点及土著微生物类型和生长特点，培养适宜的条件使微生物固定生长或附着生长在固体填料载体的表面，形成胶质相连的生物膜。通过水的流动和空气的搅动，生物膜表面不断与水接触，污水中的有机污染物和溶解氧为生物膜所吸收从而使生物膜上的微生物生长壮大。

生物膜技术的优点：对水量、水质的变化有较强的适应性；固体介质有利于微生物形成稳定的生态体系，处理效率高；对沟道影响小。缺点：滤料表面积小，BOD 容积负荷小；附着于固体表面的微生物量较难控制，操作伸缩性差。

当前，国内用于净化水体的生物膜技术主要有弹性立体填料—微孔曝气富氧生物接触氧化法、生物活性炭填充柱净化法、悬浮填料移动床、强化生物接触氧化等技术。

　　（2）设计要求。

　　①沟道中污染物的生物可利用性分析：

污染环境中污染物的种类、浓度、存在形式等都是影响微生物降解性能的重要因素。不同的污染物对微生物来说具有不同的可利用性，例如自然界中存在的绝大多数有机污染物都可以被微生物利用并降解，而大部分人工合成的大分子有机污染物不能够被微生物利用并降解。重金属在污染环境中往往以不同的形式存在，其不同的化学形态对微生物的转化和固定都会产生很大的影响。

　　②生物载体选择——生物填料：

在生物膜法中，填料作为微生物赖以栖息的场所是关键因素之一，其性能直接影响着处理效果和投资费用。生物填料的选择依据是：附着力强、水力学特性好、造价成本低等。理想的填充材料应该是具有多孔及尽量大的比表面积、具有一定的亲疏水平衡值。

　　（3）工艺原理与技术参数。

借助于挂膜介质，当有机废水流过介质表面时，微生物在其表面生长繁殖，形成生物膜。当污水经过生物膜时，污水和滤料或载体上附着生长的菌胶团开始接触，菌胶团表面由于细菌和胞外聚合物的作用，絮凝或吸附了水中的有机物，与介质中的有机物浓度形成一种动态的平衡，使菌胶团表面既附有大量的活性细菌，又有较高浓度的有机物，成为细菌繁殖活动的适宜场所。由于这种有利条件，菌胶团表层的细菌迅速繁殖，很快消耗水中的有机物。整个膜处于增长、脱落和更新的生态系统。微生物的生长代谢将污水中的有机物作为营养物质，从而使污染物得到降解。另外，在生物膜上还可能大量出现丝状菌、轮虫、线虫等，从而使生物膜净化能力大大增强。

（4）维护管理。

①沟道水体要有充足的溶解氧，供异养菌及硝化菌等微生物生长。

②水体混合要较充分，以持续不断地提供生物所需的基质（有机物）。

③水体对生物膜要有适当的冲刷强度。一方面不宜过大或者过小，既利于微生物在生物填料表面的挂膜，又可保证生物膜的不断更新以保持其生物活性。

④培养降解效率高的土著菌种的培养，在沟道中创造出其生长的适宜环境，并进行诱导、激活、培养，使之成为优势菌种，有效降解污染物。

2）碳素纤维生态草

（1）技术特点（适用范围）。

碳素纤维（Carbon Fiber，CF）是一种碳含量超过90%的无机高分子纤维，经过表面处理后具有高吸附性、生物亲和性、优异韧性与强度，对微生物有高效的富集、激活作用，能吸引多种水生生物构建生态卵床，改善和恢复水生态环境。

碳素纤维生态草技术的优点：通过改善水生境恢复水体自然健康环境，无二次污染，对水体无任何负影响；微生物黏合速度快，黏合量多且黏合微生物不易剥离，微生物活性高；在水中分散性强，传质效果好，能促进污浊物质的吸附、分解、释放，脱氮除磷效果显著；原位修复，具有永久性，与浮岛技术结合，景观效果与修复效果双重结合；对蓝藻暴发具有一定的控制效果，能显著改善水体透明度，利于其他水生动、植物的繁殖生长；安装方便，运行管理简单，材质稳定，使用寿命长。缺点：材料加工制造困难，投资费用偏高；对于封闭性水体、水位变化大、波浪大的水体需要其他辅助技术和设备配合碳素纤维生态草使用；对于间歇性排水，具有干涸期的河道碳素纤维生态草修复技术维护管理难度较大。

（2）设计要求。

沟道所在区域的自然条件分析：分析水域的污染负荷，区域水生动、植物的生物多样性，评估水生动、植物生息状况。

水体污染特点分析：分析水体溶解氧、生物化学需氧量、总氮、总磷等指标，尤其是水体的可生化降解性、溶解氧、有毒有害物质种类及含量等。通过多种污染参数指标确定水体污染状况，分析水体污染物类型与特征，指导碳素纤维生态草的工艺参数选定和选择合适辅助技术。

沟道水流动力特征状况分析：分析沟道水流动力学特征和规律，选择合适的设置方法、设置量，指导安装和确定碳素纤维生态草的布置结构与方式。

根据水体修复目标和功能与其他技术组合：根据治理水体的改善程度及目标要求，确定不同的目标指标项目。根据水质改善目标和区域水体的服务功能等要素确定工程实施地点及净水区域等事项。根据水体服务功能，不同功能配置相关的辅助技术。如通过浮岛技术达到美观的效果，通过设置阻拦带进行消浪，通过铁碳纤维微电极污水处理方法强化污水降解效果和脱磷效果。

（3）工艺原理与技术参数。

碳素纤维材料具有很大的比表面积来捕捉污染物，附着的有益微生物群落能够快速形成生物膜将污染物进行吸收、降解和转化。碳素纤维因高弹性而具有的形状维持能力和由于纤维生物膜在水中摆动而形成的很强的污染物捕捉和分解效果。

碳素纤维利于水生生物的生长，有着良好的生物亲和性，鱼类可以在碳素纤维周围产卵，碳素纤维可成为鱼类隐蔽的藏身地，是良好的栖息场所，还是水生植物的良好着床基，在促进植物多样性以及净化水质等方面有积极作用。

碳素纤维生态草设置量与使用场合、单位处理污染负荷、设置场所（沟道、封闭水系等）、水域形状、水深、水质、流速、滞留时间、净化效率等因素有关。水质净化效果要求越高，则碳素纤维的设置比例越大。

4）维护管理

（1）在微生物少的环境可通过外界加入微生物菌提高处理效果。

（2）在缺氧的环境中需要适当的曝气增氧，提高生物膜的处理能力。

（3）在封闭水体无水流的情况下，因为无法充分接触污浊物质而不能净化，需要增加循环水流。

（4）维护过程中应避免材料缠结以及防止材料露出水面干化。

13.4.4.2　生态浮床技术

一块浮床的大小一般来说边长为 1～5 m 不等，形状以四边形居多，也有三角形、六角形或各种不同形状组合起来的。以往施工时单元之间不留间隙，现在趋向各单元之间留一定的间隔，相互间用绳索连接，这样做一方面可防止由波浪引起的撞击破坏；另一方面可为大面积的景观构造降低造价，此外，单元与单元之间会长出浮叶植物、沉水植物，丝状藻类等，这可以成为鱼类良好的产卵场所及生物的移动路径。

做好浮床植物的管理与收获：对生长不好的植物进行补种，在植物枯萎之前对其地上部分进行不同强度的收割。进行浮床支架的稳定与修缮：对支架进行定期的检查，将不稳定的支架进行加固，更换掉老旧的支架。

13.5　本章小结

针对沙湖水域环境和生态综合治理的核心问题，研究沙湖湖泊区域生态恢复的技术，包括沙湖水系统恢复与水资源管理、水生植被恢复与管理技术、沙湖湖滨带生态恢复技术和沙湖入湖沟道生态修复技术。

沙湖水系统恢复与水资源管理：提出沙湖水利调度方式、调度时间和高度水量，介绍了沙湖水位控制优化的一般原则、水位控制优化设计的方法。

沙湖水生植被恢复与管理：通过先锋物种选择和群落配置对水生植被优化设计，在藻类水华、风浪控制和沿岸带浅滩环境创建、水位调控等恢复水生植被基本条件基础上，提出挺水、浮叶、沉水植物恢复的技术途径，介绍了水生植物引种栽培技术。为合理开发利用大型水生植物资源，保护湖泊水域环境，初步提出收割利用、渔业利用、畜牧业利用和环保管理技术等沙湖大型水生植物资源管理与利用技术。

沙湖湖滨带生态恢复：以湖滨带生态功能保护为核心，介绍了湖滨带生态恢复目标、原则和主要内容及湖滨带生态环境调查与问题诊断，对湖滨带湿地工程技术、水生植被恢复技术、人工介质岸边生态净化工程、沟道廊道水边生物恢复技术、截污及污水处理工程技术和湖滨带管理技术等方面进行阐述。

沙湖入湖沟道生态修复：针对第三排水沟和艾依河入湖沟道，确定了沟道岸坡带植被修复的植物品种选择、栽种时间、栽种水深、种植方式、种植密度等内容；提出了入湖沟道缓冲带植物配置原则和植物栽种技术要求；应用水生植物群落多样性修复、沉水植物优势种定植、沉水植物模块化种植、水生动物群落多样性修复技术，对入湖沟道生态多样性修复，明确了设计要求、工艺原理、技术参数。介绍了生物膜、生物浮床技术等入湖沟道水质原位改善技术。

第14章 沙湖水环境综合管理

14.1 沙湖水环境综合管理方案制定

14.1.1 沙湖主要环境问题诊断

环境问题诊断是制定沙湖水环境综合管理方案的基本前提。

14.1.1.1 诊断分析的前期调查

环境问题诊断分析的前期调查是了解和诊断沙湖环境问题的基础，包括以下两个方面。主要调查内容见表14-1。

表14-1 诊断分析前期调查内容

分类	调查项目	调查指标	调查主要内容
污染源	点源	工业和生活污水	废水和污染物排放量
	非点源	地表径流	SS、COD、TN、TP、pH值、NH_4-N、DO、BOD_5
环境基本特征	流域调查	流域自然地理特征	流域概况、地质地貌、土壤植被、气候气象、人口分布、土地利用
		湿地和自然保护区	湿地和自然保护区的位置、面积、特征
		流域社会经济状况	自然资源保护、经济、交通
	湖泊特征调查	湖泊形态特征	湖泊面积、容积、深度、底坡形态
		水量平衡与水文	湖盆形态、湖泊水量平衡、水力滞留时间、水文
		湖泊资源利用现状	湖泊资源利用现状
水体特征	水质调查	物理指标	气温、水温、水色、透明度
		化学指标	TN、NH_4-N、TP、D-PO_4、DO、COD、BOD_5、pH值
	底质调查	生态调查	浮游植物、浮游动物、底栖动物、大型水生植物、鱼类
		初级生产力调查	Chla
	底质中污染物	TN、TP、pH	

1）沙湖水体调查与评价

（1）水质现状或富营养化状态调查。

污染源调查：查明沙湖流域周围的主要污染源和污染物，特别是营养性物质（氮、磷等）排入湖内的种类、数量以及排放方式和排放规律等，应重视非点源污染物的排入。

沙湖环境基本特征调查：判断水体富营养化起因、现状及发展趋势必不可少的依据。

沙湖水体特征调查：包括水质调查、底质调查和水生生物调查，是湖泊富营养化调查的核心内容。

沙湖的使用功能现状调查：对湖泊的使用功能现状，如旅游等进行调查，了解湖泊功能由于污染或生态破坏带来的危害及产生的问题。

（2）水质现状或富营养化状态评价。

水质评价：通常采用单因子指数法。评价指标可根据沙湖水质的本底状况、水质污染与流域污染物排放特征，参考《地表水环境质量标准》（GB 3838—2002）的相关指标，有针对性地评价。

富营养化评价：富营养化状态是表征湖泊受到营养盐污染程度的一项指标，富营养化评价通常采用营养状态指数法。

湖泊生态系统状况评价：通常采用的生物指标包括优势种、生物多样性指数、大型水生植物的覆盖度等，将其与历史状态进行比较分析。

湖泊功能的评价：采用水体功能分类及其相应的环境质量标准，对湖泊水体的现状使用功能进行综合评价，从而揭示出湖泊的主要环境问题。

2）沙湖流域环境状况和分析

流域环境基本状况调查主要采用从相关部门收集现有资料的方法。

（1）沙湖流域自然地理特征调查。沙湖流域自然地理特征调查包括流域概况调查、流域地质地貌调查、流域土壤和植被调查、流域气候气象调查、流域的自然保护区和湿地调查等。

（2）沙湖流域社会经济状况调查。沙湖流域社会经济状况调查包括人口分布特征调查、土地利用状况调查、自然资源及其保护情况调查、经济、交通、能源状况调查。

（3）沙湖湖泊形态特征调查。沙湖湖泊形态特征调查包括湖泊面积形态特征调查、湖泊的容积、深度、底坡形态特征调查等。

（4）沙湖湖泊水量平衡调查与水文。包括湖泊水量平衡调查、水力滞留时间、湖流及湖的水文资料等。

（5）沙湖湖泊资源利用现状调查。包括供水水源、水产增养殖、防洪调蓄、旅游、气候调节功能等。

14.1.1.2　沙湖环境问题的诊断分析

1）诊断的主要内容

（1）沙湖的主要环境问题分析，包括湖泊环境特征、流域环境现状、主要污染源、湖泊水质、水生资源开发利用、流域自然保护等。

（2）主要环境问题的社会和经济损益评估。

（3）主要环境问题产生的原因解析。

（4）法律、法规；拟进行的行动。

2）诊断的方法

环境诊断分析方法采取宏观和微观、定性和定量相结合的方法。在沙湖水质、富营养化评价中，定量诊断可采用水质指标、营养状态指数、生物指标等进行湖泊系统的现状评价，由果及因，发现问题并揭示引起沙湖环境问题的主要原因。

14.1.2　沙湖水质控制目标确定

确定合理的水环境控制目标，是制定行之有效的沙湖水环境管理方案的基础和前提，应包括水质及污染物排放总量两个层次的控制目标，其中水质目标是核心。

14.1.2.1　沙湖水质控制目标确定原则

（1）尽可能满足规划的沙湖水体功能及其环境质量标准。

（2）达到污染控制目标的治理费用应控制在经济上可以承受的范围内。

（3）湖泊治理是一项非常复杂的系统工程，应从湖泊水质现状和使用功能出发，考虑沙湖水环境控制目标在技术上的可行性。

（4）沙湖水环境控制目标的确定应符合流域可持续发展的原则。

14.1.2.2　沙湖水环境质量指标

（1）富营养化与水质指标。

湖泊富营养化控制指标：综合营养状态指数（TLI）。

湖泊水质指标：总磷（TP）、总氮（TN）、高锰酸盐指数（COD_{MN}）。

出入湖水质指标：总磷（TP）、总氮（TN）、高锰酸盐指数（COD_{MN}）。

（2）沙湖污染物总量控制指标。

污染物排放量与入湖量控制指标：总磷（TP）、总氮（TN）、化学需氧量（COD_{Cr}）。

14.1.2.3　总量控制目标制定

（1）污染物总量控制指标体系。

污染物排放量与入湖量控制指标：总磷（TP）、总氮（TN）、化学需氧量（COD_{Cr}）。

（2）总量控制目标制定。

根据近期和远期的湖泊水环境控制目标和标准年湖泊地区污染物排放总量，计算沙湖最大允许污染物排放量和入湖量。

14.1.3 沙湖水环境综合治理方案制定的原则和程序

14.1.3.1 方案制定的原则

沙湖水环境综合治理方案的制定过程是根据生态学原理，运用系统分析方法，分析并协调湖泊水环境系统各组成要素之间的关系，在保证沙湖水体功能及其水质目标的基础上，选择经济实用的污染控制方案和治理技术，在方案设计时，应遵循如下的原则。

（1）坚持"控源与湖泊生态修复相结合"的湖泊水污染与富营养化防治的基本理论。

（2）与社会经济发展相协调，与各行业部门的计划、规划相协调。

（3）以解决湖泊主要环境问题、治理重点污染区为主。

（4）以技术和经济为基础，对湖泊外污染源实行总量控制和目标控制，强化水质管理，协调污染源的排污负荷定额。

（5）采用最大限度削减外源污染负荷的总量分配原则。

（6）实施以保护为主，合理开发与防洪、水利、环境功能协调的原则。

14.1.3.2 方案制定的程序

1）总体方案

沙湖水环境综合控制方案的制定，应当体现控制外污染源与湖泊生态修复的大部分内容。在湖泊污染或富营养化控制中，控制外源染源，包括点源、非点源，以减少入湖污染负荷至关重要，但是仅仅做到这一点是不够的，制定环境综合控制方案是恢复湖泊的生态系统必不可少的措施。

2）沙湖生态恢复方案制定程序

要达到沙湖水环境控制的目标，对外污染源应采取切实有效的治理技术，同时，设计必要的沙湖生态修复技术和方案。湖泊生态系统既是湖泊环境的要素之一，又是湖泊自净能力的主要贡献者。因此，在方案制定中，应设计科学合理的沙湖湖滨带生态恢复与沉水植物恢复等生态恢复方案。

设计程序可分为4个阶段，即现场调查、分类区划、生态模式设计、方案设计。

设计的步骤包括如下几个方面。

（1）沙湖湖滨带和湖泊浅水区现场调查。

调查自然地理特征，包括地形地貌、土壤植被、人口分布、土地利用现状、水利工程、进水排水取水口位置等。

调查湖滨带长度、分布面积、生物种类和群落、生物量及开发利用现状，沉水植物分布面积、生物种类、群落及生物量与破坏情况等以及湖泊湿地生态状况。

（2）找出问题，分类区划。

在调查的基础上，对沙湖湖滨带和浅水区进行分析，找出问题，分类区划，为生态模式设计和方案制定做好技术准备。

（3）生态模式设计。

由于湖泊水面大，生态工程多样化，一般采取分类后做典型代表性设计即生态模式设计。

（4）方案设计。

在上述基础上，对整个沙湖的生态恢复工程进行方案设计。

3）外源污染控制方案制定程序

污染控制方案的设计程序分为 4 个阶段，即目标设计、污染负荷分配、总体方案设计、综合评价。其设计的步骤包括如下方面。

（1）收集沙湖及其流域的自然地理、经济概况和湖泊环境质量等资料。

（2）根据沙湖水环境质量的要求，划分水质功能区，按各功能区的污染现状和水资源的使用目标，确定相应的水环境质量标准。

（3）确定沙湖污染物允许负荷量，根据湖泊水质模式计算各功能区的允许负荷量。

（4）根据沙湖的入湖污染负荷量与湖泊的允许负荷量计算全湖的污染物削减总量。

（5）根据经济技术可行性，提出削减总量的分配方案，按照削减总量的计算方法和分配程序，从入湖沟道口或径流控制区入口反推，求出各沿湖沟道污染源或径流控制区的削减量。

（6）确定重点治理区域及优先控制单元。

（7）从流域的观点出发，进行沙湖污染综合治理方案总体设计，制定污染源治理方案及其环境管理方案。

（8）进行总体方案的可行性分析及技术经济分析，进行综合治理方案优化。并判断其可接受性。

14.1.4　沙湖水环境综合治理方案制定的基础资料

为了科学合理地制定沙湖水环境综合控制方案，在准确把握方案设计目标的基础上，还需要了解湖泊的水质和流域特性等参数，即湖泊环境基本特征，流域污染源、湖泊水体特征等。

14.1.4.1　湖泊环境特征参数

为制定水环境综合控制方案，在环境诊断和前期调查的基础上，还应做如下几个方面的特征参数调查和资料收集工作。

1）沙湖流域的行政分区

（1）行政分区，包括流域行政分区概况、相应分区的地形地貌、土壤、植被、人口分布特征、土地利用状况等，以便分区治理和控制。

（2）湖滨区和重点污染区社会经济发展状况，包括人口、经济、交通与能源等。

2）湖泊生态、水利与污染治理状况

（1）沙湖湖泊生态特征，包括湖滨带分布面积、生物种类和群落；湖泊深度、水下地形特征及其沉水植物分布面积、生物种类、群落与破坏情况等；其他湖泊生态状况。

（2）沙湖水利工程状况，包括湖泊水利工程建设和运营状况以及水利工程对湖泊的影响等。

（3）沙湖污染治理现状，包括各种湖泊污染治理工程及其运营状况。

14.1.4.2　沙湖污染源特征参数

在控制方案的制定过程中，首要任务是查明湖泊流域范围内的主要污染源和污染物，特别是营养性物质（氮、磷等）排入湖内的种类、数量、排放方式、排放规律以及各类污染源在流域范围内的分布等，其中应特别重视非点源污染物的排放。主要内容有以下几个方面。

1）点源污染物的排放

主要包括工业废水，城镇生活污水的排放量及各种污染物的浓度，污染物的排放负荷量；入湖水源、沟道的污染物输入量及各种污染物的浓度。

2）非点源污染物的排放

（1）沙湖流域内地表径流，包括地表径流中污染物种类、浓度、排放方式、排放规律等。

（2）沙湖湖面大气降水、降尘及其带入湖泊的污染物种类和数量。

（3）沙湖流域内农田退水的数量及其带入湖泊的污染物种类和数量。

（4）沙湖流域地区内分散的村镇居民点直接或间接排入湖泊的垃圾与生活污水的数量，以及其中携带的污染物的种类和数量。

（5）沙湖湖区地下水流入湖泊的数量，经地下水带入湖泊的污染物的种类和数量。

（6）沙湖湖面水产增养殖所带来的污染物的种类和数量。

（7）沙湖湖区旅游业（包括旅游景点、水上旅游项目、沿湖宾馆、饭店等）所产生的污染物种类和数量。

（8）沙湖湖泊水域中来往船只排放的污染物（包括油污染）种类和数量。

（9）湖泊污染底泥所释放的污染物种类和数量。

3）自然污染源污染物的排放。

主要应查明湖泊流域存在的磷矿带，或某些含高浓度物质（如氟化物、硫化物等）的水源等自然污染源的地理位置，排放污染物种类与数量及其对湖泊水体的影响等。

14.1.4.3　沙湖水体特征参数

湖泊水体特征参数是沙湖水环境控制方案制定的核心资料，它关系到沙湖污染控制目标的制定。湖泊允许负荷量、流域内污染物入湖允许排放量的大小，决定了湖泊污染控制措施的选择及采取措施的力度。湖泊水体特征参数一般应包括以下主要指标。

（1）水质指标，包括水温、透明度、悬浮物、总氮（TN）、总磷（TP）、有机物（COD、BOD）及有毒有害物质。

（2）水生生物指标，包括浮游植物与叶绿素 a。

（3）底质指标，包括总氮（TN）、总磷（TP）与有机质。

14.1.4.4　沙湖水生生物资料

收集沙湖水生生物的各种资料，包括水生植物、水生动物和鱼类等资料，尤其是维管束植物的资料。

14.1.5　沙湖水环境综合治理方案制定

14.1.5.1　总体方案设计

沙湖水环境综合治理必须从流域的观点和生态系统的角度来认识，湖泊污染的直接结果是湖泊水质恶化，水生生态系统的结构失调，功能紊乱，造成水体富营养化，直接原因是流域内不合理的人类活动。因此，要治理湖泊水环境，恢复和保持湖泊的良性生态循环：第一，应该控制污染源，从控制流域内的人类活动着手，消除人为干扰，控制危害湖泊水质和水生生态系统的外部污染物质过量输入。治理污染源，主要包括点源污染治理、面源污染治理和湖泊内污染源治理；第二，在控制污染源的同时，开展生态修复工作。在污染源基本得到控制的同时，实施湖泊流域生态恢复与重建措施，以达到改善湖泊功能和恢复水生态系统良性循环的目的；第三，要加强流域环境管理，保证工程措施与非工程措施均能发挥工程效益。

总体方案设计可以根据阶段目标、环境质量现状、社会经济的承受能力以及湖泊污染治理的要求，统一制定，分区治理，分期实施。

采取的综合治理对策主要有环境工程对策、生态工程对策、清洁生产对策和环境管理对策。

14.1.5.2　综合治理措施

1）污染源治理

湖泊富营养化的主要控制因子为 TP（总磷）和 TN（总氮），在污染源治理中要考虑选用除磷、脱氮工艺。湖泊有机污染指由于各种排放而输入的有机物质在湖泊水体中形成的污染，主要污染物是以影响水体氧平衡为主要机制的耗氧性有机物。这类污染的主要控制因子为 BOD、COD、SS。

（1）点污染源治理。

湖泊流域内的点污染源主要指有集中排放口的城市生活污水和工业企业排放的废水。

城市生活污水是湖泊中的生物有效磷主要来源，因此综合治理首先要根据城市的发展规划预测生活污水负荷量，健全城市排水系统，建设城市污水处理厂，对城市污水进行集中控制，依据《污水综合排放标准》（GB 8978—1996）实现达标排放。城市污水处理厂的建设应考虑选择具有除磷、脱氮功能的工艺流程。

湖泊流域内工业企业污染源必须依据《污水综合排放标准》（GB 8978—1996）或有关行业污水排放标准实现达标排放。根据总量控制计划，在流域内全面推行污染物排放总量核实制度，将流域内的工业污染源负荷削减至总量控制分配的允许负荷范围内。方案中应体现出鼓励并支持工艺先进、低污染、高效益的治理达标企业的思想。

（2）面源污染源治理。

面源污染源的治理比较困难，治理的措施还不规范，目前正处于研究推广阶段，但治理效果却相当明显，能够达到少花钱多办事的目的。农村村镇污染和农业污染是非点污染源治理的重点。完善农业耕作制度、建立合理的农业生态结构和卫生的农村生活环境是面源污染治理的关键。

（3）湖内污染源治理。

内污染源存在于水体本身和底泥中，主要包括湖内旅游污染、船舶污染和污染底泥的污染物释放。

湖内旅游污染和船舶污染治理，需要根据湖泊的主要功能和水质目标，对湖内旅游和作业船舶采取限制或调整等措施。

底质对磷在沉积物和水体之间的动态循环具有重要作用，特别是水浅、温度均匀的水体更为重要。此外，对一个已经污染的水体，短期内大量减少外源磷输入的方法，不能改变湖泊水质污染状况。实践表明，定期清理疏挖入湖沟道和湖湾区污染底泥，可大大减少底泥中氮、磷对水体的释放。对底泥污染控制而言，物理覆盖法、化学固定法以及引水冲淤也是可供参考的实用技术，但它们往往受到湖泊自然环境条件的限制。底泥疏浚可以直接有效地去除污染底泥，不利之处是易造成二次污染，对水体生态系统有一定的干扰。因此，底泥疏浚工程必须根据湖泊生态学理论对疏浚范围、疏浚深度和疏浚方式进行科学设计，同时底泥堆场的设计必须考虑余水排放对地表水的影响和渗滤液对地下水的影响，并采取适当的处理措施。水生生物的增养殖与利用、大型水生植物恢复与资源综合利用也是减少水体中污染负荷的有效途径。

2）生态恢复

生态恢复是湖泊污染治理必不可少的措施，它通过工程或非工程措施，调整生态系统结构，调节陆地生态系统和湖泊水生生态系统之间的物质和能量流动，保持各自生态系统的稳定性，促进流域生态系统的良性循环。

生态恢复主要内容包括：浅水区大型水生植物恢复与群落结构优化配置及资源综合利用、湖滨带生态恢复和陆地生态恢复。

3）流域环境管理

所有的技术措施都要以管理为保证，这是一个多层次的工作。管理不善，会使污染增加，资源流失。管理措施包括制定切实可行的地方性环境保护条例，推行流域污染物总量控制，建立统一的资源环保机构，制定切实可行、安全可靠的水域排放标准和排污收费办法，要把流域水污染防治规划纳入地方经济发展规划，有计划、有组织地进行工作，防止盲目性和片面性，从而有效提高环保投资的社会效益和经济效益。

14.1.5.3 综合治理对策

湖泊污染综合治理是一项复杂的系统工程，必须在充分研究目前流域内存在的主要环境问题及其发展趋势和产生环境问题的主要原因的基础上，从流域角度综合考虑，通过环保、水利、农业、林业、渔业各部门的通力合作，坚持标本兼治的方针，利用环境工程、生态工程和管理手段，在流域内社会经济能力所能承受的前提下，有计划分层次逐步实施。

1）环境工程对策

环境工程是污染治理的重要方法和必要手段，主要处理对象是已经产生了的污染物，属于末端治理。环境工程的主要特点是针对性强，处理效果明显，但一般情况下建设和运行费用都比较高。环境工程措施主要应用于点污染源治理（包括工业点源和城镇生活污水，集中的村落废水等），应用于面污染源治理时多与农、林、水利工程相结合，将环境工程措施融入农、林、水利工程之中。比如，将沉砂池与农田排水渠道相结合成为农田田间沉砂池，占地少，效果明显，运行方便。

2）生态工程对策

生态工程是着眼于生态系统持续发展能力的整治技术，它根据生态控制原理进行系统设计，规划和调控人工生态系统的结构要素、工艺流程、信息反馈关系及控制机构，在系统范围内获取较高的经济和生态效益。与传统末端治理的环境工程技术不同的是，生态工程强调资源的综合利用、技术的系统组合、学科的有效交叉和产业的横向结合。生态工程多利用自然界存在的生物体（生物种群、群落乃至生态系统），投资少，运行费用低。

3）清洁生产对策

清洁生产技术是对生产全过程的控制，革新原有生产工艺或在原有运作过程的基础上，加配污染物处理系统，如污水处理系统，使之少产废、少排废。目前它已成为环境保护和污染治理的一个先进手段。

4）管理对策

在实施污染工程控制的同时，必须强化流域环境管理。在流域内进行产业结构调整，优化流域经济增长方式，提高水循环使用效率，既可促进流域经济发展，又有利于流域内污染物总量控制。推广清洁工艺是减少污染排放的有效管理途径。

14.2　沙湖水环境监测与评估

14.2.1　沙湖水环境野外监测工作内容

14.2.1.1　沙湖环境调查、监测

湖泊水域形态特征调查和监测的目的是明确湖泊的基本形态，除涉及湖泊水体本身外，要把湖泊作为一个整体系统来监测，包括流域面积、湖泊水体面积、湖泊长度和宽度、湖泊岸线、湖泊容积、湖泊深度及湖泊底坡形态等。

14.2.1.2　沙湖水文要素监测

湖泊水文要素是湖泊生态系统中的重要物理因子，湖泊的运动对湖泊的状态起着

很大的作用，对湖泊的生态环境变化有着重要影响。监测内容包括湖泊水位、湖水水深、湖流运动、湖泊水交换率及地表径流、生活污水和工业废水流入量等。

14.2.1.3　沙湖气象要素监测

湖泊水体的能量来自于太阳能，进入湖泊水体的太阳能除受到物理、化学和生物特性影响外，还受到湖泊上空气象要素的影响。气象要素监测内容主要有云、气压、风、气温、空气湿度、降水量、蒸发量、日照时数等。

14.2.1.4　沙湖水体理化性质监测

沙湖水体的物理、化学性质监测，是利用野外取样、实验室化验等方法对水质进行规律性和应急性的动态监测，对于了解和掌握湖泊水体水质有非常重要的作用。

物理要素监测内容主要有：水温、浊度、水色、透明度、悬浮物、盐度等，均为常规检测项目。

化学要素监测内容主要有：一般常规检测项目的 pH 值、溶解氧、总磷、总氮、铵态氮、化学需氧量、生化需氧量、挥发酚、石油类、氟化物、硫酸盐等。根据实际和需要，其他监测项目的钾、钠、氯化物、磷酸盐、硅酸盐、硝酸盐氮、亚硝酸盐氮、总有机碳等。

14.2.1.5　沙湖湖泊沉积物监测

沙湖沉积物由不同粒径的颗粒物组成，对氮、磷等营养盐通过固液界面进行交换，对水体有影响作用。湖泊沉积物（基质）的监测属理化监测，主要监测项目有沉积物粒度、总氮、总磷等。

14.2.1.6　沙湖生物要素监测

湖泊水生生物与水及水质关系密切，主要包括大型水生植物、浮游植物、浮游动物、底栖动物、鱼类和细菌。生物要素的监测频次一般少于水体理化性质监测频次，监测项目有种类组成、密度及生物量等。

14.2.1.7　沙湖水体生产力监测

监测内容主要有水体浮游植物初级生产力、叶绿素、浮游动物次级生产力等。

14.2.2　沙湖水质监测指标体系

14.2.2.1　监测指标

监测指标主要有水温、pH 值、电导率、溶解氧、高锰酸盐指数、五日生化需氧量、氨氮、汞、铅、挥发酚、石油类、总磷、总氮、透明度、叶绿素 a 和水位。

14.2.2.2　监测点

水质监测的采样布点按 HJ/T 91—2002 的规定执行。

14.2.2.3　监测频次

水质监测的监测频率按 HJ/T 91—2002 的规定执行。

14.2.2.4　采样方法及化验

水样采集与保存按照 HJ/T 91—2002 的规定执行。

14.2.2.5　水生生物资源监测

水生生物调查是湖泊生态环境调查中的一个主要内容。水生生物的种群组成、数量变动、生物量及群落结构与功能的变化是反映湖泊富营养化程度的重要指标。生物指标与水质及底质各项指标综合分析，能更全面、准确地以生态学观点评价湖泊水环境的富营养化水平及其发展趋势。

1）浮游植物

浮游植物又称浮游藻类，是悬浮于水中生活的微小藻类植物。浮游植物含有叶绿素，能进行光合作用，将无机物转变为有机物，供其他消费性生物利用，所以它们在水生生态系统中具有重要地位。

湖泊富营养化的根本原因是大量氮、磷营养物质输入到水体中，促进浮游植物的异常增殖。而浮游植物大量存在，导致水质恶化，以致对湖泊的利用造成危害。因此，在水体富营养化研究中，对浮游植物的调查一直占有相当重要的位置。

浮游植物的调查包括定性（种类组成）和定量（数量、生物量、叶绿素、生产力的测定）的调查。

调查主要指标：浮游植物种类和数量。

2）浮游动物

浮游动物是小型漂浮生活的生物，是鱼类的天然饵料，由原生动物、轮虫、枝角类和桡足类 4 大类所组成。在水生食物链中具有重要的位置。尤其是它们的种群及数量的变化，优势指示种和生物指数等指标均可反映水体富营养化程度。如纤毛虫和臂尾轮虫的大量出现是水体富营养化的明显标志，草食性浮游动物可净化富营养化水体。因此浮游动物是水体富营养化评价中的一个重要内容。

调查主要指标：浮游动物种类和数量。

3）底栖动物

底栖动物是指生活史的全部或大部分时间生活于水体底部的水生动物群。除定居和活动生活的以外，栖息的形式多为固着于岩石等坚硬的基体上和埋没于泥沙等松软的基底中。此外，还有附着于植物或其他底栖动物的体表的，以及栖息在潮间带的底栖种类。在摄食方法上，以悬浮物摄食和沉积物摄食居多。

底栖动物具有区域性强、迁移能力弱等特点，对于环境污染及变化通常少有回避能力，其群落的破坏和重建需要相对较长的时间，且多数种类个体较大，易于辨认。同时，不同种类底栖动物对环境条件的适应性及对污染等不利因素的耐受力和敏感程度不同。根据上述特点，利用底栖动物的种群结构、优势种类、数量等参量可以准确反映水体的质量状况。

调查主要指标：底栖动物的种类和数量。

14.2.3 沙湖水质评价

14.2.3.1 水质评价

评价项目为水温、pH 值、电导率、溶解氧、高锰酸盐指数、五日生化需氧量、氨氮、汞、铅、挥发酚、石油类、总磷、总氮、透明度、叶绿素 a 和水位。评价标准执行《地表水环境质量标准》（GB 3838—2002）。表 14-2 为评价指标在 GB 3838—2002 中的标准限值。

表 14-2　评价指标在 GB 3838—2002 中的标准限值　　　　单位：mg/L

序号	项目	I 类	II 类	III 类	IV 类	V 类
1	水温（℃）	人为造成的环境水温变化应限制在：周平均最大温升≤1；周平均最大温降≤2				
2	pH 值（无量纲）	6~9				
3	溶解氧（DO）≥	饱和度90%（或7.5）	6	5	3	2
4	高锰酸盐指数≤	2	4	6	10	15
5	五日生化需氧量（BOD_5）≤	3	3	4	6	10
6	氨氮（NH_3-N）≤	0.15	0.5	1.0	1.5	2.0
7	石油类≤	0.05	0.05	0.05	0.5	1.0
8	挥发酚≤	0.002	0.002	0.005	0.01	0.1
9	汞≤	0.000 05	0.000 05	0.000 1	0.001	0.001
10	铅≤	0.01	0.01	0.05	0.05	0.1
11	总磷（以 P 计）≤	0.02（湖、库 0.01）	0.1（湖、库 0.025）	0.2（湖、库 0.05）	0.3（湖、库 0.1）	0.4（湖、库 0.2）
12	总氮（湖、库，以 N 计）≤	0.2	0.5	1.0	1.5	2.0

14.2.3.2 水体营养状态评价

采用相关加权综合营养状态指数法进行评价。相关加权综合营养状态指数法针对不同参数的营养状态指数，按照各参数相关性程度的某种关系进行适当加权综合，用相关加权后的综合指数评价所处的营养状态。具体内容见前面富营养化评价。

14.2.4　水生态保护与修复的评估

根据《水生态系统保护与修复试点工作评估指标体系》，按照工作流程，沙湖水生态系统保护与修复指标体系主要包括：措施规划情况评估、措施实施情况评估、措施效果情况评估。表 14-3 为沙湖水生态系统保护与修复的评估指标体系。

表 14-3　沙湖水生态系统保护与修复的评估指标体系

评估阶段	评估分类	评估内容
措施规划阶段	规划评估	基础资料情况（水文、水资源、生态、社会经济、相关规划等）
		目标合理性和可达性评估
		工程措施的科学和现实可行性
		投资预算和有关组织保障措施
	实施方案评估	整体方案合理性
		组织实施计划的可行性
		资金渠道的可靠性
	项目可行性评估	按照现有标准和基建程序
	项目设计评估	按照现有标准和基建程序
措施实施阶段	进展评估	项目进展（滞后、正常、超前）
		质量状况（优、良、中、差、劣）
		监测情况（监测工作部署、资料收集和整理情况）
	问题评估（主要针对存在进展问题的对象）	组织领导（机构建设、办公条件、政策制度、项目管理等）
		资金到位情况（投资来源和渠道、到位情况、项目）
		施工资质和质量监督
		公众参与情况
措施效果评估	物理	水系沟通、地下水水位、河床形态和淤积情况及河道生态流量保障程度
	化学	水质状况，包括有毒物质、营养盐、水温、透明度、泥沙等
	生物	生物栖息地和隐蔽所面积、指示性生物量和群落结构、食物及饵料数量和质量等
	人居环境	人均绿地、空气湿度、人均水面、景观舒适度、消费性娱乐活动、研究和教育用途
	干扰因素	水资源开发利用率、节水水平、污染治理水平、工业清洁生产指标、水资源管理、土地利用指标等

14.3 沙湖污染物总量控制

14.3.1 沙湖污染物总量控制指标体系

根据沙湖污染特征以及国家筛选出的水污染物总量控制指标，可以制定 3 类 5 种污染物总量控制参考指标。

第一类为耗氧性污染物，总量控制指标通常为 COD。

第二类为营养性污染物，总量控制指标通常为 TN、TP。

第三类为有毒有害污染物，在国家总量控制中目前尚无列入，可根据实际需要，选择控制指标。

目前在现行的湖泊污染物总量控制中，主要考虑控制指标是 COD_{Cr}、COD_{Mn}、TN、TP，叶绿素 a 可作为参考控制指标。

14.3.2 沙湖允许负荷量的确定

14.3.2.1 沙湖允许负荷量的计算

计算沙湖允许负荷量的技术关键可分为以下 3 个步骤。

（1）建立沙湖水质浓度与其影响因素之间的定量关系，主要有制作水质模型，应用通用的水质模型和建立经验相关模型。

（2）确定沙湖水质标准和设计水情。根据社会经济调查，明确湖泊及其水域水质功能和使用目标，确定出相应的水环境质量标准，并根据湖区水文资料，推算出具有一定保证率的湖泊水量及入湖沟道的径流量，作为湖泊的设计水情。计算还需要湖泊容积、积水面积、湖水平均深度等水文参数资料。

（3）计算沙湖水环境允许负荷量（环境容量）。将湖泊水质标准和湖泊设计水情代入湖泊水质模型，即可计算出为维持水质标准而允许的入湖污染物质数量，即湖泊允许负荷量。在水环境质量区划中，如果以某一功能区的水质标准及相应的设计水量代入水质模型，则可求出功能区的允许负荷量。

14.3.2.2 沙湖允许负荷量的计算模型

1）小湖和湖湾的允许负荷量计算模型

小湖或湖湾的允许负荷量可按其维持的某种水环境质量标准，单位湖泊面积上所能承受的污染物总量计算。根据湖泊中污染物质的平衡原理，在某一时段内，以各种途径进入湖泊的污染物质总量，减去以各种途径从湖中支出的污染物总量，应等于该时段湖泊内污染物质的储量变化。从这一平衡方程出发，即可求得具有某一设计水量的湖泊为维持某一水环境质量标准所允许入湖的污染物质（或营养物质）的数量。

2）孤立点源允许负荷量计算模型

湖泊边上的孤立点源所造成的污染，往往只出现在入湖口附近水域，由于此时存在着湖水对废水的稀释现象，均匀混合模型就不再适用了，应当采用湖水稀释自净模型来计算离入湖沟道口某一地点的允许负荷量。

14.3.3　总量控制优化与分配方法

14.3.3.1　水污染防治的总量控制与浓度控制

实施总量控制，要对控制区域的污染源有清楚的了解，掌握点源、面源的类型和分布，排污量及排放方式、规律、位置等；要对实施总量控制区域的受纳水体有明确的功能区划，了解受控水体的水文特征、支流情况等；要熟悉总量控制类型及总量分配原则；要具有对污染物总量进行计量的监督手段和方法；具有实施总量控制的管理水平也是总量控制实施的基本条件之一。

14.3.3.2　总量控制类型和分配原则及方法

1）总量控制的类型

总量控制的类型可以分为容量总量控制、目标总量控制和行业总量控制 3 种类型。

（1）容量总量控制。把允许排放的污染物总量控制在受纳水体给定功能所确定的水质标准范围内。

（2）目标总量控制。把允许排放污染物总量控制在管理目标所规定的污染负荷削减范围内。

（3）行业总量控制。从工艺着手，通过控制生产过程中的资源和能源的投入以及控制污染源的产生，使其排放的污染物总量限制在管理目标所规定的限额之内。

2）总量分配原则

最常用的总量分配原则有等比例分配原则、费用最小分配原则和按贡献率削减排放量的分配原则。

实际工作中，在进行总量控制，实行分配时，要进行总体系统分析，综合运用各种分配原则，并运用行政协调的方法，求得既达到总体合理，又使每个污染源尽量公平地承担责任。

14.3.3.3　削减总量分配必须遵循的原则

沙湖污染物总量控制中污染物削减总量的分配必须遵循政策性原则、技术性原则和经济优化的原则。

14.3.3.4　削减总量分配的程序

在充分调查清楚沙湖污染来源的基础上，在确定湖泊污染控制的水质目标和湖泊允许负荷量的基础上，按照污染来源逐一进行削减分配。

14.3.4 环境目标可达性及经济论证

首先要根据沙湖的功能和用途确定湖泊水质的标准。在确定沙湖水质标准之后，要根据沙湖的自身形态特征确定湖泊的污染负荷量，在计算湖泊污染负荷量时，要从点源、面源两个方面考虑。同时，对沙湖及其流域的各类污染源进行详细的调查分析，确定出沙湖现有的污染量，对未来可能增加或减小的各类污染源进行分析和计算。在规划和综合治理沙湖水环境的时候，对于可能的各项治理工程的环境生态效益要进行全面的调研和考虑。最后，结合各个工程的投资规模和预期的环境效益，明确沙湖环境的污染负荷量和总量控制计划所确定的污染物削减量，综合其他社会经济等各方面的因素，进行经济分析和环境目标可达性的分析。

14.4 沙湖湖内污染源管理

14.4.1 沙湖湖内旅游污染源管理

沙湖湖内旅游已成为旅游的重点，湖域内建设或开放为旅游景点，集吃、住、娱、玩为一体，增加了对湖泊的污染，临湖而建宾馆、饭店及休闲设施及餐饮带来的废水、固体废弃物易直接进入水体，旅游线路及码头附近的水域往往承受较重的旅游污染。

14.4.1.1 强化宣传、完善监督管理机构

环保应纳入游船的管理，游船上设置的环保标志要明显、方便游客。废水、固体废物的收集运输设施列入工作岗位专人管理，维修和保洁工作形成制度。

14.4.1.2 把湖内旅游污染防治纳入湖泊环境规划

旅游污染是湖内的重要污染源，是湖泊环境规划中不可忽视的污染源。环境规划或管理中，应根据沙湖的环境容量对旅游船只的数量、规模、排放的废水、固体废物的收集处置有明确的规定，凡达不到环保要求的船只不准营运。

14.4.1.3 湖内旅游废水控制技术

废水控制技术有船上处理和异地处理两种。

14.4.2 沙湖船舶污染管理

14.4.2.1 船舶污染来源及其特征

船舶污染主要指湖泊内旅游船只、运输船只和渔业等为主要功能的机动船舶对沙湖水环境的污染，污染物主要来源于船上人员的生活污水、固体废物以及船舶运输过程中产生的含油废水以及散漏的运送物资等。

船上垃圾分为生活垃圾和货物垃圾两种。

由于含油废水易于在水面迅速扩散形成油膜，不易清除且随风吹散扩大到更大的水域，污染水体、影响景观，一般在码头危害较为突出、严重的地方可见污染的油污线，因此船舶是控制污染源的重点。

14.4.2.2　船舶污染管理技术

（1）加大电瓶船的使用，逐步减少燃油船的使用。

（2）建立船舶污染管理、监督机制。总量控制船舶，船舶年检必须有环保的内容，每年定期和不定期地抽检污染防治设施的运行情况。

（3）垃圾收集、储存和运输系统的设置。船舶上一般设分类垃圾箱（桶），靠岸后送至城镇垃圾处理系统或各自进行卫生填埋、焚烧处理，码头配备相应的中转（储存、运输、管理）设施，集中污染物，避免二次污染。

（4）所有机动船应配备含油废水收集系统。

（5）建立废油处理站。

（6）湖内旅游垃圾污染管理。垃圾污染主要来自旅客的餐饮、水果及其塑料品等包装废弃物，重点是抓好收集系统，防止旅游垃圾进入湖泊。

14.4.3　沙湖水产增养殖管理

14.4.3.1　重要放养鱼类的渔产潜力

根据调查结果，对沙湖底食性鱼类渔产潜力估测，每公顷可生产底食性鱼类（鲤、鲫）12 kg，每年全湖由底栖动物可提供生产鲤、鲫 16 000 kg；根据沙湖浮游生物及浮游藻类初级生产量综合估测，全湖鲢生产潜力为 46 800 kg，鳙生产潜力为 44 400 kg，鲢、鳙生产潜力为 91 200 kg。

14.4.3.2　增养殖鱼类选择及其搭配

（1）增养殖鱼类选择。选择利用浮游生物效率最高，生长速度快的大型鱼类鲢、鳙。

（2）增养殖主体鱼选择及搭配。确定主体鱼为鳙、鲢，采用大水面粗放增养殖，鲢、鳙比例 1 :（0.8~1）。

（3）增养殖配养鱼选择及配养。根据沙湖水体功能及水生态系统特点，草食性鱼类不放养；根据水体饵料特点，不配养刮食性鱼类。配养鱼类选择杂食性的鲤、鲫。

（4）放养比例确定。主体鱼为滤食性的鳙、鲢，按放养个体数计，放养比例确定为 60%。配养鱼为杂食性的鲤、鲫，按放养个体数计，放养比例确定为 40%。

14.4.3.3　鱼种放养规格选择

根据沙湖的基本条件与饵料基础，主体鱼鲢、鳙确定为体长 17 cm 以上，体重 150 g 以上；搭配鱼鲤为体长 13 cm 以上，体重 100 g 以上，鲫为体长 10 cm 以上，体重 50 g 以上。

14.4.3.4 鱼种合理放养密度确定

确定沙湖每公顷鱼类放养量为 127 尾，其中鳙 30 尾、鲢 37 尾、鲤 15 尾、鲫 45 尾。根据单位水域鱼类放养量，确定沙湖水域鱼类总放养量为 17 万尾（有效成活数），其中鳙 4 万尾、鲢 5 万尾、鲤 2 万尾、鲫 6 万尾。同时，要根据多年渔业生产量，对放养密度进行适当调整。

14.4.3.5 养殖周期制定

2 年以上养殖周期：放养 1 龄鱼种，在大水域中养 2~3 年，捕 3~4 龄鱼；2 年周期：放养 1 龄鱼种，在大水域中养 1 年，捕 2 龄鱼；分级养殖：是 2 龄鱼与高龄鱼分养，养殖周期较长，整个养殖过程由不同的水域分级饲养，共同完成。

14.5 沙湖管理机构机制、法规、政策

14.5.1 沙湖综合管理政策体系

14.5.1.1 源头减排政策管理

源头减排政策管理是在沙湖营养盐源解析的基础上展开的，主要包括总量控制管理、点源减排政策管理和面源减排政策管理。

1）总量控制管理

总量控制管理是湖泊水环境综合管理源头减排的基础。总量控制是基于营养物基准和富营养化控制标准，根据水环境容量，以富营养化控制标准为依据，为了达到符合规定的水体营养物质浓度标准而制定的营养物质排放强制控制措施。

2）点源减排政策管理

点污染源主要包括集中排入湖泊流域的城镇生活污水排污口、排放工业废水的企业及其他固定污染源。

实施严格的市场准入制度。严格实施环境审批、项目限批，对纺织染整、化工、造纸、钢铁、电镀及食品制造（味精、啤酒）等重点工业行业制定主要水污染物排放限制，停止审批新增氮和磷等污染物总量的建设项目。实行区域限批制度，对排污总量超过控制指标的地区、不能按计划完成污染减排任务的地区、违反建设项目环境管理规定违法违规审批造成严重后果的地区，环评暂停审批新增污染物排放的建设项目。

调整产业结构与布局。按照"调高、调优、调新"产业结构的要求，编制区域产业发展指导目录，大力发展节能降耗的新兴产业，改造提升传统产业，培育高新技术产业，发展高端服务业，淘汰落后生产能力，从根本上解决湖泊水环境问题。

推广循环经济与清洁生产管理。对排放氮、磷等营养物质的工业污染源（如化肥、

磷化工、医药、发酵、食品等行业），采用先进生产工艺和技术，提高水的循环利用率，减少生产过程产生的污水量和污染物负荷。对所有点污染源实行基于水域纳污能力和污染物排放总量控制的水污染排放许可制度。

制定和执行更严格的水质处理标准。对于城镇生活污水和工业废水处理，根据污染源排放的途径和特点，因地制宜地采取集中处理和分散处理相结合的方式。以湖泊为受纳水体的污水处理设施，必须采取脱氮、除磷工艺；现有的污水处理设施应逐步完善脱氮、除磷工艺，提高氮和磷等营养物质的去除率，稳定达到国家或地方规定的污水处理厂水污染物排放标准。

实行科学的价格体系。充分发挥价格调节机制的作用，完善水环境价格体系。调整污水处理费用，制定乡镇污水处理收费价格，确保乡镇污水处理厂正常运行；提高排污费征收标准，全面开征氮、磷排污费，按超标倍数计收超标排污费，并逐步使排污旨征收水平超过污染治理成本；改革垃圾处理收费方式，限期将垃圾处理费提高到补偿运行成本中；加强水资源费征收管理，完善差别水价政策，制定中水价格，建立鼓励水资源综合使用的政策体系。

3）面源减排政策管理

农业面源的准入政策。根据实际情况对农村生活污水进行收集，综合考虑投资、占地、运行维护和水质要求，采用与本地经济水平相适应的处理工艺对污水进行处理。对湖泊区域土地利用和土地功能进行合理规划，加速农业城镇化，以利于污水的集中处理。

面源结构与布局调整。因地制宜地采取农田基本建设等水土保持技术，或利用田间渠道等改造成土地处理系统，进行农田污染控制。大力发展生态农业，推广平衡施肥、秸秆还田、病虫害综合防治、无公害生产等技术，鼓励发展有机肥产业及有机食品、绿色食品和无公害农业产品。

加强农业污染治理与清洁生产。开展对区域农业生产、生活污水和农业面源污染问题的研究，结合社会主义新农村建设，加强农村湖泊环境综合治理，稳步推进乡村清洁工程建设。加强无公害农产品生产基础环境监测和管理，全面禁止使用5种高毒有害农药。扩大测土配方施肥技术示范面，减少化肥使用量，减轻因水土流失造成的水体的污染。

制定严格的农业面源污染控制标准。严格控制规模化畜禽养殖场的建设。已建成的畜禽养殖场废水及畜禽粪便必须进行有效的治理和无害化利用。进一步加强畜禽养殖及屠宰企业环境监管，建立长效监管机制；积极开展规模化畜禽养殖、定点屠宰场废弃物综合利用及污染防治示范工程，推广立体养殖模式；建立环保型畜牧业，引导养殖者转变养殖观念，推进畜禽规模化、标准化养殖；设置防渗粪便收集池，对畜禽类产生的粪便、尿液等进行收集定期外运作农肥，力争实现"零排放"目标。

探索农业面源污染收费制度。由于农村污染治理的资金匮乏，又缺少扶持政策，因此，建立农业面源污染收费制定较难实现。通过借鉴国外关于农业面源污染收费的研究，考虑两种农业面源污染控制政策，即基于农业生产投入的税收与标准和基于预期排放量的税收与标准。

14.5.1.2 末端治理管理政策

"末端治理"对于改善湖泊水环境质量、实现社会经济与自然环境的和谐十分重要。湖泊水环境综合控制的末端管理主要通过污水处理厂的建设、运行、控制来实现的。这就涉及对污水处理规模、污水处理运行及污水处理标准的控制。

污水处理厂建设是一个涉及管理、水量、利用、系统控制等方面的系统工程，必须通盘考虑可收集的污水量、处理后的中水使用、雨水利用可能性等因素。按照成本原则，进行整体设计，合理布局，以达到系统最优。

14.5.1.3 自然水循环的良性恢复管理政策

改善水动力学条件。水动力学条件对水体内藻类生长速率有不可忽略的重要影响。根据不同的流动水域，可在充分利用自然状态下水域的水动力条件的基础上，采用工程措施改善水动力特性，利用水利设施的多目标优化调度改善水环境，以加快水体更换速度，从而防止水体富营养化。

受污染水体的修复与整治。修复与整治是湖泊水环境综合控制的必要措施，水体生态系统恢复良性循环是湖泊富营养化控制的主要标志。湖泊生态恢复应包括湖泊水生生态系统恢复、湖滨带生态恢复及湖泊流域生态恢复 3 个环节。受污染水体的生态恢复通常是通过生物修复技术展开的。生物修复技术包括利用栽培的治污、培养的微生物、放养的水生动物来净化和恢复受污染的富营养化水体。生物修复技术具有无副作用、廉价和易操作等特点，具有较强的实用性和发展前景。

水体污染源的控制。湖泊富营养化的水体污染源主要包括湖内船舶、湖内增养殖、污染底泥等。目前常用的水体污染源控制措施包括：加强对湖泊内船舶的管理，强化宣传提高游客的环境意识，建立全面严格的管理、监督机制；妥善收集、储存或处理湖泊内旅游、航运产生的生活废水、废物，严禁向湖泊中直接排放或抛弃；按照有关法规、规范要求建立相应的船舶防污染应急机制，改用电力等清洁能源；在湖泊增养殖中鼓励科学的自然放养方式；湖泊污染底泥堆积较厚的局部浅水区域采用环保底泥疏浚工程进行治理，深水区域在试验研究的基础上，因地制宜地采用合适的方式进行治理；底泥生态疏浚工程的设计和施工过程同时考虑湖泊水生生物的恢复，对施工过程应严格监控，采取有效方式处理堆场余水，避免造成二次污染；对藻类水华暴发或单一种水生植物疯长造成水体景观和水生态系统破坏的情况，采取有效措施应急处理。

湿地与生态涵养林的建设。湿地和生态涵养林是湖泊环境的重要保护屏障，湖泊富营养化控制需要加大湿地与生态涵养林保护力度。湿地的建设与保护主要基于"环湖截污治污及湖滨带生态修复圈"工程来实现，即对沿岸带浅水区、滨湖平地建设湖滨湿地、沟道与进水口生物净化和湖岸绿化，构筑湖泊保护屏障，恢复湖滨生态景观。生态涵养林的建设则基于群落优化配置技术，通过植被恢复，建立乔、灌、草合理配置来实现，通过构建生态涵养林生态复合系统，利用植物根系固结土壤，增强地表水入渗能力，提高土壤持水量，防止水土流失，恢复和保持土地肥力，降低入湖营养盐浓度。

14.5.1.4 流域水管理体制与保障管理

流域管理体制与保障管理机制的构建是一项系统工程，是由相关政策法律完善、机构组织建设、公众意识提高、智能监控监测等多方面组成的有机整体，涉及流域生态环境的各个方面，是绿色流域建设的重要组成部分。通过摸清沙湖流域环境家底、加强污染源普查，建立高效的流域管理体制，完善流域监测与预警体制，加强法律与执法体系构建，建立多元化的融资机制，积极推动社会公众的参与，不仅能够实现湖泊流域管理体制与保障机制的建设，形成工程措施与非工程措施双管齐下的协同效应，而且能够有效保障水环境治理工程措施的顺利进行和流域水环境改善，构建绿色、生态、文明的湖泊流域。

14.5.2 沙湖综合管理工作机制

14.5.2.1 组织形式

建立类似于"管理委员会"的松散组织，在法律法规中授权沙湖主管部门负责组织、协调；各相关部门指定"管理委员会"成员，按照规则参加"管理委员会"会议；组织协调部门设立秘书处，负责日常工作及联系。这种"管理委员会"的参加单位，包括沙湖各资源要素管理部门，如沙湖自然区管理处、水务、环保、林业、农牧、旅游、农垦等；还包括沙湖水资源保护的支持和保障部门，如规划、计划、财政、科研、政策、法规等；也包括沙湖所在地区的部门，如前进农场、沙湖旅游股份公司等。

14.5.2.2 工作机制

"管理委员会"定期召开会议，会议召开前由秘书处收集整理需讨论的题目，提前送到各成员单位；"管理委员会"讨论和决定的事项，由秘书处汇总整理，送"管理委员会"各成员单位，并报政府主管领导；"管理委员会"会议研究湖泊问题时，湖泊直接管理机构派有关人员参加会议；为做好技术保障，"管理委员会"会议研究湖泊相关技术问题时，要吸收相关高校和科研机构专业人员参加。

14.5.2.3 工作内容

沟通沙湖水资源保护和利用的规划、计划；衔接沙湖水资源和水环境监测数据，分析数据并达到资料共享；协调建立沙湖的补水机制及补水量、补水时间等；研究并制定治理沙湖污染的管理和技术措施；对水资源保护利用和水环境进行定期评估等。对于各部门职能范围内可以履行的有关事务，部门认为有必要的可在"管理委员会"会议上进行通报。

14.5.2.4 关注的敏感问题

法律规定："利用和调节、调度水资源时，应当统筹兼顾，维持江河合理流量和湖泊、水库以及地下珠合理水位，维护水体的生态功能。"建立以水资源管理为主的沙湖水资源配置、补给和保障机制：一是合理分配和保障沙湖湿地生态用水，应在水资源利用规划和计划中明确；二是保障沙湖湿地生态用水补水渠道的通畅，科学合理调度安排补水量、补水时间等；三是沙湖湿地生态水资源费由沙湖旅游股份公司、自治区林业厅、自治区水利厅等部门共同承担，认真解决生态补水资金等问题。

14.5.3 沙湖综合管理相关利益方职责

沙湖综合管理相关责任和利益方主要涉及发改、水利、环保、建设、交通、农业、林业、国土、财政、科技、工信等部门，具体职责分工如下。

发改委：组织协调推进流域水污染治理工作，在产业政策、重大项目建设、循环经济和清洁生产等方面指导和监督。

水利部门：负责水环境统一调配、水资源保护、核定水域纳污能力等，对跨界断面水质状况以及水资源进行监测，对重要控制性水利工程实施统一管理。

环保部门：加大环保监督执法力度，对重点行业制定更为严格的废水污染物排放标准，健全企业环保准入制度，严格排污许可制度，负责与污染源监测。

建设部门：指导城乡供水设施、污水及垃圾设施建设，并对其运行进行监督管理。

交通部门：负责港口、船闸和非渔业船舶污染湖泊的监督和管理。

农业部门：指导农业生产者合理施用化肥和农药，负责农业结构调整及面源污染控制。

林业部门：湿地保护与恢复及鸟类保护及栖息地修复。

旅游部门：湖泊资源利用。

国土部门：重点治理工程建设用地的综合平衡和审批。

财政部门：完善相关财政政策，探索"以奖代补"支持方式。

物价部门：建立科学的水价制度。

科技部门：加强湖泊治理的科技研究和推广。

工信部门：加强产业政策等方面的指导和监督。

沙湖地区部门：沙湖旅游股份有限公司、沙湖农业开发公司、前进（农场）有限公司、沙湖生态渔业有限公司等，具体实施与推动社会公众的参与。

14.6 本章小结

研究确定沙湖水环境综合管理方案制订的主要环节，包括环境问题诊断与治理目标确定、水环境综合治理方案制订。环境问题诊断是制订沙湖水环境综合管理方案的基本前提，包括湖泊环境问题诊断分析的前期调查、引起湖泊环境问题的诊断分析两个方面；确定合理的水环境控制目标，是制订行之有效的沙湖水环境管理方案的基础和前提，包括水质及污染物排放总量两个层次的控制目标，其中水质目标是核心。

湖泊水环境综合管理方案的制订，要体现控制外污染源与湖泊生态修复的大部分内容，包括湖泊生态恢复方案、外源污染控制方案制订。为了更好地制订沙湖水环境综合管理方案，在准确把握方案设计目标的基础上，还需要了解沙湖的水质和流域特性等参数。总体方案设计可以根据阶段目标、环境质量现状、社会经济的承受能力以及湖泊污染治理的要求，统一制定，分区治理，分期实施。采取的综合治理对策主要有环境工程对策、生态工程对策、清洁生产对策和环境管理对策。

根据沙湖及其流域水环境实际和需要，重点研究和提出了沙湖综合管理的主要措施体系。主要包括沙湖水资源和水环境监测与评估、沙湖污染物总量控制、沙湖湖内污染源管理、沙湖水资源管理、沙湖管理机构机制和法规政策。

沙湖水资源和水环境监测与评估：阐述了沙湖野外监测和观测工作内容，确定了沙湖水质监测指标体系，提出水质因子评价、水体营养状态评价的沙湖水质评价方法。在此基础上，介绍了可应用于沙湖的水生生态系统健康评价方法及水生态保护与修复的评估技术方法。

沙湖污染物总量控制：在选择沙湖污染物总量控制指标体系基础上，介绍了湖泊允许负荷量的计算步骤与计算模型，进行沙湖允许负荷量确定，提出总量控制类型和分配原则及方法，实施水污染防治的总量控制与浓度控制，提升实施总量控制的管理水平。

沙湖湖内污染源管理：沙湖湖内旅游污染源管理、沙湖船舶污染管理和沙湖水产增养殖管理。

沙湖管理机构机制和法规政策：阐述了源头减排政策管理、末端治理管理政策、自然水循环的良性恢复管理政策、流域水管理体制与保障管理构成的沙湖综合管理政策体系；介绍了沙湖综合管理工作机制的组织形成、工作机制、工作内容、关注的敏感问题；明确了发改委、水利、环保、建设、交通、农业、林业、国土、财政、科技、工信等沙湖综合管理部门的职责。

第 15 章　沙湖水环境保护战略与水质改善优先行动计划

15.1　指导思想

按照构建社会主义和谐社会和全面建成小康社会的要求，把沙湖水环境治理放到更加突出、更加紧迫、更加重要的位置，坚持高标准、严要求，坚持综合治理、科学治理，着力调整产业结构与布局，着力加强内源污染治理，着力加强水生态修复，着力完善水环境监测体系，着力建立健全水环境管理体制与运行机制，加大环境执法力度，努力形成沙湖湿地生态系统良性循环，实现沙湖地区经济和环境协调发展、人与自然和谐相处，为全国湖泊治理提供有益经验，为沙湖周边经济社会发展提供生态环境保障。

15.2　战略方针

1）以人为本，科学发展

以保护沙湖湿地生态环境为根本目的，以解决群众最关心、最直接、最现实的水环境保护问题为重点，转变发展观念，创新发展模式，更加重视生态文明建设，走科学发展道路。

2）统筹规划，综合治理

依据沙湖水环境容量，统筹考虑沙湖旅游发展和环境保护的关系。采取工程与非工程措施相结合、污染治理与生态修复相结合、水环境治理与产业结构调整相结合等综合措施，实现科学治理。

3）远近结合，标本兼治

立足当前，放眼长远，先易后难，分步实施，从根本上扭转水环境恶化趋势。

4）突出重点，分类指导

整体把握沙湖水环境存在的问题及成因，明确治理重点和难点，从实际出发，因地制宜，针对沙湖污染源的结构和区域分布，分别采取不同的治理对策，有计划、有重点地推进沙湖生态环境治理工作。

5）依靠科技，公众参与

加强沙湖水环境问题综合研究，科学合理地制订水环境综合治理的技术路线，加强水环境治理集成技术研究和应用推广。加大宣传教育力度，倡导节约水资源、保护

234

水环境和绿色消费的生活方式，保护和调动社会公众参与沙湖水环境治理工作的主动性和积极性。

6）创新机制，落实责任

建立市场经济条件下水污染治理投融资机制和运营机制。落实沙湖管理方和开发利用方的水环境治理责任，建立健全目标责任制、评估考核制和责任追究制。加强环境监测体系建设，建立定期公告制度，接受社会舆论和公众监督。

15.3 战略原则

1）保护优先原则

在沙湖生态环境保护管理活动中应当把水环境和水生态保护放在优先的位置加以考虑，在沙湖的水生态利益和其他利益发生冲突的情况下，应当优先考虑沙湖的水生态利益，满足水生态安全的需要，做出有利于水生态保护的管理决定。

2）流域综合管理原则

流域综合管理包括流域内水资源管理，以及与之相关的工业、农业、城乡布局各个方面的发展规划，应与流域内相关政府部门、科研机构和企业合作，开展流域尺度的关于污染源综合整治、水资源分配、基于社区的湿地资源可持续利用和保护、替代生计与退水还湖、保护水生生物、自然保护区与社区发展、环境教育与能力建设等工作，其中水资源管理是关键，应重点考虑沙湖湿地生态系统整体的水生态功能和水环境效应，建立沙湖流域水资源综合管理机制以及流域生态安全预警机制。沙湖完全依赖人工调水蓄水维持水生态平衡，水质除了受到沙湖底泥的影响外，主要取决于通过东一支渠的补水量大小及来水质量和沙湖湿地内部水循环及与外部水体交换程度。因此，应严格控制主要补水的水质，控制点源与面源污染，控制水体富营养化趋势，确保水资源的可持续利用。贯彻沙湖流域综合管理须遵循集权与分权相结合、经济手段与行政手段相结合、资源开发与环境保护相结合、广泛参与和公平公正相结合的原则以及信息公开与决策透明的原则。

3）生态需水原则

沙湖生态需水是维持沙湖湿地生态系统平衡，基本实现沙湖湿地生态系统健康和水资源可持续利用所必须保证的水量，具有阈值性和等级性。沙湖的生态需水保障主要是通过人为水资源配置来实现，而其受到沙湖流域可配置水量和现状用水量的影响。

4）生态风险管理原则

应关注沙湖湿地生态系统存在的水资源紧张、地表水污染、土地盐渍化、大气污染、生境破碎化和珍稀濒危物种减少等环境隐患，确定沙湖湿地这些问题的主要风险源，重点考虑风险因子所带来的长效的、累积性的影响，通过湿地生态风险评价，确定风险区、主要风险源及其风险等级，评价结果应作为风险管理的决策依据。

5）一致性原则

沙湖生态保护总体规划、沙湖自然保护区总体规划、沙湖生态旅游总体规划和沙湖生态保护与可持续发展战略规划等应协调一致，并应与宁夏空间发展战略规划、流域水资源规划、防洪规划等其他规划在原则和内容上保持一致。

6）湿地生态承载力原则

湿地生态承载力是指湿地生态系统的自我维持、自我调节能力，资源与环境子系统的供容能力及其可维持的社会经济活动强度和具有一定生活水平的人口数量。沙湖面临水资源不足及水环境恶化的压力、旅游发展的开发利用压力、污染物输入与累积的环境压力、湖泊湿地与旅游资源过度利用的生态破坏压力等。各项开发利用活动应遵循生态承载力有限的原则，应以不破坏湿地资源保护与可持续利用的循环机制为前提。

7）水资源可持续利用原则

任何对湿地资源的利用应以生态、社会、经济三大效益整合为原则，既考虑人类当前及未来的需求，又要兼顾资源、环境的承载力。加强对沙湖湿地水资源可持续开发利用模式的研究，通过功能区划，针对不同程度的敏感区以生态承载力为阈值合理保护与利用。

8）多层次、多渠道的沙湖湿地保护投入原则

采取以国家投资为主，责任方配套为辅，鼓励和引导企业、个人参与沙湖水环境保护的公益事业，充分调动广大群众参与湿地保护和合理利用等项目开发或工程建设的积极性。

15.4　战略目标

1）目标描述

将沙湖建设成为湿地生态系统恢复与生物多样性保护为核心，以生态旅游和湿地科普教育为特色，集生态环境保护与合理开发利用为一体的西北平原湿地典范，一个生态环境和经济社会全面可持续发展的生态文明综合示范区，并积极建设成为"国家良好湖泊"和"国际重要湿地"。

2）目标内涵

（1）在水环境保护、湿地恢复、湿地生态系统重建方面的示范意义。围绕"国家良好湖泊"和"国际重要湿地"等主要生态与环境保护使命，充分发挥人类因素在生态与环境建设中的积极和主导作用，实施湿地生境恢复、水环境保护、湿地流域系统恢复与重建等环境保护和生态建设项目，逐渐减轻周边高强度人类活动对沙湖湿地自然生态和环境系统的干扰，减少沙湖池塘化的负面影响，恢复沙湖湿地生态系统健康和活力以及湿地流域系统的生态完整性，使沙湖湿地成为通过积极的人类生态建设而重塑其自然属性的典范。

（2）以水环境保护和湿地科普教育为目的的生态旅游业为龙头，推进经济结构生态化方面的示范作用。即依托自治区级沙湖自然保护区，将沙湖建设成为西北地区以水、沙、苇、鸟等湿地景观为特色、具有独特经营优势的重要旅游景点，以及银川市和石嘴山市旅游接待基地和生态休闲养生基地，成为宁夏重要的生态旅游新增长点。同时，在沙湖及其周边地区构建包括生态型节水农业、生态养殖（渔业）、生态商务、

生态型城镇、生态家园和生态产品在内的生态型经济体系，推动区域社会经济发展走上与生态建设和保护相协调的轨道。

15.5　主要内容

针对沙湖水质为Ⅳ类、水生态处于亚健康状态，整个湖泊总体处在生态安全状态向生态恶化的过渡阶段的特点和沙湖可持续发展的长远要求及社会经济发展的潜在环境影响，以维护沙湖水生态健康为目标，以污染源系统控制和污染物总量减排为重要抓手，实施湖泊生态环境保护战略，突出区域特征，明确管理方和开发利用方的环境责任，落实保护方案，促进沙湖地区经济社会可持续发展。

依据沙湖处于内陆生态脆弱区，拥有重要生态功能的特点，沙湖水环境保护战略应以生态环境保护为重点，旅游资源开发利用为辅助，保护沙湖的水质、水量和水生态。

（1）实施沙湖流域整体水资源和水环境保护战略，为沙湖水环境改善奠定基础。

（2）合理规划沙湖生态保护方案，增加沙湖自然保护区面积，扩大沙湖生态空间，特别是旅游空间，减轻对沙湖湖面的污染压力。

（3）强调水污染防治、水生态保护等多手段联合应用，将工程措施和非工程措施有机结合，以保障沙湖水环境安全。

（4）强化机制和体制的创新，建立沙湖水生态综合保护及可持续利用的体制和机制。

（5）创新沙湖水利联合调度机制，合理规划沙湖湿地及周边农田灌溉用水。

15.6　战略布局

15.6.1　沙湖流域战略布局

沙湖水环境的好坏与沙湖流域整体生态环境密切相关。由于沙湖湿地是一个不断与周边地区有着物质和信息交换的开放系统，仅仅着眼于沙湖内部并不能实现真正有效的保护，因此只有将沙湖水生态和水环境保护应该将沙湖与整个沙湖流域联系在一起，实现沙湖流域整体的保护，才能为沙湖实现水环境优良奠定基础。

根据 2012 年宁夏回族自治区财政厅和环保厅编制的《宁夏沙湖生态环境保护总体方案》，沙湖流域包括宁夏青铜峡河西灌区的主体部分，行政区划上包括青铜峡市、永宁县及贺兰县的全部，银川市、石嘴山市的部分，总面积约为 9 600 km²，保护范围的功能分区如下（见图 15-1）。

（1）湖泊水体保护区。包括沙湖湖面及沙湖旅游区陆域，以及沙湖自然保护区核心区以外垂直于湖岸线 1 000 m 范围内的保护带，为沙湖湿地的核心保护区。

（2）北部旅游污染控制区。位于沙湖北岸（含星海湖），是沙湖主要旅游景区和景

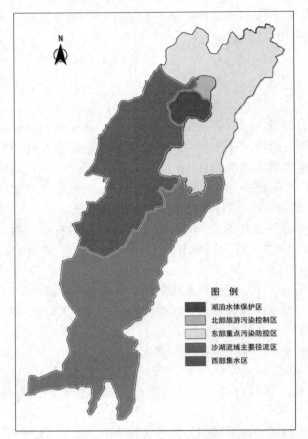

图 15-1　沙湖流域功能分区示意图

点分布区。湖滨区由于旅游景点、餐饮住宿和沙湖旅游小镇的运营、建设和管理问题，使沿岸水体有不同程度的污染。旅游污染给保护区的生态和环境带来较大影响。

（3）北部和南部重点污染防控区。分别位于沙湖东北部和南部，包括沙湖北部的平罗县以及大武口区部分地区和南部的贺兰县洪广镇，该区域工业点源、城镇生活污水和农业面源污染较重，是沙湖污染源的主要排放区域。农业面源污染、城镇生活污水污染、入湖河流污染、工业点源污染、大气污染等对沙湖的生态和环境有着重大影响。

（4）沙湖流域主要径流区。沙湖以南地段，位于流域上游地段的青铜峡市、永宁县和银川市，属于银川平原的核心区。由于该区农业较发达，化肥用量较大，农药和农膜使用量偏大，畜禽粪尿无害化处理率低、流失量大等问题造成的农业面源污染给沙湖的生态和环境带来一定程度的影响。

（5）西部集水区。沙湖以西地段，包括银川市和青铜峡部分地区，为贺兰山地及其洪积平原地区，是主要的雨洪水补给积水区，由于地下水水位较高，盐渍化问题较突出。

15.6.2　沙湖湖区战略布局

为了使沙湖水生态系统得到保护与恢复，生物多样性得到维护，自然资源和自然景观得到保护和可持续利用，根据沙湖的实际情况，结合沙湖自然保护区功能区划，将沙湖湿地按照不同功能划分为进水区域、大湖区和水循环及排水区域。

1）进水区域

进水区域包括东一支渠、第三排水沟八一渠和艾依河等，以东一支渠为重点，以保护沙湖补水来源与水质良好为目的，进行渠道疏通，开展来水监控和来水沉沙净化。

2）大湖区域

大湖区域即元宝湖（面积为 1 348.52 hm²），大湖是沙湖湿地的主体，进行工程与生物措施相结合的水质改善和湖底清淤，维护和改善湖水水质。

3）水循环及排水区域

水循环及排水区域主要包括大湖南岸沙丘南侧湖沼和湖东湿地，面积大约为 2 149 hm²。水循环及排水区域为沙湖湿地不可或缺的有机组成部分，建设沙湖水体循环系统和排水系统，使沙湖水体由"死水"变"活水"，生态净化大湖水质。

15.7　重点任务

15.7.1　管理创新战略

沙湖是一个非常特殊的荒漠化湿地，面积小，环境容量小，生态脆弱，但旅游业发达，处于人类密集活动的银川平原北部，面临周边社区发展和地区经济发展的巨大压力。如何处理好保护与利用是沙湖生态环境良性发展的关键，必须从管理创新的角度谋求突破。

突破沙湖保护、管理、开发的部门界限，建立由水利、林业、农垦、环保、发改委等部门协调一致的沙湖水资源和水环境保护管理机制，统筹规划、协调合作，分工负责，共同担负起沙湖保护与发展的责任。

突破沙湖自然保护区既有边界，将沙湖周边人类活动纳入沙湖管理范畴，将与沙湖密切联系的周边地区纳入生态环境保护区域，这样既有利于促进沙湖达成自身的生态保护使命，又有利于扩大沙湖地区生态文明示范的辐射范围，充分发挥沙湖自然保护区和沙湖旅游区带动周边地区走可持续发展之路的作用。

15.7.2　水资源保护战略

水资源是沙湖湿地生态系统得以维系的根本。沙湖地区干旱少雨，失去自然流域系统的水源补给，只能靠人工调水维持水量平衡和生态环境平衡，同时还受到周边地区生产、生活污水排放的威胁。因此，水资源补给、调配和保护是沙湖水环境保护的重点任务。

15.7.2.1 沙湖湿地水质恢复

1）湿地恢复

在沙湖及周边地区开展生态与环境综合治理和水域保护行动，根据水位变化，及时引水和蓄水，逐渐恢复和扩大湿地面积。

2）以生态水工措施促进湿地生境恢复

利用自然水文特征，促进湿地生境的发育，将新兴的生态水文学和生态水工学原理应用于沙湖，建设沙湖生态湖堤，进行湿地生境恢复。

（1）调水措施。依据生态水文学原理，通过人为调蓄措施控制水位涨落，体现自然湿地水文特征，促进沙湖消落区发育。严格限制周边污染源的排放，改造水利设施。制定与湿地保护、水产养殖等协调兼顾的灌排制度和涵闸管理制度。

（2）引水方式。人工引水应符合自然季节性水位变化规律。

（3）引水沟渠治理。开展周边沟渠与沙湖湿地人工小循环系统和沙湖与周边农田人工大循环系统的工程规划，并按照规划进行沟渠截污、生态修复和河岸景观治理，使沙湖湿地人工循环范围扩至周边沟渠和农田。

15.7.2.2 水源涵养与生态隔离保护措施

沿沙湖四周顺应地形建设绿色隔离带，湖边栽种挺水植物，形成具有一定生物自净能力的湖岸消落区。与沙湖连通的沟道、河渠及其两侧约 50 m 宽的范围内，按照生态功能统一规划进行岸边生态修复、绿化和生物廊道建设，隔绝周边地区的污染排放和面源污染。

15.7.2.3 生态补水量规划

由于沙湖蒸发量远远大于降水量，而现阶段又缺乏自然流域系统的水资源补给，因此必须实施生态补水。沙湖实施生态补水需包括以下两大部分。

（1）湿地最低蓄水量的补水：湿地恢复蓄水时，将一次补充并将一直保有的最低水位的蓄水量为 $2\ 670×10^4\ m^3$。

（2）年际生态补水：为维护沙湖生态与环境健康，整个沙湖湿地的生态补水量估计为 $3\ 251×10^4\ m^3$。

15.7.2.4 人工调水与管理

目前沙湖没有自然流域水资源补给，人工调水是沙湖湿地维系的必要措施。人工调水用于维持沙湖水域面积，保证湿地恢复和生态用水。黄河水是沙湖湿地的主要引蓄水源，主要由东一支渠和八一渠补给。

在利用黄河水时，应加强对水质和外来物种的监测，将因引水而带来的对生态的负面影响减至最低。调水时应注意尽量避免反季节调水，调水前应制定调水过程中突发情况的应急预案，如切断污染源及受污染水头等，调水中应加强沿线巡护，监控沿途可能的污染排放，发现问题应立即启动应急预案。

15.7.2.5　水资源利用

目前沙湖湿地年生态需水量大约为 $3\,500\times10^4\,\mathrm{m}^3$，未将沙湖所在流域可能带来的水资源补给考虑在内（艾依河水源），原因是目前艾依河水源既有的污染已经使来水水质无法被利用。如果水污染得到有效治理，则这一水资源极具开发潜力。沙湖缺水固然有气候干旱，蒸发量远远大于降水量的水源性缺水问题，但更根本的还是水质性缺水。因此，沙湖应充分重视本地水资源的利用和开发问题，为此，建议进一步采取以下措施开发本地水源供给。

（1）本地雨水利用：沙湖周边地区应逐步通过对下水道进行雨污分流改造，使雨水得到更高水平的利用。为减少雨水收集带来的杂物，建议推广使用透水路面，使雨水经透水构造简单过滤后再进行汇集。

（2）地表径流：沿第三排水沟和艾依河的沟道两侧人工栽植芦苇等挺水植被，增强其对引水水质的净化能力。经初步净化的水体，其水质若不能达到沙湖水质控制标准则不能进入大湖，但可用于景观绿化和局部湿地恢复，以补充生态用水。

（3）地下水回补：沙湖地区的各项工程措施中应尽量避免对地面的硬化，对于必须硬化的路面，提倡修建透水路面，减少因地面硬化对地下水补给带来的负面影响，同时限制对地下水的开采。

（4）水资源合理利用：打破地域和部门界限，统一和综合利用水利部门分配给沙湖的生态补水和沙湖周边水田的灌溉用水，实现沙湖地区水资源的综合高效利用。

15.7.2.6　保障措施

（1）加强水资源与环境保护立法，强化环境监督管理。

推动节约用水、雨污分流、地下水开采、水污染防治等的立法进程，把沙湖水资源与环境保护工作纳入法制化的轨道，制定有关政策措施和管理办法，加大执法力度，坚决消除现有污染源，防止新污染源的产生，防止沙湖水资源匮乏。

（2）对自然水源利用开展专题研究。

尽管沙湖当地降水量远远小于蒸发量，但本地降水、艾依河上游来水等都可以作为自然水源补充沙湖水资源的不足。问题是目前除了沙湖水面的直接降水外，其他来水都由于污染而没有得到有效利用，不得不每年从引黄干渠补水。沙湖湿地对自然水源的利用主要通过以下途径：一是采取有效措施解决本地降水和艾依河来水的水质性缺水问题；二是恢复沙湖大湖与湖东湿地及周边沼泽的自然联系，增强沙湖湿地对自然来水的滞蓄能力。

（3）积极推广节水相关政策与措施。

在干旱缺水的北方地区，水资源异常宝贵，因此有必要在生产生活中大力推广节水相关政策与措施，包括通过有效的宣传和教育使节水意识深入人心，通过推行合理的水价政策使节水行为获得经济激励，通过推广使用节水用具、中水回用等技术性措施使节水行为更为可行，节水效率不断提高。

（4）积极推进建立流域协作机制。

沙湖湿地自然生态功能的全面恢复有赖于全流域水环境的根本好转，因此必须积极推动流域协作机制的确立。

15.7.3 水环境保护战略

沙湖作为荒漠化区域内典型湿地类型的生态系统和半荒漠化区域内荒漠化生态系统的自然综合体和著名的风景名胜区，生态地位独特而重要，但近年来沙湖水环境逐渐恶化，水生态系统处在亚健康状态，生物多样性和生态系统受到一定程度的人为干扰，生态安全形势严峻，整个湖泊总体处在生态安全向生态灾难的过渡阶段，因此，必须制定沙湖水环境保护战略，强化水环境保护措施，加强水环境防治。

15.7.3.1 严格环境准入

（1）沙湖监管部门应为沙湖建立起严格的环境准入标准，并以地方立法的方式强化环境准入标准的权威性。

（2）在污染源调查的基础上，防止不可逆转和负面环境变化的发生。

（3）杜绝沙湖内部导致水体富营养化或水质污染的所有因素。

（4）新建项目必须进行项目对自然保护区影响的评审和项目环境影响评估，严格执行保护区环境准入标准。

15.7.3.2 强化环境监测和管理控制

（1）建立专业的环境监测队伍，对环境监测队伍进行定期培训。严格环境检测，积累完整的环境监测数据，并进行环境污染分析，制定具有可操作性的环境污染防治措施。

（2）加强对沙湖环境保护的监督，建立明确的环境执法标准和程序，改变目前运动式的环境执法方式，使环境执法制度化、规范化、经常化。

（3）对与旅游和旅游开发有关的环境问题，应设置专门的机构进行管理，包括采取奖罚措施、加强宣传教育、制定规章制度等，尽量降低旅游导致的水质污染和固体废物污染。

（4）对与沙湖相连的所有排污口进行长期定点监测和排查，明确排污主体，采取相关措施。

（5）结合新农村建设对管辖区域内的村落进行环境综合整治。集中修建新农村社区，对排污集中处理；对分散的居民点采用沼气净化等方式，对生活污水进行处理。经过整治的村落严禁直接向湖区相连的沟渠排污。对所产生的生活垃圾和其他固体废物，则应采取分类收集并对废物进行无害化处置。

15.7.3.3 水污染治理重点

目前，沙湖水体已轻度富营养化，选择科学合理的措施治理沙湖富营养化已成为迫切需要解决的问题。治理沙湖的富营养化，一方面要通过控制外源性营养物质的输入，限制营养污染物质排入湖内；另一方面，选择科学有效的措施抑制内源性营养物的积累也很重要。建议采取以下措施。

1）沙湖流域污染防控

在流域产业结构调整的基础上，分析流域主要营养盐的来源及分布，实施经济可行的工程措施，对沙湖流域重点污染源，包括乡镇与村落的生活污染、农田面源污染、畜禽养殖污染、宾馆饭店餐饮污染、企业污染等进行治理，形成涵盖重点区域、互相衔接的工程控源系统体系，使流域污染源达标排放，这是减少流域污染物排放量、降低污染物入湖负荷极为重要，也是最直接、见效最快的措施。

流域污染源工程治理与控制体系的主要内容包括：城镇及农村生活污染（两污）控制工程、农田面源污染控制工程、畜禽养殖污染治理及粪便资源化工程、宾馆饭店污染控制工程、水土流失防治与生态修复工程、工业废水处理与控制工程等。农业面源与农村污染是湖泊主要的污染源，通过经济可行的污染治理措施，对沙湖流域重点污染源进行治理，使其达标排放。

2）水文水质监测与评价

建设好沙湖水文监测站和生态定位站。继续开展对沙湖及其周边水系的水流、水质监测研究，对水位、流速、悬浮物、溶氧、氮和磷等营养盐、各种重金属含量、有毒有害物质进行监测，保证监测数据在时间上具有连续性，并对监测数据进行及时处理，对于异常监测指标进行分析或进行重复观测。利用监测数据，采用数学模拟等手段对沙湖的水质进行分析和评价，分析沙湖水体富营养化发展趋势，以便采取相应的治理措施。

3）控制农业面源污染

控制沙湖周边地区的面源污染，采用经济手段限制化肥、农药的过量使用，鼓励农户使用有机肥。出台治理农业面源污染的环境管理措施和补贴办法。发展绿肥生产，提倡作物秸秆还田，减少农田污染负荷。

4）生活面源污染治理

沙湖周边村落应改造为具有自我生态循环功能的生态住宅和村落，建设村落的排水和垃圾处理设施，消除生活面源污染。

5）加强沙湖周边水土保持工程建设

通过沙湖堤岸生态修复减少堤岸崩塌入湖土方和雨水径流带土入湖造成的湖体淤积，减缓沙湖大湖沼泽化。利用沙湖清淤开挖的土方在岸边形成小山丘，阻隔污染物质通过雨水注入湖泊。

6）适时收割水草

沙湖枯水季较长，挺水植物大量生长，这些植被不能及时清除的后果是造成氮、磷不能有效带出，同时造成藻类大量繁衍。因此，应对死亡水草进行打捞，抑制因水草引发的湖内水体营养过剩，并根据水草的生产量、生长规律和生态功能，科学合理地进行规划，利用水草收割将水体营养转移出去。为提高效率，可采用机械设备收割和运输。

7）加强湖泊及河道水体的流动性

良好水体的流动性是抑制湖泊富营养化的重要手段。规划和建设沙湖大湖与湖东湿地及沙地南侧湿地的有效联系，增强大湖与周边湿地水体的连通性和流动性，实现沙湖湿地水体循环，提高水体本身的自净能力。

8）点源污染物治理

应执行严格的污水排放标准，禁止生活污水及餐饮企业等产生的废水未经处理直接排入沙湖，避免污染物中的总氮、总磷带入沙湖水体引起水体富营养化。

9）对内源性营养盐的治理

内源性营养盐主要存在于湖水以及底泥中，是水体富营养化的主导因素之一。建议在开展科学研究的基础上，采取生物措施和工程措施，削减水体中内源性营养盐。工程措施包括：底泥清淤、水体深层曝气、注水冲稀等。挖掘底泥，可减少甚至消除潜在性内部污染；深层曝气，可定期或不定期地采取人为湖底深层曝气而补充氧，使底泥界面之间不出现厌氧层，经常保持有氧状态，有利于抑制底泥磷释放；引水注入湖泊可起到稀释营养物质浓度的作用。生物措施包括：利用生物措施控制水体富营养化。在水中种植沉水植物如苦草、金鱼藻、眼子菜和伊乐藻等，可增强水体本身的自净能力、吸收水体中的氮、磷等营养物质、澄清水质、有效抑制藻类暴发。但需要研究不同沉水植物对当地生存环境的适应性。

10）渔业资源合理利用

通过科学选择、合理搭配，放养鲢、鳙等滤食性鱼类消耗浮游生物，提高湖水自净能力，有效治理水体富营养化，并有利于促进鱼类等水生动物种群结构合理化，对遭受破坏的水生动物群落进行修复，从而达到改善水域生态环境，保护生物多样性，促进生态平衡的效果。

11）种植和恢复水生植物

利用植物根系的吸附、过滤、氧化还原及微生物降解等作用，可有效控制氨氮、总磷、透明度等对富营养化起支配作用的指标，抑制藻类过度生长，使污水得到净化，这是治理湖泊水体富营养化的重要措施之一。水生植物不仅能净化水质，还能为鱼类提供产卵场所和饵料，并为鸟类提供栖息环境。在湖泊适当区域，种植莲藕等具有较高经济价值的湿生、水生植物，吸收底泥中的营养物质，改善水体生物群落结构，并及时收割水生植物，可转移营养盐，减轻湖泊的富营养化。

12）完善排水管网系统

沙湖景区排水主要有三条途径：一是直排沙湖，主要源于大湖南北两岸的宾馆、餐饮业等废水；二是引入露天排水渠排向黄河下游；三是自然蒸发。这些废水容易引起水体的富营养化，对景区的水环境及对大气环境质量均有不利影响，因此排水管网系统及污水处理设施应尽快完善。

15.7.4 大气、固体废物和土壤环境保护战略

沙湖周围 10 km 范围内有两个高耗能、高污染工业园区和多家砖厂。煤粉尘和化工厂废气不仅严重影响沙湖的大气质量，而且煤粉尘和尘土沉降入沙湖后，对沙湖底

泥和水环境产生较大影响。此外,沙湖还存在土地盐渍化及固体废弃物污染等的环境污染。因此,大气、固体废物和土壤环境保护战略对沙湖生态环境保护具有重要意义。

15.7.4.1　大气质量控制

近期:与自治区环保厅、石嘴山市环保局积极协调,加大对沙湖周边工业园区环保执法检查力度,对违规排放有害气体和粉尘、煤尘的企业严厉查处,限期整改,杜绝违法排放有害气体、粉尘或粉煤灰,确保空气质量优良。

中远期:与自治区人大、政协资源环境委员会合作,与自治区环保厅、发改委、石嘴山市、贺兰县积极协调,根据沙湖附近工厂的具体情况,有计划、有步骤地对污染企业进行综合整治,对选煤、煅烧煤等产尘量大的企业及产废气较多的小化工厂,建议关闭或迁出沙湖控制区,杜绝煤粉尘和废气污染;对于用水量大、废水排放多的洗煤厂和有废水排放的化工厂,因废水自然蒸发,对大气环境带来负面影响,应严格环保措施,改进生产工艺,把水的消耗及废水的排放降到最低限度,确保沙湖大气环境的质量。

15.7.4.2　固体废物管理

1)旅游和建筑废物

(1)根据废物减量化和资源化的原则,提高废物综合利用率,并通过各行业之间的废物交换处理,或旅游区内部的吸收实现废物减量化和资源化。

(2)对历史遗留的旅游和建筑废物进行清查,对可能危害环境的遗留废物进行稳定化处理或安全处置。一般性无害废物,可作为填充材料、铺路材料等逐步加以利用。

2)垃圾及人畜粪便

沙湖的垃圾基本来自生活和旅游活动,零星分散,毒性相对较小。应采取集中收集,将垃圾运往离沙湖最近的垃圾处理站进行无害化处理。

在景区游人云集的中心位置,公厕和骆驼站应合理安排。骆驼虽然丰富了景区客源,但其排泄物对景区环境影响很大,应切实做好排泄物的收集工作,避免污染环境。

15.7.4.3　土壤环境质量控制

因地势低洼排水不畅,沙湖附近用水量大、废水排放多的洗煤厂和有废水排放的硫化碱厂,大部分废水靠自然蒸发,对大气和土壤环境均带来负面影响。对此必须改进工厂的生产工序、工艺,采取对废水进行净化处理等措施,确保沙湖土壤环境的质量。

15.7.4.4　环境综合控制

根据沙湖自然条件,因地制宜,按沙湖湖面、土面、沙面的大小、位置、形状等特点,结合生产、环保、旅游的要求,制订沙湖绿化、美化的规划和布局,以及土壤改良措施,绿化景区、美化环境,发展风景旅游资源。

深水区：鱼类养殖、水上行船游乐和垂钓。

浅水区：生长芦苇和菖蒲等挺水植物。

湿地区（定期水淹地）：配以湿地作物和蔬菜。

湖滩地：作为花卉、作物、果树种植地和农业生产观光景点。

沙地及道路：从当地乡土树种中，选择干形、冠形良好的乔木作为行道树种，如杨、柳、槐树等，成片栽植苹果、梨、枸杞等果树及有经济价值的乔、灌木，林下种植当地适生草类。

盐碱地：含盐量及 pH 高且干旱瘠薄的地块，应先改良土壤，再种植既耐盐碱又耐干旱瘠薄的乔、灌、草种类。

其他：在沙湖适当位置，建造大型人工气候室，引种栽培各种花卉、果蔬，结合旅游观光发展高效观光农业。另外，可进行农林副产品的综合开发，莲、藕的深加工；芦苇、菖蒲的高附加值开发，将其加工成纪念品、工艺品，也可以加工成环保快餐盒、包装材料等。

15.7.5　生物多样性保护战略

沙湖地处黄土高原，属典型的大陆性气候，其周边连接贺兰山森林保护区、荒漠—半荒漠草原区以及农田区。因其集沙漠与碧水为一体的独特的自然条件，各种地理成分在这里相互渗透、相互过渡，孕育了沙湖独特的生物多样性。生物多样性保护包括对物种及整个湿地生态系统的保护，生物多样性保护战略对沙湖湿地生态系统良性发展具有至关重要的意义。

1）建立管理长效机制，加强组织领导和协调

以创建"国家良好湖泊""国家级自然保护区"和"国际重要湿地"等为总目标，成立沙湖湿地生物多样性领导小组和管理机构，组织协调相关部门和单位，共同实施和完成生物多样性保护规划。将生物多样性保护工作纳入沙湖生态保护总体工作范畴，每年列出具体的保护目标和工作任务，将指标层层落实。

2）进一步提升沙湖自然保护区能力建设水平，完善保护制度

保护生物多样性的最有效途径是就地保护，而建立自然保护区、建设物种资源库是就地保护的主要方式。沙湖目前为自治区级自然保护区，进一步加大保护区能力建设，使自然保护区能够更好地保护湿地的生物多样性，为各种湿地生物的生存提供最大的生息空间；营造适宜生物多样性发展的环境空间，对生境的改变应控制在最小的程度和范围；提高沙湖湿地生物物种的多样性并防止外来物种的入侵。

3）保护与生态旅游相结合

扩大沙湖旅游空间，开辟沙湖旅游新线路。在湿地体验区规划建设生态岛、鸟类观测站、珍禽养殖场、农家乐园、水村渔舍、水上乐园、露天游泳场和人工沙滩等。可以让参观者亲身体验湿地的景观特色，亲近自然、融入自然，亲身体验农耕文化、渔业等生产活动。

4）科学管理及可持续利用生物多样性资源

制定严格的宏观控制机制，包括沙湖林业、农业、旅游等专项规划、技术准则等，

对规划、各类资源开发利用项目、建设项目开展环境影响评价，充分考虑开发建设活动对生物多样性造成的不利影响和破坏，并制定相应的控制措施，切实保护生物多样性，维护生态平衡和实现资源的可持续利用。

5）生态恢复与生物多样性保护相结合

（1）改善生境。采取工程措施和生物措施相结合，着力恢复和发挥湿地生态功能，防止湖泊退化，延缓湖泊沼泽化；通过水系连通及补水措施，将一些低洼旱地通过生态恢复等措施，扩大湿地面积，恢复湿地生态，切实保护湿地生物的生存环境，发挥湿地的生态功能。

（2）保护和丰富湿地植物多样性。加强湖泊湿地和沼泽湿地植物的保护，采取措施，防止芦苇等植物退化。根据当地立地条件，适当增加水生植物种类和种植量，丰富植物多样性，达到净化水质和美化景观的效果。

（3）保护野生动物栖息地。保护野生动物生存的适宜栖息地环境，设立生境岛，鸟类投食点、巢箱、巢台等设施，改善栖息地生境条件。严格禁止非法狩猎、诱捕、毒杀野生动物和其他妨碍野生动物生息繁衍的行为，保护野生动物生存的栖息环境。春、秋季节鸟类迁徙期，禁止进入鸟类栖息地。为使冬春季栖息的鸟类安全度过寒冷缺食季节，逐步采取芦苇轮割方式，适当保留部分植物。

（4）修复鸟类栖息地，调控合适水位。鸟类在湿地的分布、觅食情况与湖泊和沼泽水位和食物状况密切相关。沙湖湿地应形成多种形态的自然地形和栖息环境，通过修建水道，配备相应的排灌控制设施，对湖泊和沼泽水位进行严格控制和管理。要确定湖泊和沼泽的最佳合适水位，必要时采取人工控制措施。

（5）建立野生动物救治站。负责收容、救治沙湖湿地及周边区域受伤或因其他因素造成疾病的野生动物，对离群、受伤、感染疫病、老弱的动物进行人工个体救治。同时，对经救治的野生动物进行放归野外的前期驯化，以增强放归野外个体的野外生存能力。野生动物救治站配备检查、化验、手术等医疗救治设备仪器，设置围网、笼舍等设施。野生动物救治站的辐射范围可达周边一定距离区域。

（6）聘请季节性护鸟员。聘请责任心强且热爱保护事业的当地群众为护鸟员，可以增加保护管理的力量。

6）加大宣传力度，提高公众参与意识

生物多样性保护是一项社会性、公益性很强的工作，需要全社会的参与。建立沙湖湿地保护的规章制度和条例，向周边居民和参观者广泛宣传教育，提高参观者和周边居民的法制及环境保护意识。积极发挥各种自然保护组织和团体的作用，调动社会力量积极参与生物多样性保护事业，不断提高全社会的保护意识。发挥新闻舆论的监督作用，对破坏生物多样性的典型事件予以曝光。

15.7.6 景观综合整治战略

景观主要取决于人的主观视觉感受。从环境保护的角度看，不良景观有时也被称为"视觉污染"，但对这种污染的治理主要取决于美学原则而非技术原则。从景观学的角度看，景观可分为自然景观和人工景观。对于沙湖的自然景观，应以保护为主，景观整治主要涉及对与自然环境不协调的人工设施的清除，以及在进行沙湖湿地恢复的区域结合生态工程学恢复自然堤岸、自然植被等。而对于沙湖的人工景观，从沙湖湿地及其周边地区的现状来看，还需要根据生态旅游的需要进行大力整治。

1）典型自然生态景观的保护

（1）自然湖泊和沙漠景观是沙湖的典型景观，要严格保护其景观本体及周边环境。

（2）力求增加景观的生态庞杂度，使景观获得自我更新能力。舍弃整齐划一的、精心修饰的、以视觉观赏为主的精致设计，坚持多元化、多样化，以生态学原理为指导的生态景观设计。

（3）必要的人工设施要与自然景观保持协调统一，因景造势，因境制宜，自然化、本土化，建筑宜小体量、隐藏、分散布局，各类建筑要维护、服从景观环境的整体要求，不得与自然景观争高低。

（4）新建景观须顺应和利用原有地形及环境，尽量减少环境操作或改造。典型景观整体利益对沙湖内任何建设项目具有"一票否决权"。

2）分级保护、修复、利用和开发措施

设置沙湖自然景观分级制度，针对不同级别的控制区，采取不同的保护措施。

（1）自然景观一级控制区：湖泊主体区域（自然保护区核心区），应绝对保护，除必要的湿地恢复措施外，禁止一切对自然植被和湖面的破坏活动，禁止一切人工建筑物，规划容积率为零。

（2）自然景观二级控制区：湖泊周边缓冲区域（自然保护区缓冲区），严格控制开发强度，除规划中的少量的生态旅游配套服务设施和必要的水资源管理设施外，应禁止兴建一切人工设施，规划容积率小于 0.01，所有人工设施也都必须与周边的自然环境相协调，严禁城市化、人工化，使景区得以维持原始风貌与可持续发展潜力。

（3）自然景观三级控制区：自然保护区实验区和沙湖外围景观区域，此区域可适度开发，要尽量减少对生态与环境的破坏，积极建设具有地方特色和自然情趣的人文景观，规划容积率不超过 0.05。

3）村镇风貌的保护

（1）沙湖周边村镇应结合当地文化传统，开展有效的村镇设计，塑造亲切、朴素、宜人、有品位、有地方特色的村镇风貌。对建筑与空间提出一定的规划措施，包括保护与更新、建筑高度控制、空间环境整治等。

（2）划定具体的村镇风貌核心区、特色风貌区及风貌协调区，进行用地性质调整。针对不同的对象，对建筑物分别采取 5 种不同的措施进行改造：保存、保护、暂留、整饬、更新。

（3）沙湖水镇和沙湖假日酒店的规划与建设应严格限制范围。沙湖水镇的建设应与整个沙湖自然景观和人文景观相协调。

（4）沙湖西南少量村落应以本土原生村落布局为范本，吸取其自生自由的布局结构与土生土长的建筑特征，并配以现代化的服务设施，建设格局独特、风貌完好、文化深厚、民风淳朴的"北国水乡"，保持地方文化古朴本色，防止因现代生活方式的冲击而改变地方特色风俗传统。

（5）改造或拆除影响沙湖湿地生境和总体景观的村庄和建筑，改建部分示范性民居，民居建筑内部可适当增加卫生设施，以便作民间接待之用。在村落周边应根据地形条件设置人工水塘或隔离林带，使村落掩映于湖光山色和花草林间，减少人工建筑物对自然生态景观的干扰。

15.8　沙湖水环境改善优先行动计划项目

15.8.1　项目目标

15.8.1.1　总体目标

通过项目建设，改善沙湖水质，保护沙湖湿地生物多样性，维护区域生态平衡；规范沙湖自然保护区的建设和管理，完善保护区的各种设备，提高保护区管护、生态检测、宣传教育能力，充分发挥保护区的生态功能。最大限度地保持沙湖的荒漠—湿地生态系统及自然景观的完整，正确处理眼前与长远、局部与整体的利益关系，促进地区的社会稳定和区域社会经济的繁荣发展。把沙湖建设成水质良好、生态系统健康稳定、生物多样性丰富、环境优美的良好湖泊。把沙湖建设成保护目标明确，资源本底清楚，管护设施完备，管理队伍专业，管理制度健全，社区协调发展；资源管护、科学研究、环境教育等功能得到充分发挥，保护成效显著；融自然保护、科学研究、宣传教育、生态旅游于一体的多功能、多学科、多效益的综合自然保护区，为区域社会经济的持续、稳定、健康发展起到示范作用。

15.8.1.2　具体目标

以沙湖湿地生态环境保护和水质改善为重点，通过保护与恢复工程、生态环境监管工程和沙湖生态补水机制规划与建设，将达到以下目标。

（1）通过保护与恢复工程项目建设，使沙湖水资源得到基本保证，使水质和水体环境得到明显改善，使生态环境质量朝着良性循环的方向发展。

（2）通过沙湖生态补水机制规划与建设，逐步建立起制度完善、分工明确、关系协调、机制合理的沙湖水资源联合调度体系，保证沙湖补水和外排的科学化、规范化和定时定量化。

（3）通过生态环境监管工程建设，建立起较为完善的沙湖生态环境保护基础设施和配套工程，保障沙湖保护和管理工作的正常开展；建立起比较完善的沙湖湿地生态环境监测体系，通过对沙湖生态环境和生物多样性的监测以及对影响湿地的主要因素的监控，确保沙湖生态环境监管及时和规范，促进沙湖生态环境保护和旅游事业的发展。

15.8.2 项目建设指导思想与建设原则

15.8.2.1 项目建设指导思想

以维护沙湖湿地生态系统平衡、维护湿地功能和保护湿地生物多样性，实现资源的可持续利用为基本出发点，坚持"全面保护、生态优先、突出重点、合理利用、持续发展"的方针，保护沙湖生态环境，改善沙湖水质，建立和完善保护管理体系，提高保护管理能力，充分发挥沙湖湿地的生态、经济和社会效益，达到人与自然的和谐共存。

15.8.2.2 项目建设原则

（1）坚持全面保护、合理布局的原则。应全面保护沙湖湿地的自然环境和自然资源，改善沙湖水质，提高沙湖的管护能力。建设项目要布局合理，不得破坏湿地生态平衡、自然资源、自然景观和动、植物的生存栖息环境，不得造成新的环境污染。

（2）坚持突出重点、先急后缓、分类实施（因地制宜）、分步实施的原则。根据《沙湖自然保护区总体规划》《沙湖生态旅游总体规划》和沙湖目前生态环境现状及亟须解决的问题，确定重点和优先实施项目。

（3）坚持统筹规划，协调发展的原则。沙湖湿地保护要与沙湖旅游开发及增加当地居民收入合理地结合起来，实现沙湖生态保护工作与旅游产业及周边社区经济的协调发展。

15.8.3 项目的主要内容

15.8.3.1 保护与恢复工程

1）补水控制工程

（1）东一支渠疏浚维护工程。沙湖补水来源主要为东一支渠引黄河水补充沙湖，每年补充的水量大约为 $1\ 500\times10^4\ m^3$，但东一支渠输水能力薄弱。为加强东一支渠引水能力，对东一支渠沙湖段 4 000 m 进行清淤、疏浚，同时维修破损的渠道和闸口。

（2）艾依河与沙湖运河连接处水闸控制工程。在艾依河与沙湖运河连接处建设单孔水闸一处，作为经过生态净化后的艾依河水进入沙湖的调节入口。

2）湖泊水道清淤疏浚工程

为保持沙湖水位以及防止湖底淤泥污染，对湖底清淤 $20\times10^4\ m^3$，清淤区域位于影响水上航道的明水面以及鸟岛附近区域。其中在鸟岛附近区域湖底清淤 $10\times10^4\ m^3$，航道清淤 $10\times10^4\ m^3$。挖出的底泥中含有大量的氮、磷营养盐，可以用于作农肥、土壤改良剂等，还可以用于在浅水区堆积岛屿，形成人工景观和增加动物栖息地。

3）入湖水水质物理净化工程

（1）沉沙池。建立一处沉沙池，把引水渠水中泥沙进行沉淀后进入湖泊，以减少入湖的泥沙量，泥沙定期移出。沉沙池规格为 200 m×80 m×1.5 m，容积 2.5×10^4 m^3。

（2）沉淀—净化区。沙湖湖泊西部从东一支渠入湖口引入的水通过沉沙池后进入沉淀—净化区。沉淀—净化区长 200 m，宽 80~100 m，面积 2×10^4 m^2，以人工湿地和自然湿地相结合的方式布局。

4）生物—生态型水质净化工程

（1）人工湿地水质异位改善区。在第三排水沟与运河之间规划建立人工湿地 2×10^4 m^2，在沉淀—净化区建立人工湿地 1×10^4 m^2。种植多种水生植物，包括挺水植物、浮水植物等。自然恢复和人工种植水生植物，形成水面水生植物景观，对农田退水和沟道来水的水源进行异位处理与改善。

（2）人工生物浮岛区。在湖泊深水非航道水域、运河与艾依河口交汇水域、运河水域，规划人工浮岛 2×10^4 m^2，分 10 处；每处 2 000 m^2，由面积 25~100 m^2 的浮岛组成，运河水域的单个人工浮岛面积可小些。在原位净化改善水质的同时，形成水面水生植物景观。

5）湿地植被恢复工程

（1）中浅水区沉水植物重建工程。在湖泊中浅水区（根据沙湖水体的透明度而定）种植沉水植物（金鱼藻、狐尾藻、眼子菜、角果藻等）2 ×10^4 m^2，采用人工方法进行沉水植物修复，以净化水质。

（2）湖滨带水生植被重建区。恢复和建设湖滨植物带，以控制农业面源和地表径流对湖泊的污染，防止水土流失。在湖泊周边地表水径流流向的区域恢复和建设湖滨植物带 20×10^4 m^2，宽度因地制宜，一般为 5~15 m，由水向陆的植物排列为浮水植物、挺水植物、两栖植物、陆生植物，湖滨植物带以草、灌、乔木结合。

（3）浅滩水生植被恢复工程。主要在湖泊现有芦苇分布的浅滩水域，对芦苇等挺水植物进行增殖保护，面积 100×10^4 m^2，以增强湖泊水体的净化能力，丰富植物物种。其中湖泊浅水区种植芦苇等挺水植物 90×10^4 m^2，艾依河与沙湖运河段种植芦苇等挺水植物 10×10^4 m^2。

6）沙湖湿地水体内循环和沙湖地区水资源综合利用工程

（1）沙湖湿地水体内循环工程。在鸟岛东侧运河建设浮动泵站或固定泵站，将沙湖大湖水体抽入到湖东湿地生物净化区，通过水利梯度，在湖东湿地进行生物净化，净化后的水体再返回大湖，实现水体在沙湖湿地的内循环。

（2）沙湖地区水资源综合利用工程。建设和打通沙湖周边排灌渠道，将每年由水利部门分配给沙湖的生态补水和沙湖周边，尤其是前进农业分公司 2 716 hm^2（40 740 亩）水田的灌溉用水进行综合利用，即先将全部沙湖补水和沙湖周边农业灌溉用水分期全部排入沙湖，在沙湖湿地进行内循环，然后从湖东湿地再排入第三排水沟、八一渠或东一支渠及其他农业灌溉相关沟渠进行农业灌溉，从而实现沙湖地区水资源的综合高效利用。

15.8.3.2　沙湖生态补水机制规划与建设

1）制定生态补水量规划

（1）沙湖最低蓄水量的补水：沙湖湿地恢复蓄水时，将一次补充并将一直保有的最低水位的蓄水量为 $2\,670\times10^4\ \mathrm{m}^3$。

（2）年际生态补水：为维护沙湖生态与环境不再恶化并逐渐改善，全面实施本项目后，整个沙湖地区的生态补水量为 $3\,251\times10^4\ \mathrm{m}^3$。

2）水资源联合调度与管理

（1）建立沙湖湿地补水和周边农田农业灌溉用水综合协调机制，打破地域和部门界限，综合利用水利部门分配给沙湖湿地的补水量和沙湖农业公司农田（尤其是稻田）灌水量，实现沙湖地区水资源的综合高效利用。

（2）制定调水应急预案。

3）拓展水资源利用途径

（1）艾依河水和第三排水沟等农田退水净化后的利用。

（2）沙湖自身水体生态净化循环利用。

（3）本地雨水利用。

（4）地表径流利用。

（5）地下水回补。

4）人工调水保障措施

（1）严格执行《中华人民共和国环境保护法》《中华人民共和国水法》和《中华人民共和国水土保持法》等法律法规。

（2）对沙湖自然水源利用开展专题研究。

（3）积极推广节水相关政策与措施。

（4）建立沙湖流域水资源综合利用协作机制。建立由宁夏回族自治区农垦事业管理局、宁夏回族自治区水利厅、宁夏回族自治区环保厅以及银川市、石嘴山等单位共同组成的沙湖流域水资源综合利用协调领导小组，建立沙湖流域水资源协作机制，协调沙湖水资源的分配和利用。

15.8.3.3　生态环境监管工程

1）沙湖自然保护区能力建设

（1）保护管理站建设。建设保护管理站 1 处，位置设在沙湖景区大门入口附近，建筑面积 $1\,100\ \mathrm{m}^2$，辅助建筑 $100\ \mathrm{m}^2$，共计 $1\,200\ \mathrm{m}^2$，框架结构。用于办公、接待、宿舍、食堂、储存和管理用房等。

（2）管理点和检查点建设。建设管理点两处，建筑面积 $160\ \mathrm{m}^2$，砖混结构。主要功能布局为值班室、储藏室、职工宿舍、厨房和卫生间等。

（3）管护及办公设备购置。购置用于管护和正常办公的程控电话、广播电视卫星接收设施、管护用车辆、巡护用船、办公家具等。

2）沙湖生态环境监控项目建设

（1）沙湖水环境及水质监测系统建设。建设沙湖水环境及水质数据信息库和水质变化预警信息系统。

（2）沙湖地理信息系统及生物多样性数据库建设。根据沙湖生态环境监控的要求，建设沙湖地理信息系统及生物多样性数据库。

（3）鸟类监测（观测）点建设。建立鸟类监测（观测）点两处，位置在沙湖大湖东部和西部的隐蔽地，建设鸟类监测（观测）屋各 30 m^2，共 60 m^2，监测（观测）屋用木质结构，配备鸟类监测（观测）设备。

（4）沙湖生态环境远距离在线视频监控系统。建设沙湖生态环境远距离在线视频监控系统，数字编码的网络视频流通过宁夏公务网等各种传输网络接入自治区林业厅、自治区环保厅、自治区旅游局、自治区农垦实业管理局的视频监控系统。

15.9　本章小结

本章对沙湖水环境保护战略及水质改善优先行动计划项目提出了建议。

沙湖水环境保护战略的原则包括：①保护优先原则；②流域综合管理原则；③生态需水原则；④生态风险管理原则；⑤一致性原则；⑥湿地生态承载力原则；⑦水资源可持续利用原则；⑧多层次、多渠道的沙湖湿地保护投入原则。

沙湖水环境保护的战略目标：将沙湖建设成为湿地生态系统恢复与生物多样性保护为核心，以生态旅游和湿地科普教育为特色，集生态环境保护与合理开发利用为一体的西北平原湿地典范，一个生态环境经济社会全面可持续发展的生态文明综合示范区，并积极争取建设成为"国家良好湖泊"和"国际重要湿地"。

沙湖水环境保护战略的主要内容：保护沙湖的水质、水量和水生态，其次强调多手段综合应用，强化机制和体制的创新，水污染防治、水生态保护等多手段联合应用，将工程措施和非工程措施有机结合，以保障沙湖水环境安全。

沙湖水环境保护的战略布局包括沙湖流域战略布局和沙湖湖区战略布局。

沙湖水环境保护的战略重点为：①管理创新战略；②水资源保护战略；③水环境保护战略；④大气、固体废物和土壤环境保护战略；⑤生物多样性保护战略；⑥景观综合整治战略。

沙湖水环境改善优先行动计划的主要内容为：①保护与恢复工程，包括补水控制工程、湖泊水道清淤疏浚工程、入湖水水质物理净化工程、生物—生态型水质净化工程、湿地植被恢复工程、沙湖湿地水体内循环和沙湖地区水资源综合利用工程；②生态补水机制规划与建设；③生态环境监管工程。

参考文献

1. 曹兵，李小伟，李涛．宁夏罗山维管植物．银川：阳光出版社，2011．

2. 陈海鹰．主成分分析法在东张水库水质污染特征分析与评价的应．化学工程与装备，2011，（9）：249-255．

3. 陈长安，张丽，张惠芬．水环境承载力的研究进展．资源环境与发展，2008，（4）：19-21．

4. 陈永华，吴晓芙．人工湿地植物配置与管理．北京：中国林业出版社，2012．

5. 陈学新．昆虫生物地理学．北京：中国林业出版社，1997．

6. 陈宇炜，高锡云．浮游植物叶绿素a含量测定方法的比较测定．湖泊科学，2000，12（2）：185-188．

7. 陈宜瑜，等．中国动物志·硬骨鱼纲·鲤形目（中卷）．北京：科学出版社，1998．

8. 代雪静，田卫．水质模糊评价模型中赋权方法的选择．中国科学院研究生院学报，2011，28（2）：169-176．

9. 邓祥征，何连生，席北斗．湖泊营养物氮、磷削减达标管理．北京：科学出版社，2012．

10. 狄维忠．贺兰山维管植物．西安：西北大学出版社，1987．

11. 冯启申，李彦伟．水环境容量研究概述．水科学与工程技术，2010，（1）：11-13．

12. 傅伯杰，等．景观生态学原理及应用．北京：科学出版社，2002．

13. 傅立国．中国植物红皮书——稀有濒危植物（第一册）．北京：科学出版社，1992．

14. 高婷，马云瑞．宁夏化肥施用中的严峻问题与建议．宁夏农林科技，2006，（6）：77-78．

15. 高正中，戴法和．宁夏植被．银川：宁夏人民出版社，1998．

16. 国家环保总局．全国规模化畜禽养殖业污染情况调查及防治对策．北京：中国环境科学出版社，2002．

17. 郭小青，项新建．基于神经网络模型的水质监测与评价系统．重庆环境科学，2003，25（5）：8-10．

18. 韩宇平，赵若，王富强．宁夏引黄灌区湖泊湿地生态需水量计算．灌溉排水学报，2010，29（4）：67-71．

19. 何志辉．水生生态学．北京：高等教育出版社，1999．

20. 胡雪涛，陈吉宁，张天柱．非点源污染模型研究．环境科学，2002，23（3）：124-128．

21. 环境保护部办公厅．湖泊生态安全调查与评估技术指南（试行）．2014．

22. 环境保护部办公厅．湖泊生态环境保护实施方案编指南（试行）．2014．

23. 环境保护部办公厅．湖泊河流环保疏浚工程技术指南（试行）．2014．

24. 环境保护部办公厅．湖滨带生态修复工程技术指南（试行）．2014．

25. 环境保护部办公厅．湖泊流域入湖河流河道生态修复技术指南（试行）．2014．

26. 环境保护部办公厅．农业面源污染防治技术指南（试行）．2014．

27. 环境保护部办公厅．畜禽养殖污染发酵床治理工程技术指南（试行）．2014．

28. 环境保护部，发展改革委，财政部．水质较好湖泊生态环境保护总体规划（2013—2020年）．2014．

29. 惠秀娟，杨涛，李法云，等．辽宁省辽河水生态系统健康评价．应用生态学报，2011，22（1）：181-188.

30. 蒋书棉，蒲富基，华立中．中国经济昆虫志第三十五册（鞘翅目：天牛科三）．北京：科学出版社，1985.

31. 金送笛，李永函，王永利．几种生态因子对菹草光合作用的影响．水生生物学报，1991，15（4）：295-304.

32. 金相灿．湖泊富营养化控制和管理技术．北京：化学工业出版社，2001.

33. 金相灿，胡小贞．湖泊流域清水产流机制修复方法及其修复策略．中国环境科学，2010，30（3）：347-379.

34. 金湘灿，屠清瑛．湖泊富营养化调查规范．北京：中国环境科学出版社，1990.

35. 李凯．旅游活动对西湖水质的影响研究．杭州：浙江工商大学硕士学位论文，2011.

36. 李巧，陈又清，郭萧，等．节肢动物作为生物指示物对生态恢复的评价．中南林学院学报，2006，26（3）：117-122.

37. 李伟．银厂沟金沙河水环境质量评价．四川环境，2003，3：66-68.

38. 李晓文，胡远满，肖笃宁．景观生态学与生物多样性保护．生态学报，1999，19（3）：399-407.

39. 李延梅，牛栋，张志强．国际生物多样性研究科学计划与热点述评．生态学报，2009，29（4）：2115-2123.

40. 梁小俊，张庆庆，许月萍，等．层次分析法—灰关联分析法在京杭运河杭州段水质综合评价中的应用．武汉大学学报（工学版），2011，44（3）：312-316，325.

41. 廖定熹，李学骝，庞雄飞．中国经济昆虫志第三十四册（膜翅目：小蜂总科）．北京：科学出版社，1985.

42. 凌敏华，左其亭．水质评价的模糊数学方法及其应用研究．人民黄河，2006，28（1）：34-36.

43. 路安民．种子植物科属地理．北京：科学出版社，1999.

44. 罗献宝，文军，骆东奇，等．千岛湖水质变化特征与趋势分析．中国生态农业学报，2006，14（4）：208-211.

45. 罗燕珠，璩向宁．宁夏沙湖历年水质变化趋势分析．水土保持通报，2011，（5）：31-34.

46. 骆洋，何延彪，李德铢．中国植物志、Flora of China 和维管植物新系统中科的比较．植物分类与资源学报，2012，34（3）：231-238.

47. 刘春龙．改进的主成分分析法及其在水质评价中的应用．安徽农业科学，2009，37（22）：10642-10643.

48. 刘慧兰．宁夏野生经济植物．银川：宁夏人民出版社，1991.

49. 刘健康．东湖生态学研究（二）．北京：科学出版社，1995.

50. 刘聚涛，高俊峰，姜加虎．不同模糊评价方法在水环境质量评价中的应用比较．环境污染与防治，2010，32（1）：20-25.

51. 刘小楠，崔巍．主成分分析法在汾河水质评价中的应用．中国给水排水，2009，25（18）：105-108.

52. 刘新铭．丹河流域水环境模糊评价与容量研究．南京理工大学硕士论文，2005.

53. 卢宏伟，曾光明，金相灿，等．湖滨带生态系统恢复与重建的理论、技术及其应用．城市环境与城市生态，2003，16（6）：91-93.

54. 马德滋，刘慧兰，胡福秀．宁夏植物志（第二版）（上、下卷）．银川：宁夏人民出版社，2007.

55. 马克星，吴海卿，朱东海．生物浮床技术研究进展评述．环境整治，2011，（2）：60-64.

56. 南华山自然保护区科考组．宁夏南华山自然保护区综合科学考察报．银川：宁夏人民出版社，2005.

57. 宁夏大学西部生态研究中心，宁夏沙湖自然保护区管理处．宁夏沙湖水质演化机理及调控研究，2015.

58. 宁夏回族自治区财政厅，宁夏回族自治区环保厅．宁夏沙湖生态环境保护总体方案，2012.

59. 欧晓红，秦瑞豪，郭长翠．昆虫多样性研究与应用动态．任国栋，张润志，石福明．昆虫分类与多样性．北京：中国农业科学技术出版社，2005.

60. 潘峰，付强，梁川．模糊综合评价在水环境质量综合评价中的应用研究．环境工程，2002，20（2）：58-60.

61. 蒲富基．中国经济昆虫志第十九册（鞘翅目：天牛科二）．北京：科学出版社，1980.

62. 任学蓉，杨红．沙湖水质的因子分析．宁夏工程技术，2007，6（1）：27-30.

63. 钱秀红．杭嘉湖平原农业非点源污染的调查评价及控制对策研究．杭州：浙江大学环境与资源学院，2001.

64. 秦伯强．湖泊生态恢复的基本原理与实现．生态学报，2007，27（11）：4848-4858.

65. 秦伯强，杨柳燕，陈非洲．湖泊富营养化发生机制与控制技术及其应用．科学通报，2006，51（16）：1857-1866.

66. 全国农业技术推广服务中心．中国有机肥养分数据集．北京：中国科学技术出版社，1999.

67. 全为民，严力蛟．农业面源污染对水体富营养化的影响及其防治措施．生态学报，2002，22（3）：291-299.

68. 璩向宁，宁夏沙湖旅游开发对水体环境的影响．干旱区资源与环境，2007，21（3）：105-107.

69. 沈兵．旅游开发对苍洱自然保护区的影响及对策研究．云南环境科学，1996，（2）：24-28.

70. 沈韫芬，章宗涉，龚循矩，等．微型生物监测新技术．北京：中国建筑工业出版社，1990.

71. 盛周君，孙世群，王京城，等．基于主成分分析的河流水环境质量评价研究．环境科学与管理，2007，32（12）：172-175.

72. 宋岩，董金梅，曲玲，等．山东省水环境质量模糊综合评价及防治措施．山东农业大学学报（自然科学版），2006，37（3）：436-440.

73. 孙刚，盛连喜．湖泊富营养化治理的生态工程．应用生态学报，2001，12（4）：590-592.

74. 孙儒泳，李庆芬，牛翠娟，等．基础生态学．北京：高等教育出版社，2002.

75. 孙胜民，何彤慧，楼晓钦，等．银川湖泊湿地水生态恢复及综合管理．北京：海洋出版社，2012.

76. 王国祥，成小英，濮培民．湖泊藻类富营养化控制技术、理论及应用．湖泊科学，2002，（14）：273-282.

77. 王荷生．植物区系地理．北京：科学出版社，1992.

78. 王家楫．中国轮虫志．北京：科学出版社，1961.

79. 王林瑶，张广学．昆虫标本技术．北京：科学出版社，1983.

80. 汪松．中国濒危动物红皮书（兽类、鸟类、两栖爬行类）．北京：科学出版社，1998.

81. 王苏民，窦鸿身．中国湖泊志．北京：科学出版社，1998.

82. 王香亭．宁夏脊椎动物志．银川：宁夏人民出版社，1990.

83. 王希蒙，任国栋，刘荣光．宁夏昆虫名录．西安：陕西师范大学出版社，1992.

84. 王晓鹏．河流水质综合评价之主成分分析方法．数理统计与管理，2001，20（4）：49-52.

85. 文礼章．昆虫学研究方法与技术导论．北京：科学出版社，2010.

86. 翁笑艳．山仔水库叶绿素a与环境因子的相关分析及富营养化评价．干旱环境监测，2006，20（2）：73-78.

87. 邬建国．景观生态学——格局、过程、尺度与等级（第二版）．北京：高等教育出版社，2007.

88. 吴雅琴. 水质灰色关联评价方法. 甘肃环境研究与监测, 1998, 11 (3): 24-27.

89. 吴义锋, 吕锡武, 何雪梅, 等. 不确定信息下的水体污染因子粗糙分析. 系统工程理论与实践, 2006, (4): 136-140.

90. 吴征镒. 《世界种子植物科的分布区类型系统》的修定. 云南植物研究, 2003, 25 (5): 535-538.

91. 吴征镒. 中国种子植物区系地理. 北京: 科学出版社, 2011.

92. 吴征镒. 中国种子植物属的分布区类型. 云南植物研究, 1991, 增刊IV: 1-139.

93. 吴征镒, 周浙昆, 李德铢, 等. 世界种子植物科的分布区类型系统. 云南植物研究, 2003, 25 (3): 245-257.

94. 肖顺勇, 唐建初, 刘钦云, 等. 湖南省农业面源污染分析及其防治对策. 农业质量标准, 2006, (5): 23-25.

95. 许升全, 郑哲民, 李后魂. 宁夏蝗虫地理分布格局的聚类分析. 动物学研究, 2004, 25 (2): 96-104.

96. 徐祖信. 中国河流综合水质标识指数评价方法研究. 同济大学学报 (自然科学版), 2005, 33 (4): 482-488.

97. 闫莉, 黄锦辉, 管秀娟, 等. 宁夏农灌退水对黄河水质的影响研究. 人民黄河, 2007, 29 (3): 35-36.

98. 尹文英. 中国亚热带土壤动物. 北京: 科学出版社, 1992.

99. 虞顾玉, 王书永, 杨星科. 中国经济昆虫志第五十四册 (叶甲总科二). 北京: 科学出版社, 1996.

100. 于洪涛, 吴泽宁. 灰色关联分析在南水北调中线澧河水质评价中的应用. 节水灌溉, 2010, (3): 39-41.

101. 于涛, 陈静生. 农业发展对黄河水质和氮污染的影响——以宁夏灌区为例. 干旱区资源与环境, 2004, 18 (5): 1-7.

102. 袁峰, 张雅林, 冯纪年, 等. 昆虫分类学 (第二版). 北京: 中国农业出版社, 2006.

103. 袁秀娟, 毛显强, 李卓, 等. 用改进的灰色识别法评价地表水环境质量. 城市环境与城市生态, 2006, 19 (1): 7-10.

104. 乐驰. 上海市水源地和黄浦江干流地表水水质状况研究. 上海: 上海交通大学硕士学位论文, 2012.

105. 曾永, 樊引琴, 王丽伟. 水质模糊综合评价法与单因子指数评价法比较. 人民黄河, 2007, 29 (2): 64-65.

106. 张爱平, 杨世琦, 杨正礼, 等. 宁夏灌区农田退水污染形成原因及防治对策. 中国生态农业学报, 2008, 16 (4): 1037-1042.

107. 张从, 崔理华, 陈玉成, 等. 环境评价教程. 北京: 中国环境科学出版社, 2002.

108. 张维理, 武淑霞, 冀宏杰, 等. 中国农业面源污染形势估计及控制对策: 21 世纪初期中国农业面源污染的形势估计. 中国农业科学, 2004, 37 (7): 1008-1017.

109. 张荣祖. 中国动物地理. 北京: 科学出版社, 1999.

110. 张荣祖. 中国动物地理. 北京: 科学出版社, 2011.

111. 章士美. 中国农林昆虫地理区划. 北京: 中国农业出版社, 1998.

112. 章宗涉, 黄祥飞. 淡水浮游生物研究方法. 北京: 科学出版社, 1991.

113. 赵爱萍. 镇江金山湖及附近水体浮游生物群落结构及其与环境因子关系的研究. 上海: 上海师范大学硕士论文, 2006.

114. 赵臻彦，徐福留，詹巍，等．湖泊生态系统健康定量评价方法．生态学报，2005，25（6）：1466-1474.

115. 郑涛，程环珍，黄衍初，等．非点源污染控制研究进展．环境保护，2005，（2）：31-34.

116. 郑光美．中国鸟类分类与分布名录．北京：科学出版社，2005.

117. 中国环境监测总站．湖泊（水库）富营养化评价方法及分级技术规定．国家环境保护总局，2001.

118. 中国科学院动物研究所甲壳动物组．中国动物志（淡水桡足类）．北京：科学出版社，1979.

119. 中国植被编辑委员会．中国植被．北京：科学出版社，1995.

120. 中国科学院植物研究所．新编拉汉英植物名称．北京：航空工业出版社，1996.

121. 中国科学院植物研究所．中国数字植物标本馆．http：//www.cvh.org.cn/．2015.

122. 中华人民共和国环境保护部．地表水环境质量标准．GB 3838—2002. 2002-06-01. 2002.

123. 中华人民共和国环境保护部．地表水和污水监测技术规范．HJ/T 91—2002. 2003-01-01. 2002.

124. 衷平，杨志峰，崔保山，等．白洋淀湿地生态环境需水量研究．环境科学学报，2005，25（8）：1119-1126.

125. Brettum P. Changes in the volume and composition of phytoplankton afteracidification of a humic lake. Environment Internaional, 1996, 22：619-628.

126. Colin H, Howard G. A sustainable relationship. London and New York, 1995：19-21, 23-25.

127. Gfanc. Impacts of tourism on species and ecosystems. In German Federal Agency for Nature Conservation, Biodiversity and Tourism：Conflicts on the world's Seacoasts and Strategies for their Solution. Berlin, New York：Springer, 1997：49-72.

128. Hammit W, Cole D. Wildland recreation：ecology and management. New York：John Wiley and suns, Inc. 1998.

129. Hassen M, Fekadu Y, Gete Z. Validation of agricultural non-point source（AGNPS）pollution model in Kori watershed, South Wollo. Ethiopia International Journal of Applied Earth Observation and Geoinformation, 2004, （6）：97-109.

130. Johnes PJ. Evaluation and management of the impact of land use change on the nitrogen and phosphorus load delivered to surface waters：The export coefficient modeling approach. Journal of Hydrology, 1996, 183：323-349.

131. Lee CS, Wen CG. River assimilative capacity analysis via fuzzy linear programming. Fuzzy Sets and Systems, 2006, 79（2）：191-199.

132. Nigussie H, Fekadu Y. Testing and evaluation of the agricultural non-point source pollution model（AGNPS）on Augucho catchment, western Hararghe, Ethiopia. Agriculture, Ecosystems and Environment, 2003, （99）：201-212.

133. Pesce SF, Wunderlin DA. Use of water quality indices to verify the impact of Crdoba city（Argentin）on Suquoa river. Water Research, 2000, 34（11）：2915.

134. Temponeras M, Kristiansen J, Moustaka-Gouni M. Seasonal variation in phytoplankton composition and physical-chemical features of the shallow Lake Doirani, Macedonia, Greece. Hydrobiologia, 2000, 424：109-122.